Springer-Lehrbuch

Thomas Ehrmann

Strategische Planung

Methoden und Praxisanwendungen

Unter Mitarbeit von
J. Dormann, B. Meiseberg, E. Scheinker und H. Schmale

Zweite, verbesserte Auflage

Mit 50 Abbildungen und 27 Tabellen

 Springer

Professor Dr. Thomas Ehrmann
Westfälische Wilhelms-Universität Münster
Institut für Strategisches Management
Leonardo-Campus 18
48149 Münster
ehrmann@ism.uni-muenster.de

ISSN 0973-7433

ISBN 978-3-540-74148-0   Springer Berlin Heidelberg New York
ISBN 978-3-540-27973-0 1. Auflage Springer Berlin Heidelberg New York

Bibliografische Information der Deutschen Nationalbibliothek
Die Deutsche Nationalbibliothek verzeichnet diese Publikation in der Deutschen Nationalbibliografie;
detaillierte bibliografische Daten sind im Internet über http://dnb.d-nb.de abrufbar.

Springer ist ein Unternehmen von Springer Science+Business Media

springer.de

Herstellung: LE-TeX Jelonek, Schmidt & Vöckler GbR, Leipzig
Umschlaggestaltung: WMX Design GmbH, Heidelberg

SPIN 12104673   43/3180YL - 5 4 3 2 1 0   Gedruckt auf säurefreiem Papier

Vorwort zur 2. Auflage

Es ist sehr erfreulich, wie positiv die Resonanz der Leser auf das Buch war. Für die 2. Auflage wurden einige Veränderungen vorgenommen. Kleine Anpassungen, die kapitelübergreifend durchgeführt wurden, sind Eliminierungen von Tippfehlern, Anpassungen mathematischer Notationen sowie – wo notwendig – Kürzungen redundanter Teile und Ausweitungen von Erklärungen, dort wo sie bis jetzt kurz geraten waren.

Die größte Veränderung ist die Hereinnahme eines neuen Kapitels: Long-Tail oder „Wen machen verringerte Suchkosten reich?". Hier werden neuere Entwicklungen im Bereich des Web 2.0 für strategische Planungen analytisch aufbereitet. Die größeren unter den kleineren Veränderungen sind für die einzelnen Kapitel:

- Kapitel 3 wurde um einen kurzen Anhang erweitert: Anhand eines eingängigen Beispiels werden die quantitativen Zusammenhänge der Value-Map-Analyse näher beleuchtet. Darüber hinaus wird verdeutlicht, wie Standardinstrumente der BWL die praktische Anwendung des Value-Map-Konzeptes ermöglichen.
- Die Kapitel 3, 5, 6, 7, 9 wurden um weitere Übungsaufgaben ergänzt, welche die praxisorientierte Auseinandersetzung mit theoretischen Inhalten intensivieren.
- In weiteren Kapiteln (z.B. 3, 4, 5) wurden mathematische Herleitungen verallgemeinert und/oder leserfreundlicher aufbereitet.

Den Mitwirkenden bei der Weiterentwicklung des Buches sei herzlich gedankt. Brinja Meiseberg hat die Neuausrichtungsarbeiten umsichtig, effizient (und dazu: humorvoll) koordiniert. Julian Dormann, Eugen Scheinker und Hendrik Schmale haben in den von ihnen betreuten Spezialkapiteln wesentliche Anregungen für Verbesserung und Veränderung gegeben.

Die studentischen Hilfskräfte Dirk Deitermann, Simon Kersting, Christian Ritz und Mareike Terhorst, haben mit Erfolg die Formatierungsarbeiten unterstützt. Sandra Tombült ist zu danken für die ruhige umsichtige Art, mit der sie insbesondere mich bei der Neuauflage des Buches gelenkt und geleitet hat.

Münster, im Juli 2007   Thomas Ehrmann

Vorwort zur 1. Auflage

„Der wichtige Umstand (...) ist nämlich der, dass Wutz eine ganze Biblio-thek – wie hätte sich der Mann eine kaufen können? – sich eigenhändig schrieb. " (Jean Paul)

Im Zeitalter des Internets ist es kein Problem, auf das Schreiben eines Bu-ches zu verzichten und es stattdessen „downzuloaden" oder zu kaufen. Aus Gründen, die im ersten Kapitel erläutert werden, fühlte ich mich herausge-fordert, ein eigenes Lehrbuch zu schreiben.

Als Autor will man gerne glauben, man habe, weil man alle ersten Ent-würfe der Kapitel selbst verfasst hat, das Werk alleine geschrieben. Diese verzerrte Wahrnehmung muss man korrigieren. Ohne ein ganzes Team von kompetenten und engagierten Mitwirkenden kann man ein solches Buch heute nicht mehr realisieren. Mein besonderer Dank geht an meine wissen-schaftlichen Mitarbeiter. Julian Dormann hat, neben der konstruktiven Kri-tik vieler Kapitel, die Endfertigungs-, Korrektur- und Formatierungsarbei-ten perfekt koordiniert. Olivier Cochet, Eugen Scheinker und Mark Mietz-ner haben insbesondere bei den von ihnen betreuten Spezialkapiteln we-sentliche Anregungen, konstruktive Kritik sowie Hilfen zu Berechnungen, Aufgaben und Text gegeben. Für die Unterstützung bei Kapitel 4 danke ich Andreas Kirst. Die studentischen Hilfskräfte Brinja Meiseberg, Chris-tian Ritz, Jana Metzner und Sandy Rechlin haben Korrektur gelesen (und dabei noch viel zu Korrigierendes gefunden), Abbildungen und Kästen er-stellt und auch ansonsten dem Textkorpus lesbare Formen gegeben. Für sehr hilfreiche Kommentare, die mich vor zwei Missverständnissen und (mindestens) drei kleineren Fehlern bewahrt haben, danke ich den Studie-renden Vitali Grif und Thorsten Smollarz, die den Entwurf des Kapitels 4 mit ausführlichen und sehr hilfreichen Kritiken bedacht haben. Meiner Se-kretärin Sandra Tombült danke ich für die, wie immer sorgfältige Anferti-gung der Erstentwürfe und für die ruhige Ordnung des manchmal etwas ungeordneten Schreibprozesses. Entscheidende Hilfe für konzeptionelle Entwicklung, Anfertigung und Durchführung des Buchprojektes habe ich in sehr vielen Diskussionen von Eva-Maria John erhalten. Nicht nur hat sie mich mit neuen Gedanken und mir unbekannter Literatur vertraut gemacht:

Sie hat es auch noch geschafft, meinen Widerstand gegen dieses Neue ab-
zubauen. Frau Dr. Martina Bihn vom Springer Verlag hat das Projekt umsichtig begleitet. Egon Franck danke ich für die sehr anregende Gast-
freundschaft an der Universität Zürich, die es erlaubte, das Buch zu Ende
zu schreiben. Allen bei der Erstellung des Buches Beteiligten danke ich
sehr herzlich für ihren Beitrag. Ich wünsche mir, dass dieses Buch die im
nächsten Kapitel beschriebenen Ziele erreicht. Dazu gehört auch, dass die
Lektüre Sie nicht langweilt. Und schließlich: Wenn Sie nach dem Lesen
der Kapitel einen zumindest kleinen Lerneffekt bei sich selbst verbuchen
konnten, dann würde es mich sehr freuen.

Münster, im Juli 2005   Thomas Ehrmann

Inhaltsverzeichnis

1 Überblick und Schwerpunktsetzung

Diese Einführung gibt Antwort auf folgende Fragen:

1. Warum ein neues Buch zur strategischen Planung?
2. Welche Zielgruppen werden angesprochen?
3. Welche Ziele verfolgt das Buch?
4. Wie versucht das Buch, seine Ziele zu erreichen?

1.1 Warum ein neues Buch zur strategischen Planung?

„Failing conventionally is the route to go; as a group, lemmings may have a rotten image, but no individual lemming has ever received bad press."
(W. Buffett)

Gibt es Bedarf für ein neues Buch zu den Methoden der strategischen Planung und Analyse? Nicht überraschend lautet meine Antwort: Ja! Während meiner Jahre in der Wirtschaftspraxis habe ich mich größtenteils mit Fragen der Strategiegestaltung beschäftigt. Dabei stand folgende Erkenntnis im Vordergrund: Gerade in Zeiten dynamischer Veränderungen von Märkten und Branchenstrukturen muss die unternehmerische Handlungsfähigkeit im Hinblick auf Investitionsentscheidungen, Marktein- und -austritte, den An- und Verkauf von Unternehmen(-steilen), kurzum die Handlungsfähigkeit im Bezug auf strategisch relevante Aktivitäten, stets gewährleistet sein. Die planerische Vorbereitung und Unterstützung dieser Aktivitäten setzt die gedankliche Bewältigung neuer marktlicher Anforderungen voraus. Dazu werden Strukturierungshilfen benötigt, mit deren Hilfe spezifische und damit möglichst handhabbare Modelle erarbeitet und angewandt werden können. Die intensive und jahrelange berufliche Zusammenarbeit (nationalitätenseitig) mit Amerikanern und Engländern sowie (ausbildungsseitig) mit Ingenieuren und Naturwissenschaftlern hat mir die Vorteile überschaubarer, spezifisch den Problemen angepasster Modelle eindrucksvoll nahe gebracht. Zugleich hat diese Zusammenarbeit bei mir eine gewisse Skepsis gegen überzogene Anforderungen an für eine Modellierung angeblich notwendige Informationen und Daten wachsen lassen.

Zurückgekehrt an die Universität habe ich für die Hauptstudiums-Vorlesung „Planung und Entscheidung" nach einem Lehrbuch gesucht, das diese handwerkliche und problemorientierte Sicht der strategischen Planung reflektiert. Die Anforderungen an genau ein solches Buch hat Hermann Simon sehr klar im manager magazin 03/04 formuliert: *„Echtes Können ist nicht qualitatives Geschwätz über Strategie, Marketing oder Management, sondern fundiertes Wissen methodischer, quantitativer und strukturierender Art (...) Dazu gehört auch, die relevanten Methoden und Entscheidungsmodelle nicht nur aus der Theorie zu kennen, sondern sie auch anwenden zu können."*

Die Suche nach einem Buch mit diesen Eigenschaften, das also zwischen den theoretischen Planungsbüchern des Operations Research und der verbalen Strategieliteratur hätte positioniert sein müssen, ist erfolglos geblieben. Da ich aber genau diese Verbindung von Theorie, empirischer Überprüfung und praktischer Anwendung herstellen wollte, begann ich mit dem Schreiben des vorliegenden Buches.

1.2 Welche Zielgruppen werden angesprochen?

- Das Buch richtet sich in erster Linie an Studierende (und damit auch an Dozenten) im Hauptstudium der BWL, die sich in den entsprechenden Lehrveranstaltungen mit den Bereichen strategische Planung, strategisches Controlling und strategisches Marketing beschäftigen.
- Interessant kann dieses Buch auch für jüngere Praktiker insbesondere aus der Unternehmensberatung sein, die für ihre Arbeit eine leicht verständliche Anleitung zur Anwendung moderner Planungsmethoden suchen.
- Schließlich sollte das Werk ergänzend für Vorlesungen zur Industrieökonomik mit Blick auf praktische Vertiefungen hilfreich sein.

1.3 Welche Ziele verfolgt das Buch?

Das Hauptziel des Buches ist, den Lesern fundiertes Wissen methodischer, quantitativer und strukturierender Art bereitzustellen und sie instand zu setzen, die relevanten Methoden der strategischen Planung auch anwenden zu können.

Im Einzelnen sollen die Leser:

- durch eine detaillierte Darstellung zentrale Methoden der strategischen Planung kennen lernen und durch eine Auseinandersetzung mit der zugrunde liegenden Theorie „Konstruktionsmerkmale" der Instrumente und damit auch deren Vor- und Nachteile verstehen;
- anhand ausführlicher Erklärungen die empirischen Überprüfungen und Anwendungen der hier fokussierten Methoden nachvollziehen und ihren praktischen Nutzen begreifen;
- schließlich das Gelernte durch praktische Beispiele in Aufgaben und kleinen Fällen üben und dabei auch den Nutzen der behandelten Instrumente für eine Vielzahl weiterführender, nicht im Buch angesprochener Anwendungsprobleme erkennen.

Dabei reflektiert das Buch auch unterschiedliche Entwicklungen quantitativer und qualitativer Art aus den Bereichen Finanzierung, Organisation und z.T. aus der angewandten Spieltheorie. Diese übergreifende Sicht orientiert sich sowohl an theoretischen Überlegungen als auch an praktischen Anforderungen. Die schwächere Beachtung traditioneller Fachgrenzen ist gerade für junge BWLer, die für ihre Konkurrenzfähigkeit neue Methoden in die Praxis tragen müssen, von Vorteil.

1.4 Wie versucht das Buch, seine Ziele zu erreichen?

Die neue Herangehensweise dieses Buches lässt sich an dem Kapitel zur Wertkettenanalyse beispielhaft aufzeigen:

- Zuerst werden die Grundlagen der Wertkettenbetrachtung gelegt sowie deren praktische Relevanz durch die Veränderungen von Wertschöpfungen begründet.
- Danach – und damit über übliche Lehrbücher hinausgehend – wird das Konzept theoretisch-konzeptionell ausführlich erläutert.

- Dem folgen die detaillierte Darstellung einer Anwendung der Wertkettenanalyse (für die Papierindustrie) sowie
- abschließend ein Ausblick auf die Möglichkeiten neuer Geschäftsmodelle (De-Konstruktion) durch eine optimierende Anwendung der Wertkettenanalyse.

Der Aufbau des Gesamtwerkes orientiert sich an der klassischen Logik der unternehmerischen Planung: Zunächst werden Instrumente zur allgemeinen Erfassung der Planungssituation angesprochen. Im Rahmen der Umwelt- und Unternehmensanalyse stehen hier insbesondere spieltheoretische Konzepte zur Branchencharakterisierung und die Portersche Wertkettenanalyse im Vordergrund (Kapitel 3 und 4). Der nächste Schritt der Planungskonkretisierung geht auf empirische Voraussetzungen der Wahl von Strategien zur Kosten- und Qualitätsführerschaft ein. Dazu wird die Methode der Erfahrungskurvenanalyse herangezogen (Kapitel 5). Anschließend wird der Fokus auf die Steuerung des gesamten Geschäftsportfolios der Unternehmung ausgeweitet, indem das BCG-Portfolio-Konzept und moderne Erweiterungen dieses Ansatzes behandelt werden (Kapitel 6). Schließlich und abrundend erfolgt die Thematisierung des Problemfeldes „Strategieimplementierung", das durch das Instrument der Balanced Scorecard aufgegriffen wird (Kapitel 7). Die Kapitel zwei und acht betten die zuvor genannten Abschnitte in einen übergreifenden Kontext ein. Sie beschäftigen sich in praktischer (hier u.a. Fragen des Unternehmenskaufes in sequentiellen Entscheidungsstrukturen) bzw. konzeptioneller Weise (hier u.a. Fragen der Planbarkeit realer Entscheidungsprobleme) mit dem Nutzen strategischer Planung. Kapitel neun ist mit der Veränderung von marktlichen Rahmenbedingungen und Geschäftsmöglichkeiten befasst. Es reflektiert vor dem Hintergrund der Long-Tail-Thematik die strategischen Herausforderungen und Chancen technologischer Neuentwicklungen der Internetökonomie.

Daraus resultiert folgende Grobstruktur:

1. Überblick und Schwerpunktsetzung
2. Nutzen methodischer strategischer Planung: illustriert am Fallbeispiel der Partnerwahl
3. Umweltanalyse: Konkurrenz und Strategiewahl
4. Unternehmensanalyse: Wertkette und De-Konstruktion
5. Empirische Voraussetzungen für Strategien: Erfahrungskurveneffekte
6. Kombination von Umwelt- und Strategieanalyse: Strategiewahl und Portfoliosteuerung
7. Strategieimplementierung: Balanced Scorecard

8. Geschäftsmodelle, Geschäftspläne und der Nutzen strategischer Planungen
9. Der Long-Tail: Der Einfluss verringerter Suchkosten auf die Wertkette

Hervorzuheben bleibt, dass die einzelnen Kapitel modular aufgebaut sind und somit auch einzeln gelesen und durchgearbeitet werden können.

2 Nutzen methodischer strategischer Planung: illustriert am Fallbeispiel der Partnerwahl

2.1 Einleitung

„Ja, mach nur einen Plan/Sei nur ein großes Licht!/Und mach dann noch 'nen zweiten Plan/Geh' n tun sie beide nicht." (B. Brecht)

Viele Methoden strategischer Planung, gerade wenn sie quantitativ orientiert sind, haben bei den Proponenten des strategischen Managements keine gute Reputation. Vom evolutionstheoretischen Ansatz wird z.B. darauf hingewiesen, dass Komplexität und Dynamik der Umwelt zur begrenzten Steuerbarkeit von Unternehmen führen. Eine planungsorientierte Unternehmensführung sei dementsprechend wenig geeignet, Wettbewerbsvorteile herzustellen. Von dem einflussreichen Strategieprofessor Henry Mintzberg und seinen Anhängern wird eine grundsätzlichere Planungskritik vorgenommen. Diese lässt sich sehr vereinfacht wie folgt formulieren: Strategische Planung beschäftigt sich im Wesentlichen mit der Analyse zielführenden Verhaltens, mithin damit, ein bestimmtes Ziel in einzelne Teilziele herunter zu brechen und dann Schritte festzulegen, wie diese Ziele erreicht werden können, und darauf zu achten, welche Konsequenzen jeder strategische Teilschritt haben könnte. Dagegen wird strategisches Denken als synthetisches Denken hervorgehoben, das durch die Nutzung von Intuition und Kreativität eine integrierte Perspektive, eine so genannte Vision, formuliert. Das Problem sei nun, dass die strategische Planung davon ausgeht, dass zum einen Vorhersagen möglich sind und zum anderen der Strategieprozess formalisiert werden kann. Anders formuliert: Mintzberg und seine Mitstreiter legen Wert darauf, dass sich Strategien durch Experimentieren im Unternehmen herausbilden; strategische Intentionen, die bewusste Formulierungen von Strategien implizieren, werden nach Mintzberg üblicherweise nur zu 10-30% realisiert. Dabei ist die gewichtigste Determinante jeder realisierten Strategie, die sich durch Experimentieren herausgebildet hat, die nach Mintzberg „emergente Strategie". Bei letzterer handelt es sich sozusagen um das aus einem komplexen Prozess resultierende Verständnis, welches Manager von einer eigentlich intendierten Strategie haben.

Seine grundsätzliche Kritik hat Mintzberg am Beispiel der Unternehmung Honda formuliert. Die Boston Consulting Group beschrieb Honda als ein rational agierendes Unternehmen, das auf Basis eines analytischen Ansatzes eine Markteintrittsstrategie für den „US-Mopedmarkt" formuliert hatte, die auf die Nutzung von Economies of Scale and Scope abzielte. Dagegen sah Mintzberg das tatsächliche Vorgehen von Honda vollkommen anders: „*Brilliant as its strategy may have looked after the act, Honda's managers made almost every conceivable mistake until the market finally hit them over the head with the right formula*" (Grant (2005)).

Im Folgenden beschäftigt sich das Kapitel mit der Mintzberg-Kritik. Hätte Mintzberg Recht, wäre der Nutzen methodisch orientierter strategischer Planungen in Abrede zu stellen. Dagegen wären stärker Intuition und Kreativität beim strategischen Management zu betonen. Zum genaueren Verständnis und zur Begründung des Nutzens methodischer strategischer Planungsüberlegungen wird zuerst kurz auf das Thema Strategie und Planung eingegangen (2.2). Anschließend werden als Beispielanwendungen strategischer Planungsüberlegungen die Probleme der Partnersuche sowie des Unternehmenskaufes formuliert (2.3). Die Problemformulierung führt zu der Frage: Welche Methoden sind dazu angetan, eine Lösung herbeizuführen (2.4)? Einige unterschiedliche Ansätze werden kurz skizziert, daran anschließend werden ihre Informationsanforderungen und Auswirkungen dargelegt. Dabei wird auch auf Problemlösungsheuristiken eingegangen, die sich evolutorisch herausgebildet haben. Das Kapitel schließt mit einem Fazit ab (2.5).

2.2 Strategie und Planung

Ausgangspunkt unserer strategischen Überlegung sind zum großen Teil Unternehmen, manchmal aber auch Individuen. Strategie beinhaltet die Planung, wie Organisationen oder Individuen ihre Ziele erreichen wollen (Bea und Haas (2000)). Dass dies nicht immer glückt, zeigt das Beispiel in Box 2-1 im aktuellen politischen Kontext.

Merkel wird wie Schröder scheitern, wenn sie nicht Ideen von außen aufnimmt

Die entscheidende Frage nach den Ursachen des langsamen Niedergangs von Rot-Grün geht zurück auf das Jahr 2003. Wie kommt es, dass eine Regierung erst fünf Jahre nach dem Machtwechsel ein Paket wie die Agenda 2010 auflegt? Das Programm war das Ergebnis einer späten Einsicht in die Notwendigkeit von Veränderungen und nicht eine Antwort auf die Herausforderungen der neuen Zeit. „2010" sieht die deutsche Welt noch einigermaßen rosig aus, die demographische Katastrophe kommt später.

Die aktuelle „Selbstauflösung" der Bundesregierung beendet eine Politik, die von Anfang an auf drei Essentials verzichtet hat: Analyse, Zielvorgabe und Instrumente der Umsetzung. Die Regierung hat damit auf etwas verzichtet, was sie jetzt vermisst: politisches Vertrauen. Rot-Grün hat nie einen Kompass besessen und lag daher immer richtig. Wo es keine Ziele gibt, ist jeder Weg der richtige.

Die aktuelle „Selbstauflösung" der Bundesregierung beendet eine Politik, die von Anfang an auf drei Essentials verzichtet hat: Analyse, Zielvorgabe und Instrumente der Umsetzung.

In der deutschen Politik überwiegt pathologisches Lernen. Regiert wird dann, wenn der Problemdruck so groß geworden ist, dass jeder die Notlage als solche wahrnimmt und unpopuläre Anordnungen akzeptiert. Besonders pathologisch hat die Schröder-SPD gelernt. Mit dem Rücken zur Wand wird der ständige Befreiungsschlag geprobt. Das kostet Zeit und Nerven. Pathologisches Lernen passt nicht in eine aufgeklärte und informierte Demokratie. Und wir haben falsche Alternativen („Freiheit oder Soziale Marktwirtschaft", „Sicherheit oder Wandel") satt. Noch nie gab es so viele politische Kommunikation wie heute, und noch nie war sie so erfolglos.

Mit dem Verständnis schwindet das Vertrauen. Ursache ist die Rat- und Sprachlosigkeit der Politik und ihrer Berater. „Rumpelstilzchen" war froh, dass niemand seinen Namen kannte. Für Reformen ist es fatal, wenn niemand ihre Richtung ahnt. Vor diesem Dilemma wird auch eine Merkel-Westerwelle-Regierung stehen.

Politisches Kapitel kann aufgebaut und verstärkt werden. Ohne New Labour hätte es nie einen Tony Blair gegeben. Ohne neokonservative Thinktanks keinen George W. Bush. Ein deutscher Politiker, der Rat sucht, fasst entweder einsame Beschlüsse oder ist auf externe Unternehmens(!)beratungen angewiesen. Unabhängig und gut beraten ist er nicht. Am Hartz-IV-Desaster ist nicht nur die Politik schuld, sondern auch McKinsey, Roland Berger und andere vermeintlich unpolitische Berater.

Politik ist keine staatliche Angelegenheit, wohl aber eine öffentliche. „Was alle betrifft, muss von allen diskutiert werden", heißt es bei Cicero. Entscheidend ist ein Klima in der Politik, Wirtschaft und Gesellschaft, das abweichende Ideen positiv bewertet und sie auch noch finanziert. Deutschland hat weniger ein wirtschaftliches als ein politisches Standortproblem. Die „Kübeltheorie", nach der das, was am Ende der Politik herauskommt, die Summe dessen ist, was zuvor viele unsystematisch in den Kübel hineingegeben haben, versagt zunehmend. In Zeiten radikaler Veränderung und Umbrüche bedarf es der strategischen Steuerung, wenn eine Regierung, eine Partei und ein Land nachhaltig Erfolg haben wollen.

Langfristdenken und Zukunftsorientierung brauchen eine Öffentlichkeit, die neuen Ideen Raum und Resonanz gibt und sie stärker als bislang in die Politik hineinträgt. In Zeiten der Umbrüche haben charismatische Politiker und Eliten Konjunktur, die sich als „politische Unternehmer", nicht als Populisten oder Amtsinhaber verstehen. Gefragt sind Politiker, die vor der Wahl ein Angebot machen und danach etwas riskieren und sich nicht nur an scheinbare Mehrheiten anpassen. Ohne den Aufbau politischen Kapitals kann keine Regierung auf Dauer erfolgreich sein. Ohne diesen Aufbau wird es auch in Zukunft keinen Aufbruch geben. Das ist die Lehre aus sieben Jahren Rot-Grün für die nächste Regierung.

Box 2-1: *Politik braucht Kapital*
Quelle: Financial Times Deutschland vom 16.06.2005.

Nach Grant (2005) ist davon auszugehen, dass strategische Entscheidungen drei Eigenschaften aufweisen: sie sind wichtig, sie betreffen die signifikante Bindung von Ressourcen und sie sind nicht ohne Weiteres umkehrbar. Diese allgemeine Eingrenzung gibt den Hinweis, dass Entscheidungen, die einfach revidiert werden können oder die ohne das Eingehen von Verpflichtungen im Sinne der Ressourcenbindung erfolgen können, sowie Entscheidungen, die nicht für das Unternehmen insgesamt als sehr wichtig zu betrachten sind, operativer oder taktischer Natur sind. Die Frage ist nun, was sich unter einer „Wettbewerbsstrategie" verstehen lässt? Michael Porter (1996) hat in einem Aufsatz zu diesem Thema ausgeführt:

„Competitive Strategy is about being different. It means deliberately choosing a different set of activities to deliver a unique mix of value."

Gerade von Porter wird dabei immer wieder darauf hingewiesen, dass sich die Wettbewerbsstrategie auch auf quantitative Methoden abzustützen hat. Die Nutzung quantitativer Methoden ermöglicht erst die freie Wahl unterschiedlicher Aktivitäten, von denen Porter geschrieben hat. Während also vom evolutionstheoretischen Ansatz darauf hingewiesen wird, dass Versuchs- und Irrtumsprozesse in den Vordergrund der strategischen Aktivität zu stellen sind, wird von Porter die Orientierung an quantitativen Methoden hervorgehoben. Wie nun soll man sich strategischen Problemen nähern? Mintzberg betont, dass strategisches Denken in hohem Maße Intuition und Kreativität beinhaltet. Porter und Grant würden den Nutzen dieser beiden Eigenschaften nicht in Abrede stellen; allerdings würden sie sehr stark die Verwendung quantitativer Ansätze befürworten. Im Folgenden wollen wir uns mit einer Teilmenge interessanter strategischer Probleme beschäftigen und unterschiedliche Vorgehensweisen bei deren Lösungen betrachten.

2.3 Probleme strategischer Natur: Partnersuche

Probleme der Partnersuche, mit denen wir uns jetzt beschäftigen, sind mittlerweile sowohl für Individuen als auch für Unternehmen alltägliche Aufgaben. Es geht dabei um das Treffen von sequentiellen Entscheidungen, wobei vorgelagerte Entscheidungen nachfolgende beeinflussen. Im Sinne Grants (2005) handelt es sich hierbei um strategische Probleme, weil sie wichtig, mit hohem Ressourcenverbrauch verbunden und nicht ohne Weiteres umkehrbar sind. Die klassische Aufgabe der Partnerwahl hängt damit zusammen, dass wir im typisch menschlichen Verhalten eine Abfolge von Freundschaften haben. Diese werden beendet, wenn der Eindruck entsteht, der derzeitige Partner/die derzeitige Partnerin entspräche nicht mehr den eigenen Vorstellungen und man müsse sich nach einem geeigneteren Lebensgefährten umsehen. Dieser Prozess der Partnersuche geht bis zu dem Punkt, an dem die ideale *Person fürs Leben* gefunden ist. Mit der Partnersuche sind üblicherweise zwei Probleme verbunden: Zum einen ist der Rückgriff auf die schon beendete Beziehung meistens nicht möglich, zum Zweiten weiß man aber auch nicht genau, welche Eigenschaften die Personen haben, die als künftige Partner in Frage kommen. Ein ähnliches Problem besteht übrigens bei der Bewertung von Bewerbungen um einen Job:

Abb. 2-1: *Personnel Manager*
Quelle: aus Smith (1997a).

Hier erfährt man durch das Studium der Bewerbungsunterlagen etwas über die Potenziale aller Bewerber und hat sich dann möglicherweise nach Lektüre einer bestimmten Anzahl von Bewerbungen ein Bild darüber gemacht, wie der ideale Beschäftigte aussehen sollte. Der Partnerwahl strukturell sehr ähnlich ist die Bewertung von Unternehmen für einen Unternehmenskauf. Auch hier wird im Normalfall die soziale Etikette verhindern, dass schon einmal in die Bewertung eingegangene Unternehmen nach Ablehnung noch einmal kontaktiert werden. Desgleichen sind die weiter auf dem Markt befindlichen Unternehmen in ihren Eigenschaften, vorbehaltlich einer genaueren Untersuchung, ebenfalls nicht genau taxierbar. Und schließlich: Die Kosten eingehender Prüfungen (wie z.B. einer Due Diligence) sind so hoch, dass sich Rückgriffe auf schon vorgenommene Untersuchungen verbieten, wenn sich das Unternehmen in dynamischer Umwelt sehr stark in seinen Kennzahlen verändert hat. Wie lassen sich solche Probleme lösen? Anders formuliert: Welche Vorgehensweisen zur Problemlösung sind möglich, und wie sind deren Ergebnisse zu bewerten?

Die Problemlösung setzt ein vereinfachtes Abbild der Planungsaufgabe voraus (vgl. Klein und Scholl (2004)). Diese für die Planungszwecke aus Gründen der Handhabbarkeit vorgenommene Vereinfachung wird gemeinhin als „Modell" bezeichnet.[1] Gesucht wird hier ein Modell, das uns für das Entscheidungsproblem Partnersuche resp. Unternehmenskauf hilft, die im Hinblick auf das jeweilige Ziel günstigste realisierbare Lösung auszu-

---

[1] Mit dieser Bezeichnung ist keine Aussage über den Mathematisierungsgrad eines Modells getroffen.

wählen. Hier wird ein Entscheidungs- resp. Auswahlmodell gesucht, da –
bei gegebener Menge der Handlungsalternativen – die Auswahl der am
besten bewerteten vorgenommen werden soll (Klein und Scholl (2004)).

2.4 Optimales Stoppen und andere Lösungsmöglichkeiten

Zuerst soll die genannte Ausgangssituation, also das Auswahlproblem, etwas präziser beschrieben werden. Wir erhalten eine Folge von Gelegenheiten G_1, G_2,..., G_n; für eine dieser Gelegenheiten müssen wir uns entscheiden. Es kann sich dabei um Partnersuche, Wohnungs- oder Parkplatzwahl,
Bewerberselektion o.ä. handeln (vgl. Abb. 2-1, 2-2 und 2-3). Nachdem eine Gelegenheit geprüft wurde, können wir stoppen und zugreifen; andernfalls ist sie verpasst und kehrt nicht wieder.

Abb. 2-2: *House Sale*
Quelle: aus Smith (1997a).

Abb. 2-3: *Nest Vacancy*
Quelle: aus Smith (1997b).

Zur Lösung dieses Problems müssen wir also eine Stoppregel wählen, um die beste Gelegenheit mit größtmöglicher Wahrscheinlichkeit zu finden. Diese Regel dient dazu, die Entscheidungsfindung zu vereinfachen, indem sie das Spektrum von Entscheidungsalternativen eingrenzt und uns als Daumenregel hilft, die Suchkosten zur Identifikation einer akzeptablen Lösung zu reduzieren (Grant (2005)). Fraglich ist, ob die Stoppregel, die mit der größtmöglichen Wahrscheinlichkeit die beste Gelegenheit verschafft, durch Intuition und Kreativität oder eher durch formale Analysemethoden gefunden werden kann. Dabei ist – wie gleich illustriert wird – nicht auszuschließen, dass sich auch dann adäquate und robuste Regeln herausbilden, wenn ihnen keine Ausgangsanalyse vorangeht. Bestimmte Regeln setzen sich im Sinne des Experimentierprozesses, wie Mintzberg und die Vertreter des Evolutionsansatzes ihn beschreiben, durch.

2.4.1 Einige Stoppregeln

Bevor wir nach einer optimalen Stoppregel suchen, können wir uns einige gebräuchliche Regeln in Erinnerung rufen:

    I.   Wahl der ersten Gelegenheit G_1 bzw. der letzten Gelegenheit G_n

    II. Stoppen in der Mitte der Grundgesamtheit ($G_{n/2}$)

    III. Definition eines Schwellenwertes s: Zunächst werden die Gelegenheiten $G_1,...,G_{s-1}$ geprüft und die beste von ihnen vorgemerkt. Von den nachfolgenden Gelegenheiten wird nun die erste ausgewählt, die besser ist als die beste unter den ersten s-1.

Probleme der Partnersuche sind nicht auf Menschen beschränkt. Das Auswahlproblem besteht auch im Tierreich. Biologen haben sich in theoretischen und empirischen Studien sehr genau mit dem Partnerverhalten von weiblichen Tieren beschäftigt. Interessant ist, dass sich im Tierreich ebenfalls bestimmte Stoppregeln (oder Heuristiken) herausgebildet haben, die zu einer Erfolg versprechenden Lösung verhelfen. Es gibt allerdings auch im Tierreich individuell unterschiedliche Problemlösungen. Dies konkretisiert sich bei den Weißwangengänsen darin, dass 40% der Gänse die erste Gelegenheit wahrnehmen[2], wobei die verbleibenden 60% der weiblichen Population einen sequenziellen Vergleich von mehr oder weniger geeigneten Partnern vornehmen. Ähnliche Verhaltensweisen gelten für viele andere Gattungen, so auch für Pfauen, bei denen bestimmte Schwellenwertkriterien vorliegen, ab denen die Auswahl eines Partners erfolgt. Die Anzahl der analysierten potenziellen Partner lag hier zwischen eins und 13 über elf betrachtete Studien (vgl. Jennions und Petrie (1997)). Auch Veränderungen der Umwelt und die Kosten der Partnersuche werden verarbeitet: Eine Senkung der Wassertemperatur verkürzt die Auswahlzeit, dagegen wird diese durch eine Steigerung der Anzahl von Männchen in der Population erhöht (vgl. Jennions und Petrie (1997)). Festzuhalten ist also, dass sich im Evolutionsprozess stabile und „adäquate"[3] Suchheuristiken ohne vorgängige Analyse und Planung durchgesetzt haben. Es ist allerdings die Zwischenfrage zu stellen, ob sich der Homo Sapiens mit seinen analytischen Fähigkeiten nicht *zumindest ex ante* besser stellen kann als Weißwangengänse oder Meergrundel.

2.4.2 Optimales Stoppen

In der Rolle des strategischen Planers müssen uns folgende Fragen interessieren:

1. Wie groß ist die Wahrscheinlichkeit w(n) (bzw. w(s,n) für III, weil diese Regel zusätzlich vom Schwellenwert s abhängt), dass die beste Gelegenheit mit den Stoppregeln I, II, III ausgewählt wird?
2. Bei welcher Schrittnummer s (bei gegebener Anzahl n) ist diese Wahrscheinlichkeit am größten?

Die Antwort auf die Frage 1 lautet für I und II, da wir mangels anderer Informationen von Gleichwahrscheinlichkeit ausgehen müssen:

---

[2]   Ähnliches Verhalten zeigt auch der Fisch Meergrundel.
[3]   Hier muss auf die Bewertung der Biologen vertraut werden.

$$w(n) = \frac{1}{n}. \qquad (2.1)$$

Die Beantwortung der Frage 1 für Stoppregel III erfordert eine genauere Betrachtung. Sei das Ereignis E_k, dass a) G_k die beste Gelegenheit ist *und* b) G_k ausgewählt wird. Die Wahrscheinlichkeit für a) ist $1/n$. Ferner wird G_k genau dann ausgewählt, wenn sich die beste der ersten k-1 Gelegenheiten schon unter den ersten s-1 befindet.

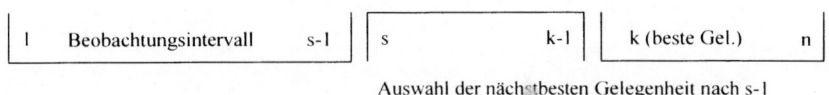

Auswahl der nächstbesten Gelegenheit nach s-1

Abb. 2-4: *Grafische Darstellung der Schwellenwert-Stoppregel*

Wäre dies nämlich nicht der Fall, befände sich die nächstbeste Gelegenheit zwischen G_s bis G_{k-1} und würde somit gemäß der Stoppregel III ausgewählt werden. Insgesamt existieren also k-1 mögliche Plätze, an denen die beste der k-1 Gelegenheiten auftreten kann. Für die Wahrscheinlichkeit, dass sich diese nächstbeste Gelegenheit bereits unter den ersten s-1 Gelegenheiten befindet und damit die beste Gelegenheit G_k ausgewählt wird (siehe b) oben), ergibt sich:

$$\frac{s-1}{k-1} \, (= \text{Anteil der günstigen an den möglichen Fällen}). \qquad (2.2)$$

Damit wird die Wahrscheinlichkeit für das Ereignis E_k als Produkt der Wahrscheinlichkeiten für a) und b) ausgedrückt:

$$W(E_k) = \frac{1}{n} \cdot \frac{s-1}{k-1}. \qquad (2.3)$$

Die Stoppregel ist genau dann erfolgreich, wenn ab Schritt s die beste Gelegenheit gefunden wird, d.h. es tritt entweder E_s oder E_{s+1} oder ... oder E_n ein. Damit gilt:

$$w(s,n) = W(E_s) + ... + W(E_n) \qquad (2.4)$$

und nach kurzer Umformung:

$$w(s,n) = \frac{s-1}{n} \cdot \left(\frac{1}{s-1} + \dots + \frac{1}{n-1}\right) \quad \text{für } s \geq 2, n \geq 2, s \leq n. \tag{2.5}$$

Die Stoppregel ist dabei auch für s = 1 sinnvoll (Vorschrift: Wähle die erste, sozusagen „erstbeste" Gelegenheit!). Es gilt dann

$$w(1, n) = \frac{1}{n}. \tag{2.6}$$

Die Antwort auf Frage 2 steht im Mittelpunkt unserer Suche nach einer optimalen Regel. Für die Stoppregeln I und II gilt, dass sie unabhängig von s sind.

Nun wenden wir uns der Beantwortung der Frage 2 für die Stoppregel III zu. Bei gegebener Anzahl n von Gelegenheiten ist w(s,n) eine Funktion von s. Sie beschreibt die Erfolgsaussichten der Stoppregel in Abhängigkeit von der Schrittnummer, ab der das eigentliche Auswahlverfahren beginnt. Machen wir uns ein Bild von der Situation bei n = 10 Gelegenheiten. Zunächst wird eine Tabelle der Wahrscheinlichkeiten für s = 2,...,10 erstellt:

s	2	3	4	5	6	7	8	9	10
w(s,n)	0,283	0,366	0,399	0,398	0,373	0,327	0,265	0,189	0,100

Tabelle 2-1: *Die Entwicklung der Wahrscheinlichkeit w(s,n) für n = 10*

Es ergibt sich somit s_{max} = 4. Dies bedeutet, dass nach der dritten betrachteten Gelegenheit die nächste ausgewählt werden sollte, die besser ist als die beste der ersten drei beobachteten Gelegenheiten. Für n = 30 betrachten wir statt einer Tabelle ein Histogramm:

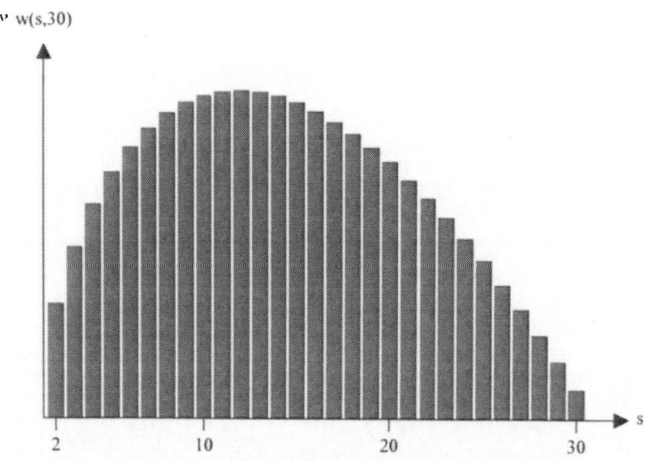

Abb. 2-5: *Die Entwicklung der Wahrscheinlichkeit w(s,n) für n = 30*

Rechnerisch ergibt sich $s_{max} = 12$. Man beachte, dass s_{max} jeweils von n abhängt. Wir tabellieren die Werte n, s_{max} und $w(s_{max},n)$ in drei Zeilen:

n	2	3	4	5	10	20	30	40	50	100	500	1000
s_{max}	2	2	2	3	4	8	12	16	19	38	185	369
$w(s_{max},n)$	0,500	0,500	0,458	0,433	0,399	0,384	0,379	0,376	0,374	0,371	0,369	0,368

Tabelle 2-2: *Die Entwicklung der Wahrscheinlichkeit $w(s_{max},n)$*

Es fällt auf, dass sich das Maximum von w(s,n) bei zunehmender Anzahl der Gelegenheiten n in der Nähe von 0,37 zu stabilisieren scheint. Gleichzeitig liegt aber auch der Anteil s_{max}/n bei diesem Wert. Dieser Anteil ist als allgemeines Ergebnis der Stoppregel III und damit als Faustregel für ein optimales Stoppverhalten zu verstehen. Er sagt aus, dass es optimal ist, etwa 37 % der Gelegenheiten passieren zu lassen, um dann die nächstbeste Gelegenheit wahrzunehmen. In der Tat lässt sich durch eine genauere Analyse nachweisen:

$$\frac{s_{max}}{n} \sim \frac{1}{e} \text{ und } w(s_{max},n) \sim \frac{1}{e}, \qquad (2.7)$$

wobei *e* die Eulersche Zahl ist (e = 2,71828). Die sogenannte „asymptotische Gleichheit" ~ besagt, dass der Quotient aus linker und rechter Gleichungsseite (für n gegen unendlich) gegen 1 strebt.

2.4.3 Weitere strategische Such- und Stopp-Probleme

Das hier vorgestellte Problem wird als ein „best-choice" Problem bezeichnet, denn es wird die Wahrscheinlichkeit maximiert, unter allen Gelegenheiten die beste auszuwählen. Alternativ können andere Probleme formuliert werden. Eine Aufgabe sei: Suche eine der besten zwei Gelegenheiten. Die dafür optimale Stoppregel lautet: Beobachte die Gelegenheiten 1 bis r − 1; wähle eine Gelegenheit zwischen r und s − 1 aus, wenn eine von ihnen den relativen Rang eins hat; sonst wähle eine Gelegenheit zwischen s und n aus, wenn eine von ihnen den Rang eins oder zwei hat (vgl. Gilbert und Mosteller (1966)).

Auf zahlreiche strategische Fragen anwendbar ist das Parkproblem: Man fährt entlang einer (fast) unendlich langen Straße zum Theater. An der Straße sind Parkplätze, die jedoch größtenteils (mit der Wahrscheinlichkeit w) besetzt sind. Das Theater befindet sich am Punkt T. Parkt man am Punkt j ergibt sich, z.B. wegen des Laufens mit unangenehmen Schuhen, ein Nutzenverlust in Höhe von |T − j|. Für den optimalen Schwellenwert r gilt: Suche solange weiter, wie der Nutzen der weiteren Suche (U_{r+1}) größer als der Nutzen des aktuell freien Parkplatzes (U_r) ist. Insgesamt ergibt sich für den Schwellenwert (vgl. McQueen und Miller (1960)):

$$r := \min\left\{ r \geq 0 : w^{r+1} \leq \frac{1}{2} \right\}. \tag{2.8}$$

Für allgemeine Probleme im Rahmen von Unternehmensgründungen resp. strategischen Investitionen bei unendlichem Zeithorizont definiert man die optimale Stoppregel wie folgt: Optimale Stoppzeit ist das kleinste t, so dass

$$E\left(NP_{t+1} - NP_t \mid NP_t\right) \leq 0, \tag{2.9}$$

mit NP_t = „new venture's performance" zum Zeitpunkt t (vgl. Lèvesque und Shepherd (2002)). Die Stoppregel bedeutet: Stoppe sofort, wenn die erwartete Performancesteigerung durch Abwarten der nächsten Periode erstmalig negativ ist. Dabei kann die Performance NP_t sowohl die Kosten durch das Aufschieben des Eintritts als auch die Kosten der verpassten Gelegenheit beinhalten. Entscheidend für die Auffindung einer sinnvollen Regel, die uns bei der optimalen Problemlösung hilft, sind diverse Voraussetzungen (vgl. Klein und Scholl (2004)). So müssen eine adäquate Problemabgrenzung getroffen und der Planungsaufwand (wie die Informationsbeschaffung) sinnvoll eingrenzt werden. Die ermittelte Vorgehensweise (Regel) soll plausibel sein und die Lösungsmenge auf Erfolg versprechende Alternativen begrenzen.

2.5 Fazit

Das Modell liefert uns eine praktische Faustregel, mit der wir unser Auswahlverhalten optimieren können. Sie lautet: Wende die Stoppregel für

$$s = \frac{n}{e} \approx 0,368 \cdot n \qquad (2.10)$$

an, oder gröber: Lasse zunächst ein gutes Drittel (knapp 37 %) der Gelegenheiten passieren und wähle danach die erste bessere Gelegenheit. Das Ergebnis lässt sich intuitiv darauf zurückführen, dass ab s_{max} die Chance sinkt, im verbleibenden „unbekannten" Bereich die beste Gelegenheit zu finden. Das Beispiel illustriert die Möglichkeit, unser Handeln an Wahrscheinlichkeiten auszurichten. Dies geschieht nach dem übergeordneten Prinzip: Entscheide dich unter mehreren Handlungsalternativen für eine optimale, d.h. eine, bei der die Wahrscheinlichkeit für einen Erfolg am größten ist. Was jeweils „Erfolg" bedeutet, hängt natürlich vom Kontext und von der spezifischen Zielfunktion ab.

Kommen wir noch einmal auf die Ausgangsüberlegung von Mintzberg zurück, die er planungskritisch am Beispiel Honda formuliert hat: *„Brilliant as its strategy may have looked after the act, Honda's managers made almost every conceivable mistake until the market finally hit them over the head with the right formula."* Bei Honda waren es nach der Analyse von Mintzberg die Marktgesetze, die das Unternehmen „erzogen" haben. Dem korrespondiert bei den von Jennions und Petrie referierten empirischen Studien aus dem Tierreich das Wirken des evolutionären Selektionsdrucks. Natürlich hat Mintzberg nicht die Lernmöglichkeiten von Gänsen mit den Lernmöglichkeiten eines Unternehmens gleichgesetzt. Ak-

zeptiert man den grundsätzlichen Unterschied zwischen den Lernmöglichkeiten von Tieren und Menschen, dann sind Analyse und Intention für diesen Unterschied verantwortlich. Der entscheidende Ansatz für die Nutzung
strategischer Planungsmethoden liegt darin, analytische Verfahren an den
Ausgangspunkt strategischer Überlegungen zu stellen. Dabei geht es um
eine hinreichend klare Beschreibung von Problemen und die Suche nach
klaren Lösungsansätzen. Die Beschäftigung mit den Problemen der Partnerwahl und des Unternehmenskaufes hat gezeigt, dass Lösungen, die die
Analyse von Grundgesamtheiten voraussetzen, zu kostenintensiv sind. Es
geht auch nicht darum, einen überkomplizierten Apparat zur Problemana-
lyse aufzubauen. Ziel ist vielmehr die Auffindung einer sinnvollen und
anwendbaren Regel oder Vorschrift, die zu einem Erfolg versprechenden
und machbaren Lösungsvorschlag für ein Problem führt (Klein und Scholl
(2004)). Mit anderen Worten: Es geht um die intelligente und durch Lernen beschleunigte Auffindung und Nutzung von Heuristiken. Haben wir
diese Heuristik für die Partnersuche oder den Unternehmenskauf mit einfacher Statistik beschrieben, so gibt es in Organisationen geronnene strategische Prinzipien oder Heuristiken, die für die Wahlentscheidung den gleichen Zweck erfüllen: Machbare Lösungsvorschläge für Probleme zu geben
und irrelevante Entscheidungsmöglichkeiten auszuschließen. Als Beispiele
lassen sich strategische Prinzipien wie Walmarts „low prices, every day"
oder Southwest Airlines' Grundsatz „meet customers short haul travel
needs at fares competitive with the cost of automobile travel" begreifen. In
diesem Sinne geht es also in den folgenden Kapiteln darum, Probleme adäquat einzugrenzen und zu beschreiben sowie nach kostensparenden analytischen Lösungsmöglichkeiten zu suchen. Deren Durchsetzung und Implementierung benötigen natürlich Intuition und Kreativität. Letztere müssen aber auf der Analyse aufsetzen und nicht umgekehrt.

Abschließend ist noch einmal auf die Mintzbergsche Honda-Analyse zu-
rückzukommen. Nehmen wir an, dass die Honda Manager die Strategiewahl des Markteintritts in den amerikanischen „Mopedmarkt" als Suchpro-
blem definiert hätten. Dann könnte man die Art des Auswahlprozesses –
„the market finally hit them over the head with the right formula" – als
zwar schmerzhaftes, aber ex post erfolgreiches Suchen verstehen. Die Suche nach vielleicht noch besseren Heuristiken könnte z.B. mit einer ver-
tieften Analyse des Honda-Falles beginnen, die extrahierbare Lerneffekte
bestimmt und damit die Planungskosten für den nächsten Markteintritt
deutlich verringert.

Literatur

Franz X. Bea/Jürgen Haas (2000): Strategisches Management. Stuttgart.

Financial Times Deutschland vom 16.06.2005.

John Gilbert/Frederick Mosteller (1966): Recognizing the Maximum of a Sequence. Journal of the American Statistical Association, Vol. 61. 35-73.

Robert M. Grant (2005): Contemporary Strategy Analysis. Malden, MA.

Michael D. Jennions/Marion Petrie (1997): Variation in Mate Choice and Mating Preferences: A Review of Causes and Consequences. Biological Review, Vol. 72. 283-327.

Robert Klein/Armin Scholl (2004): Planung und Entscheidung. München.

Moren Lèvesque/Dean A. Shepherd (2002): A New Venture's Optimal Entry Time. European Journal of Operational Research, Vol. 139. 626-642.

James McQueen/Robert G. Miller Jr. (1960): Optimal Persistence Policies. Operations Research, Vol. 6. 362-181.

Henry Mintzberg (1996): The Fall and Rise of Strategic Planning. Harvard Business Review, Vol. 72. 107-114.

Michael E. Porter (1996): What is Strategy? Harvard Business Review, Vol. 74. 61-78.

David K. Smith (1997a): Mathematics, Marriage and Finding Somewhere to Eat. PASS Maths Issue 3.

David K. Smith (1997b): Optimal Stopping. PASS Maths Issue 3.

Aufgaben zum Kapitel 2

Aufgabe 1:

Ihr Haus soll verkauft werden. Hierzu haben Sie eine Offerte in einer örtlichen Zeitung aufgegeben, woraufhin sich 125 potenzielle Käufer gemeldet haben.

   a) Formulieren Sie drei unterschiedliche Stoppregeln für das beschriebene Verkaufsproblem, wobei davon auszugehen ist, dass auf bereits nicht angenomme Angebote nicht zurückgegriffen werden darf.
   b) Leiten Sie mit Hilfe der in diesem Kapitel vorgestellten Methode eine optimale Stoppregel für die Ermittlung des Käufers mit dem höchsten Kaufgebot her.
   c) Wie würde sich die optimale Stoppzeit verändern, wenn die Zeitung für die Betrachtung jedes potenziellen Käufers eine Gebühr in Höhe von c verlangen würde?
   d) Ein erfahrener Makler verrät Ihnen, dass zahlungswillige Käufer ihre Gebote meistens erst sehr spät abgeben. Wie wirkt sich der Hinweis des Maklers auf die optimale Stoppzeit aus?
   e) Welche Stoppregel würden Sie verfolgen, wenn auf bereits verstrichene Gebote zurückgegriffen werden dürfte?

Aufgabe 2:

Es existieren zwei unterschiedliche Behandlungsmethoden einer bestimmten Krankheit: die Standardmethode T_1 mit der bereits bekannten Heilungswahrscheinlichkeit w_0 und eine neu entwickelte Methode T_2 mit einer noch unbekannten Erfolgswahrscheinlichkeit. Sie müssen nun entscheiden, nach welcher Methode die n Patienten zu behandeln sind. Dabei muss die Entscheidung für jeden Patienten sequentiell getroffen werden, nachdem sein Vorgänger bereits behandelt wurde. Der erste Patient soll nach der Methode T_2 behandelt werden. Formulieren Sie ein sinnvolles Stoppproblem für die Anwendung der neuen Methode T_2, d.h. wann würden Sie zur Methode T_1 wechseln?

3 Umweltanalyse: Konkurrenz und Strategiewahl

3.1 Einleitung

„Wenn Menschen eine Situation für real halten, dann ist sie auch in ihren Konsequenzen real." (William I. Thomas)

In zahlreichen Büchern hat Michael Porter seine Theorien der Branchenattraktivität, der Wettbewerbsvorteile und Wettbewerbsstrategien ausgeführt. In Lehrbüchern zur strategischen Planung werden die Porterschen Überlegungen üblicherweise in unterschiedlichen Kapiteln dargestellt. Am Anfang steht zumeist die Umweltanalyse, im Rahmen derer der Ansatz der Five Forces erläutert und interpretiert wird. Dem folgen die Darstellung und Analyse generischer Strategien, die als Ansatzpunkte für die Strategiewahl – nach eingehender Unternehmensanalyse – behandelt werden.

Im vorliegenden Kapitel wird ein anderer Weg beschritten. Zuerst werden die Wettbewerbskräfte nach Porter vorgestellt (3.2). Als Ergebnis der Wettbewerbskräfte bestimmt Porter für jede Branche die Art der Konkurrenz zwischen den Wettbewerbern. Diese Art der Konkurrenz, die als Spielregel für Wettbewerber aufgefasst werden kann, stellt den Unternehmen eine Aufgabe: die bestmögliche Positionierung auf Basis eines Wettbewerbsvorteils. Dementsprechend werden im nächsten Abschnitt unterschiedliche Positionierungen über generische Wettbewerbsstrategien – Kostenführerschaft und Produktdifferenzierung – dargestellt (3.3). Dabei wird auch auf das Konzept der Value Map eingegangen, das eine analytisch simultane Behandlung von Kosten- und Produktdifferenzierungsvorteilen ermöglicht. Diesen in (3.2) und (3.3) erläuterten Grundlagen schließt sich die Betrachtung unterschiedlichen Konkurrenzverhaltens in einer Branche anhand einfacher Modelle an (3.4). Ziel ist dabei die Bestimmung der Folgen generischer Strategien für die Markt- und Unternehmensergebnisse. Dazu werden zunächst die statischen Modelle von Wettbewerbsregeln, also Mengen- oder Preiswettbewerb, dargestellt (3.4.2). Dem folgt, nach Überlegungen zur praktischen Umsetzbarkeit von Strategietypen, ein realistischeres Modell der langfristigen, modifizierten Preiskonkurrenz, das dynamische Aspekte berücksichtigt (3.4.3). Nachdem die Konkurrenz innerhalb einer Branche betrachtet wurde, beschäftigt sich der nächste Abschnitt mit den Fragen des Markteintritts, seiner Verhinderung bzw. der Verminderung seiner Konsequenzen (3.4.4). Diesen Erwägungen folgen eine Zusammenfassung sowie ein Ausblick (3.5).

3.2 Wettbewerbskräfte nach Porter

Am Anfang der Analyse von Wettbewerbskräften steht die Beobachtung, dass Unternehmen in einem Spannungsfeld aus Umwelteinflüssen agieren. Abb. 3-1 zeigt die wichtigsten dieser auf jedes Unternehmen einwirkenden Kräfte auf.

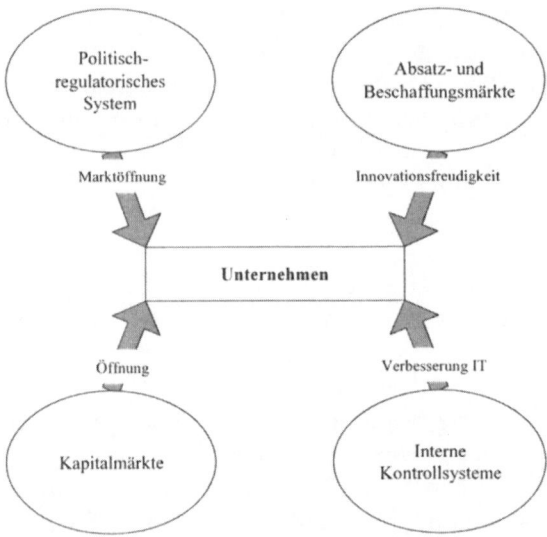

Abb. 3-1: *Spannungsfeld Markt*

Nach Michael Porter steht die Branchenstruktur im Mittelpunkt der Umweltanalyse. Dabei unterscheidet er fünf Einflussfaktoren (Abb. 3-2), deren Zusammenspiel die wirtschaftliche Attraktivität einer Branche determiniert (vgl. dazu Porter (1996); Bea und Haas (2000)).

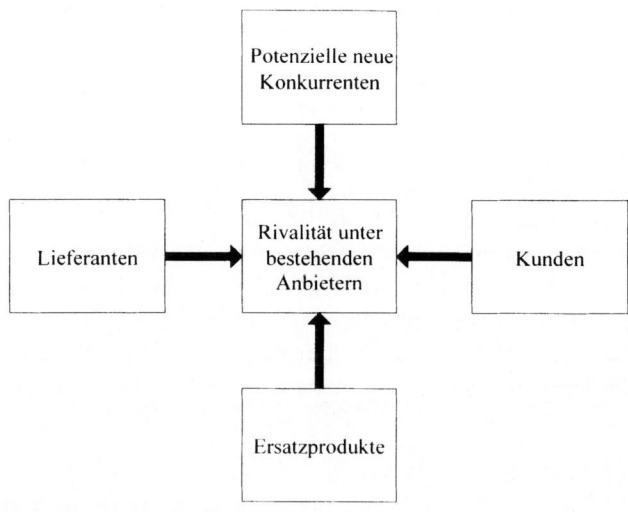

Abb. 3-2: *Porters Five Forces*
Quelle: in Anlehnung an Porter (1996).

1. Verhandlungsstärke der Lieferanten
Die Rentabilität und damit die Attraktivität eines Marktes werden durch
eine starke Verhandlungsmacht der Lieferanten reduziert. Die Verhandlungsstärke der Lieferanten ist umso größer, je höher die Konzentration im
Beschaffungsbereich vorangeschritten ist und/oder je geringer die Substi-
tutionsmöglichkeiten in Form alternativer Inputs sind.

2. Bedrohung durch neue Konkurrenten
Die Rentabilität und damit die Attraktivität eines Marktes werden durch
den Markteintritt neuer Anbieter bedroht. Das Ausmaß dieser Bedrohung
hängt von den Markteintrittsbarrieren für Marktneulinge ab. Die Tragweite
dieser Barrieren wird u.a. bestimmt durch:

- Kostenvorteile: Die auf dem Markt befindlichen Anbieter besitzen
  Kostenvorteile etwa durch Erfahrung oder im Bereich der Technologie. Neue Anbieter müssen sich Fixkostendegressions- oder Erfahrungskurveneffekte (vgl. dazu auch Kapitel 5) erst „erarbeiten",
  da sie i.d.R. mit geringen Stückzahlen beginnen.
- Kapitalbedarf: Häufig sind hohe Anfangsinvestitionen im Produktionsbereich Voraussetzung für den Markteintritt.
- Reputation etablierter Unternehmen (z.B. Markenidentität und
  Käuferloyalität): Die Präferenz für eine etablierte Marke lässt sich

nur schwer überwinden. Die Produkte der etablierten Unternehmen sind bereits im Markt eingeführt. Beispiel: Autofahrer wechseln nur langfristig ihre Marke.

- Vertriebszugänge: Neue Anbieter müssen z.T. sehr kostenaufwändig ein eigenes Vertriebssystem aufbauen, wenn die etablierten Wettbewerber die bestehenden Kanäle durch Eigenvertrieb oder durch vertragliche Bindungen besetzen.
- Staatliche Regulierung: Der Staat kann Markteintritte positiv (z.B. durch Deregulierungen, Hilfen für Existenzgründungen) oder negativ mit Anreizen versehen (z.B. durch Energiewirtschaftsgesetze, Selbstregulierungen der Branche, Niederlassungsvorschriften oder Staatsmonopole).

3. Verhandlungsstärke der Kunden

Die Rentabilität und damit die Attraktivität eines Marktes werden durch eine starke Verhandlungsmacht der Abnehmer reduziert. Die Verhandlungsmacht ist u.a. dann als stark einzustufen, wenn die Abnehmerkonzentration und der Abnahmeanteil einzelner Kunden am Gesamtmarkt hoch sind.

4. Bedrohung durch Ersatzprodukte

Die Rentabilität und damit die Attraktivität eines Marktes sinken mit zunehmender Bedrohung durch Ersatzprodukte. Die Bedrohung durch Substitute (etwa die von Briefen durch E-Mails) steigt mit deren Überlegenheit im Preis-/Leistungsverhältnis im Vergleich zu den Produkten anderer Branchenproduzenten und der Vergrößerung der Wechselneigung der Kunden.

5. Die Rivalität der Wettbewerber einer Branche

Die Rentabilität und damit die Attraktivität eines Marktes sinken mit zunehmender Rivalität der Wettbewerber einer Branche. Die Intensität des Wettbewerbsverhaltens der etablierten Unternehmen ist von einer Reihe von Determinanten abhängig. Wichtig sind insbesondere:

- Kapazitätsauslastung: Bei Unterauslastung der Kapazität ist i.d.R. eine hohe Wettbewerbsintensität zu erwarten. In dieser Situation ist die Erwirtschaftung selbst kleiner Deckungsbeiträge umso notwendiger für die Amortisation der Fixkosten.
- Differenzierungsgrad der Produkte: Je heterogener die Produkte der einzelnen Anbieter sind, desto kleiner ist der Grad der Interde-

pendenz im Einsatz der absatzpolitischen Instrumente und damit auch der Grad der Wettbewerbsintensität.

- Umstellungskosten: Die Wettbewerbsintensität steigt, wenn es nicht gelingt, die Abnehmer am Wechsel von eigenen auf fremde Produkte zu hindern.
- Marktaustrittsbarrieren: Bei hohen Marktaustrittsbarrieren ist der Wettbewerb zwischen den etablierten Unternehmen tendenziell intensiv, da ein Marktaustritt kaum erzwungen werden kann. Marktaustrittsbarrieren sind u.a. Personalkosten (resp. drohende Sozialpläne), Wertverluste bei den Anlagen (besonders bei hochspezialisierten Aktiva) und emotionale Bindungen (etwa an Familienunternehmen oder an Standorte mit langer Tradition).
- Branchenkultur: Es gibt traditionell Branchen, in denen ein besonders harter Umgang – z.B. in Form von Preiskämpfen u.ä. – an der Tagesordnung ist (etwa im Handel). Dem gegenüber stehen Wirtschaftszweige, in denen das Konkurrenzdenken (noch) weniger stark ausgeprägt ist (z.B. in der Energiewirtschaft, bei Ärzten und Steuerberatern).

Als Zwischenfazit lässt sich festhalten:

- Die dargelegten qualitativen Überlegungen zur Branchenattraktivität sind im Vorfeld eines Markteintrittes essentiell notwendig.
- Die qualitative Planung ist mit der quantitativen Planung zu kombinieren, insbesondere wenn auf Basis der Planungsinstrumente strategische Vorhaben, wie z.B. ein Markteintritt, konkretisiert werden sollen.
- Weitere Schritte zur Entscheidungsunterstützung ergeben sich aus einzelbetrieblichen Rechenverfahren: Investitionsrechnung, Finanzierungsplanung, Beschaffungsplanung, Plankostenrechnung etc. Auf dieser Basis lassen sich dann die Cashflow-Analyse und auch das Discounted-Cashflow-Verfahren anwenden. Dabei erfolgt die Risikoberücksichtigung bspw. über risikoadjustierte Zinsfüße (vgl. auch Kapitel 6) und/oder über die Konstruktion unterschiedlicher Planungsszenarien.[1]

Porter verweist nun auf zwei entscheidende Fragen bei der Wahl der Wettbewerbsstrategie. Die erste betrifft die Attraktivität einer Branche und die der Attraktivität zu Grunde liegenden Bestimmungsfaktoren. Letztere

---

[1] Die genannten Verfahren, die in anderen Veranstaltungen des BWL-Studiums ausführlich abgehandelt werden, sind zu bedenken, wenn wir uns in diesem Kapitel weiter mit strategischen Fragen beschäftigen.

wurden bisher diskutiert. Als zweite Frage bleibt, wodurch die relative Wettbewerbsposition eines Unternehmens innerhalb der Branche bestimmt wird. Interessant ist dabei folgende Feststellung Porters: Unternehmen treffen Strategieentscheidungen, *„ohne deren langfristige Auswirkung auf die Branchenstruktur zu bedenken. Sie sehen den Vorteil für ihre Wettbewerbsposition falls die Maßnahme erfolgreich ist, versäumen aber die Folgen möglicher Reaktionen ihrer Konkurrenten vorwegzunehmen. Wenn die Nachahmung einer Maßnahme durch größere Wettbewerber darauf hinausläuft, die Branchenstruktur zu ruinieren, schadet das jedem"* (Porter (1996)). Der von Porter angesprochene Problemschwerpunkt ist im Auge zu behalten, wenn es – nach Darstellung der generischen Strategien – um die Art der Konkurrenz in einer Branche geht. In diesem Zusammenhang sind auch die Rückwirkungen des Verhaltens einzelner Unternehmen auf das Marktergebnis und auf das eigene Unternehmensergebnis zu analysieren. Nachfolgend werden zuerst die Idealtypen von Wettbewerbsstrategien dargestellt.

3.3 Generische Strategien und die Value Map

Eine Antwort auf die von Porter gestellte zweite Frage (s.o.) bezieht sich auf die optimale Positionierung eines Unternehmens in einer Branche. Es wird – auch aufgrund empirischer Ergebnisse – davon ausgegangen, dass ein Unternehmen mit einer günstigen Branchenposition auch dann hohe Gewinne erzielen kann, wenn die durchschnittliche Rentabilität einer Branche eher gering ist. Ansatzpunkt guter Unternehmensergebnisse ist, dass Unternehmen auf Basis von nachhaltigen Wettbewerbsvorteilen überdurchschnittliche Leistungen erbringen. Porter sieht zwei Grundtypen von Wettbewerbsvorteilen, die ein Unternehmen anstreben und erreichen kann: Produktdifferenzierung oder Kostenführerschaft. Differenzierung bezieht sich laut Porter auf die Vorteile, die ein Unternehmen bei den Konsumenten in allgemein hoch bewerteten Dimensionen einer Branche erringen kann. Ein klassisches Beispiel hierfür ist die Produktqualität. Kostenpositionen sollen zur Kostenführerschaft führen, mithin zum Ziel, kostengünstigster Hersteller zu werden (Abb. 3-3).

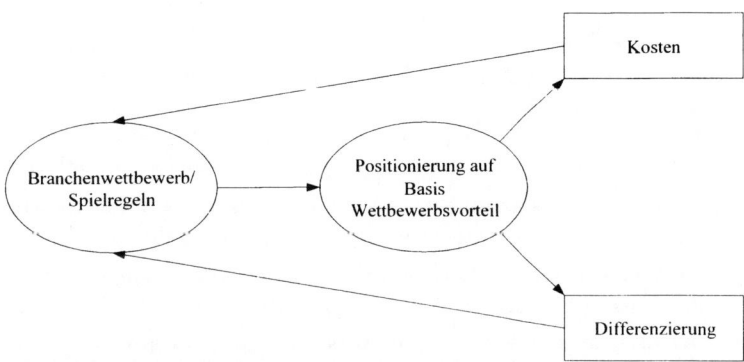

Abb. 3-3: *Porter & Spieltheorie*

Porter weist darauf hin, dass ein Unternehmen sich entweder für Kostenführerschaft oder für Produktdifferenzierung entscheiden muss. Unternehmen, die beide Strategietypen zugleich verfolgen, bleiben – gegeben, dass sie durch diese widersprüchlichen Ziele keinen der Strategietypen konsequent umsetzen können – in ihrer Entwicklung eines Wettbewerbsvorteils stehen. Somit realisieren sie keinen der Grundtypen von Wettbewerbsvorteilen. Die Überlegungen eines „stuck in the middle" fußen auf der Beobachtung, dass beide Strategietypen einen grundsätzlich anderen Ansatz zur Schaffung und Behauptung von Wettbewerbsvorteilen haben. Dies liegt darin begründet, dass Differenzierungen eher kostspielig sind, während Kostensenkungen in der Tendenz auch Qualitätseinbußen mit sich bringen. Auch in der Unternehmenskultur zeigen Kostenführer eine Bereitschaft zur „Jagd auf Verschwendung", was leicht an nichtrepräsentativen Hauptverwaltungen in Gewerbegebieten u.v.m. erkenntlich wird. Dagegen stünde es einem auf Qualität und Design bedachten Unternehmen der Bekleidungsbranche nicht gut an, auf sorgsam komponierte Interieurs in seiner Hauptverwaltung zu verzichten.

Kommen wir zurück zu unseren strategischen Grundfragen. Zuerst ist zu klären: Welchen Wert schaffe ich für Kunden? Anschließend ist die Frage zu beantworten: Kann ich diese Wertschaffung günstiger als meine Konkurrenten realisieren? Nach der Klärung der notwendigen, sind die hinreichenden Erfolgsvoraussetzungen zu ermitteln: Werden es die Spielregeln der Branche erlauben, (m)einen Vorteil zu realisieren? Die Antwort auf die letztgenannte Frage setzt eine positive Unternehmens- und Umfeldanalyse voraus. Davon zu trennen ist die normative, unternehmenspolitische Frage:

Wie kann ich mich (um)positionieren, um einen Wettbewerbsvorteil zu erringen? Für die Klärung der ersten Frage – welcher Wert für Kunden geschaffen wird – haben Besanko et al. (2000) ein einfaches Mittel zur Analyse unterschiedlicher Kombinationen von Differenzierungs- und Kostenvorteilen, die so genannte Value Map, entwickelt. Diese Value Map illustriert die unterschiedlichen Preis-Qualitäts-Positionen einer Firma in einem Markt. Die Preise werden gegen Qualitäten abgetragen. Die durchgezogene (bzw. auch die gestrichelte) Linie ist eine Indifferenzkurve (Abb. 3-4). Eine Bewegung von Nordwesten nach Südosten geht, wegen der Preissenkung bei zunehmender Qualität der angebotenen Güter, mit höheren Konsumentennutzen einher. Mittels dieses einfachen Werkzeuges lassen sich nun sowohl die strategische Logik der Kostenführerschaft als auch die des Differenzierungsvorteils erläutern.

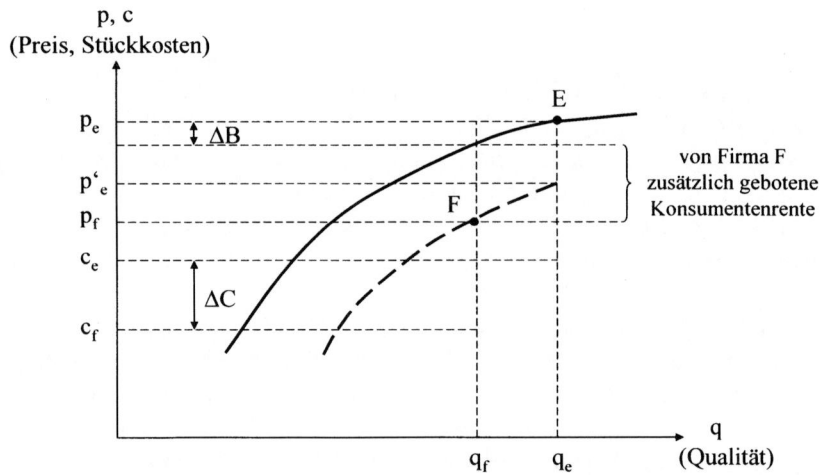

Abb. 3-4: *Logik des Kostenvorteils*
Quelle: in Anlehnung an Besanko et al. (2000).

Kostenführerschaft basiert auf dem Prinzip, dass ein Unternehmen Produkte zu geringeren Kosten C herstellt, dabei aber der wahrgenommene Benefit B des Produktes mit dem der Konkurrenzprodukte vergleichbar ist oder nur geringfügig darunter liegt. Entscheidend ist, dass der geschaffene Wert B – C höher ist als der der Mitbewerber. Der geringere Benefit muss durch niedrigere Preise berücksichtigt werden. Diese Strategie wird dann vorteilhaft sein, wenn der Kostenunterschied größer ist, als der Preisunterschied zwischen den Produkten. Unter diesen Umständen kann das Unternehmen gleichzeitig die Konsumenten- als auch die Produzentenrente er-

höhen. Abb. 3-4 illustriert diese Logik. Ausgegangen wird vom Unternehmen E, das in einer Branche ein Produkt mit Qualität q_e, Preis p_e und
Stückkosten c_e herstellt. Ein neues Unternehmen, die Firma F, sei nun in
der Lage, das Produkt zu deutlich geringeren Kosten c_f anzubieten, wobei
nur ein geringer Qualitätsverzicht zu verzeichnen ist (die Qualität wird von
q_e auf q_f gesenkt). Setzt Firma F nun den Preis p_f, dann bedeutet dies einen
deutlich höheren Konsumentennutzen, verglichen mit dem der Koordina-
ten (p_e, q_e), da wir uns Richtung Südosten auf eine höhere Indifferenzkurve
zu bewegen. Selbst wenn das andere Unternehmen seinen Preis von p_e auf
p_e' verringerte, um die gleiche Konsumentenrente wie Firma F anzubieten,
würde doch das Unternehmen F das profitabelste der Branche sein, da es
eine höhere Marge hat ($p_f - c_f$ verglichen mit $p_e' - c_e$). Mit anderen Worten: Das Unternehmen E kann durch einen höheren Benefit B, den Kosten-
nachteil ΔC, nicht ausgleichen. Dies ist die Logik des Kostenvorteils, den
Firma F hat.

Die Logik des Differenzierungsvorteils sei nun ebenfalls anhand der Value Map erläutert. Eine Firma erzielt durch Differenzierung einen Vorteil
gegenüber der Konkurrenz, wenn sie ein Produkt mit höherem wahrgenommenen Benefit B, anbietet, und dabei die gleichen, oder nur geringfügig höhere Kosten C, generiert. Dieses Unternehmen setzt dann einen Preis
fest, der den Kunden eine höhere Rente bietet als die Wettbewerber und
gleichzeitig die Realisierung einer höheren Marge erlaubt. Dies sei in Abb.
3-5 erläutert.

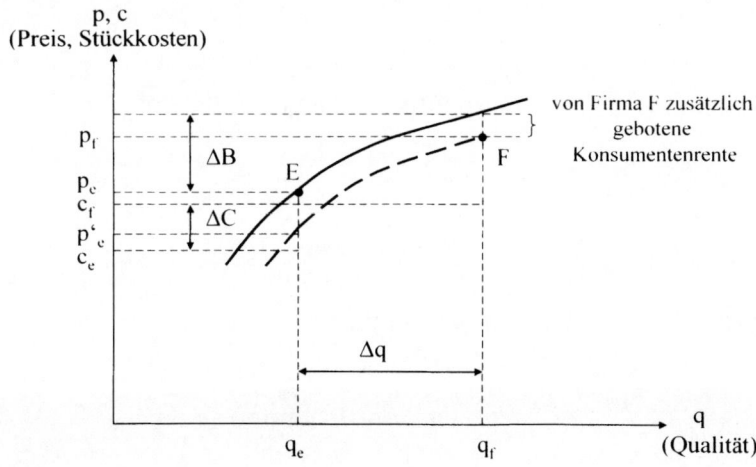

Abb. 3-5: *Logik des Differenzierungsvorteils*
Quelle: in Anlehnung an Besanko et al. (2000).

Ausgegangen wird davon, dass Firma E ein relativ preiswertes Produkt mit Qualität q_e, Preis p_e und den Stückkosten c_e anbietet. Der Konkurrenzhersteller F bietet ein qualitativ besseres Produkt mit Qualität q_f und etwas höheren Stückkosten c_f zum Preis p_f an. Die zusätzlichen Benefits ΔB, die Hersteller F anbietet, überwiegen die Kostendifferenz ΔC (= $c_f - c_e$), womit Firma F mehr Wert erzielt. Einen Teil dieses zusätzlich geschaffenen Wertes kann Firma F mit ihren Kunden teilen. Durch Wahl eines Preises p_f, der unterhalb der Indifferenzkurve liegt, die vom Produkt mit dem Preis p_e und Qualität q_e markiert wird, erhöht der Hersteller F den Konsumentennutzen. Somit kann Marktanteil zu Lasten der Firma E gewonnen werden. Selbst wenn nun Hersteller E den Preis auf p'_e verringern sollte, was ein zur Konkurrenzfirma F identisches Konsumentennutzenniveau erzeugen würde, wird er doch wegen der geringeren Stückgewinne ($p'_e - c_e$) im Vergleich zu Hersteller F ($p_f - c_f$) keinen höheren Gewinn als Firma F erzielen können. Damit ist die Logik des Differenzierungsvorteils, den Firma F hat, erläutert.

Die bisherigen Ausführungen belegen, dass die Value Map zwar hilfreich, aber – solange keine quantitativen Abschätzungen getroffen werden können – nicht entscheidungsrelevant ist. Wie kann nun der Wert des Differenzierungsvorteils ermittelt werden? Grundsätzlich lässt sich dieser Wert über die Ermittlung der Zahlungsbereitschaft B ablesen. Ausgegangen wird der Einfachheit halber von einer linearen Preisabsatzfunktion:

$$p = a - bq. \tag{3.1}$$

Die gesamte Konsumentenrente ergibt sich aus der Summe der Differenzen zwischen Zahlungsbereitschaften und zu zahlenden Preisen, also der Fläche zwischen Preisabsatzfunktion und dem Preis p:

$$\frac{(a-p)\cdot q}{2} = \frac{(a-(a-bq))}{2} \cdot q = 0{,}5 \cdot bq^2. \tag{3.2}$$

Die Konsumentenrente je gekaufter Einheit ist dann gegeben durch (und nach einer einfachen Erweiterung mit p):

$$B - p = 0{,}5 \cdot bq = 0{,}5p \cdot (\frac{bq}{p}). \tag{3.3}$$

Definiert man die Preiselastizität durch:

$$\varepsilon := \frac{p}{bq}, \qquad (3.4)$$

so ergibt sich:

$$B - p = \frac{0,5 p}{\varepsilon}. \qquad (3.5)$$

Nimmt man nun an, dass ein Produkt unter Monopolbedingungen verkauft wird, dann kann der Konsumentennutzen bei Annahme der Preiselastizität ε einfach mithilfe von Gl. (3.5) abgeschätzt werden (Besanko et al.
(2000); ein Zahlenbeispiel und Hinweise zur Bestimmung der Indifferenz-
kurven finden sich im Anhang „Konsumentenrente und Zahlungsbereitschaft").[2] Die bisherige Darstellung deutet schon darauf hin, dass zwischen
dem Kosten- und dem Differenzierungsvorteil nicht unbedingt die von
Porter angemerkte Ausschließlichkeit herrschen muss. Nachfolgend finden
sich einige Faktoren, die diesen Ausschließlichkeitsaspekt schwächen:

- Eine Unternehmung, die qualitativ hochwertige Produkte[3] anbietet,
  wird tendenziell ihren Marktanteil erhöhen und damit Chancen auf
  positive Kostenvorteile aufgrund von Erfahrungskurveneffekten
  erzielen (vgl. Kapitel 5). Dann mag es wegen dieser hohen nach-
  frageinduzierten kumulierten Produktmenge durchaus sein, dass
  die zusätzlichen Qualitätskosten von den Stückkosteneinsparungen
  aus Kundensicht (Konsumentenrente) überkompensiert werden.
- Zudem deuten empirische Untersuchungen darauf hin, dass die Er-
  fahrungskostenvorteile für Hochqualitätsanbieter höher sind als für
  Niedrigqualitätsanbieter (Besanko et al. (2000)).
- Allgemein ist bei Unternehmen von Produktionsineffizienzen auszugehen, die – unabhängig davon, ob es sich um Hoch- oder Niedrigqualitätsanbieter handelt – durch Total-Quality-Management-
  Maßnahmen verringert werden können. Somit resultieren Kosteneinsparpotenziale nicht unbedingt aus der strategischen Wahl zwischen Hoch- oder Niedrigqualitätsanbieter, sondern werden von
  der Ausgangseffizienz von Unternehmen determiniert.[4]

---

[2] Preiselastizitäten sind empirisch abschätzbar. Die von Tellis (1988) untersuch-
    ten pharmazeutischen Produkte wiesen z.B. eine Preiselastizität von 1,12 auf.
    Lebensmittel zeigten hingegen eine Preiselastizität von 1,65.
[3] Solche mit hoher Konsumentenrente.
[4] Ob Hochqualitätsanbieter hier schlechter sind, ist fraglich.

3.4 Art der Konkurrenz: Interaktion in einer Branche

3.4.1 Einleitung

Bisher wurde schon auf die Arten der Konkurrenz zwischen Wettbewerbern einer Branche hingewiesen. Die Intensität der Konkurrenz hängt, wie von Porter herausgestellt, von diversen Determinanten ab. Dabei spielen die Kapazitätsauslastung, die Markteintritts- und -austrittsbarrieren, der Differenzierungsgrad von Produkten sowie die Branchenkultur wesentliche Rollen. Von diesen zuvor diskutierten Determinanten ausgehend, sollen nun die Rückwirkungen der strategischen Positionierung von Unternehmen auf Marktergebnisse und die Unternehmenseinzelergebnisse abgeleitet werden.

Dazu werden sehr einfache spieltheoretische Instrumente bemüht (vgl. dazu Pfähler und Wiese (2001)). Im Mittelpunkt stehen dabei strategische Interaktionen zwischen Unternehmen, die sich entweder auf die Wahl von Mengen, von Preisen oder auf Produktdifferenzierung beziehen. Im Vorfeld der Darstellung ist ein Warnhinweis angebracht: Weder wird dieses Kapitel eindeutige Handlungsanweisungen für Unternehmen liefern können, noch werden die Leser die Lektüre mit einer umfassenden Kenntnis über Oligopoltheorie beenden. Allerdings können wesentliche Dinge verdeutlicht werden: Zum einen wird das Handwerkzeug für die planerische Umsetzung einfacher Strategien in Markt- und Unternehmensergebnisse geliefert. Damit sind wesentliche Abschätzungen für die Strategiewahl (und für ihre Konsequenzen!) möglich. Des Weiteren erlaubt dieses Handwerkzeug die Einschätzung der zukünftigen Ergebnisse von Branchenrivalitäten (z.B. Preiskriege im Handel oder eher kollusive Lösungen im Bereich der Stromwirtschaft) und damit eine Positionierung zweiter Ordnung. Diese bezieht sich darauf, dass die Rückwirkungen der eingeschlagenen generischen Strategien quantitativ zumindest abgeschätzt werden können und dass die von Porter erwähnte Problematik der auch für die Verursacher teuren Ruinierung einer Branchenstruktur vermieden werden kann. Die Vorteile einer ergänzenden Nutzung spieltheoretischer Überlegungen sind:

- die genaue analytische Beschreibung strategischer Entscheidungen, sowie
- die Vorhersage der Ergebnisse von Konkurrenzsituationen und die Identifizierung einer optimalen Strategiewahl (Grant (2005)).

Die nachfolgende Abb. 3-6 zeigt den Zusammenhang zwischen Konkurrenz, Strategiewahl und Umweltanalyse.

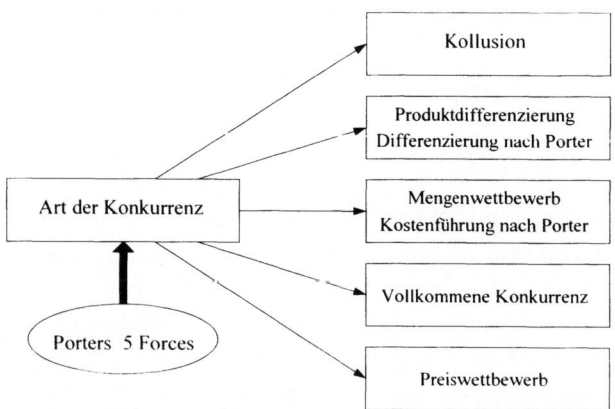

Abb. 3-6: *Zusammenhang von Konkurrenz, Strategiewahl und Umweltanalyse*

Unternehmen werden in strategischen Konstellationen, also immer dann, wenn ihre eigenen Aktionen Rückwirkungen auf die Aktionen anderer Unternehmen haben, mit unterschiedlichen Spielregeln konfrontiert. Für die strategische Interaktion bedeutsam sind Mengenwettbewerb, Produktdifferenzierung sowie Preiswettbewerb. Wir werden uns im Folgenden mit einfachen Versionen dieser Spielregeln beschäftigen. Dabei sind die Kollusion, also die Durchsetzung des Monopolergebnisses, auch wenn mehrere Konkurrenten aktiv sind, und die vollkommene Konkurrenz die Endpunkte auf einem Spektrum der Ergebnisse unterschiedlicher Spielregeln. Sie dienen als Referenzgrößen für die Beurteilung strategischer Interaktionen. Insbesondere die Möglichkeit der Kollusion wird uns dann im Bereich der dynamischen Modellbeispielsüberlegung beschäftigen. Nachfolgend geht es zuerst um die einfachen statischen Interaktionen im Mengen- und Preiswettbewerb (3.4.2), gefolgt von einer dynamischen Erweiterung (3.4.3).

3.4.2 Formen des Wettbewerbs

3.4.2.1 Bertrand-Preiswettbewerb im Oligopol

Ausgangspunkt ist die Konkurrenz von Unternehmen über Preise. Weil der Preis ein kurzfristiger Aktionsparameter ist, wird unterstellt, dass die langfristigen Aktionsparameter über Kapazitäten, Produkteigenschaften und Standorte vorab bestimmt worden sind und deshalb für unsere Betrachtung unveränderlich bleiben. Im Preiswettbewerb versuchen die Unternehmen, sich durch Nutzung des Preises als Wettbewerbsparameter Vorteile zu verschaffen. Dies bedeutet im Normalfall Preisunterbietung. Ausgegangen wird nun von einem simultanen Preiswettbewerb, bei dem zwei Unternehmen, 1 und 2, ihre Preise p_1 und p_2 für ein homogenes Gut simultan und ohne Kenntnis des Preises des anderen Unternehmens festsetzen. Unterstellt ist eine einfache lineare Preisabsatzfunktion a - bq (mit q als Gesamtmenge beider Unternehmen) sowie die Existenz konstanter Grenzkosten c. Im Preiswettbewerb ohne Kapazitätsbeschränkung fällt die gesamte Marktnachfrage q auf das Unternehmen mit dem niedrigeren Preis:

$$q(p_1, p_2) = \frac{a - \min(p_1, p_2)}{b}. \qquad (3.6)$$

Bieten die Unternehmen den gleichen Preis, dann kommt es zu einer hälftigen Teilung der Nachfrage zwischen beiden Unternehmen:

$$q_1(p_1, p_2) = \begin{cases} \dfrac{a - p_1}{b} & p_1 < p_2, \\[2mm] \dfrac{a - p_1}{2b} & p_1 = p_2, \\[2mm] 0 & p_1 > p_2. \end{cases} \qquad (3.7)$$

Wegen der Chance des preisgünstigeren Unternehmens, die gesamte Marktnachfrage zu gewinnen, enthält die Preisabsatzfunktion eine Unstetigkeitsstelle. Damit ist es nicht möglich, durch einfache Ableitung der Gewinnfunktion eine optimale Angebotsregel oder die Preisreaktionsfunktion zu ermitteln. Welche Gleichgewichtspreise werden sich nun einstellen? Wir betrachten im Ausgangsfall die Kostengleichheit ($c_1 = c_2 = c$) der beiden Unternehmen. In diesem Fall (Zur Erinnerung: Wir haben hier nur zwei Unternehmen!) führt der Preiswettbewerb zu einer Produktion bei der gilt: p = c. Es wird also von beiden Unternehmen zu Grenzkosten und damit gewinnlos angeboten.

Warum ist dies so? Jedes Preisangebot oberhalb der Grenzkosten würde eines der beiden Unternehmen dazu anreizen, den Preis um einen kleinen Betrag ε zu senken, weil es genau dann den eigenen Umsatz und für p > c auch den eigenen Gewinn erhöht. Dieser Prozess gegenseitiger Unterbietung wird sich genau bis zum Punkt der Gewinnlosigkeit p = c fortsetzen.

Alle anderen Preiskombinationen sind aus diesem Grunde keine Gleichgewichte. Es soll darauf hingewiesen werden, dass bei ungleichen Grenzkosten natürlich der Kostenführer die Möglichkeit hat, den Markteintritt eines teurer produzierenden Konkurrenten abzuwehren, indem der Preis genau um einen Betrag ε unterhalb der höheren Konkurrentenkosten angesetzt wird; dabei ist unterstellt, dass die Differenz zwischen Preis und Grenzkosten des eigenen Unternehmens noch positive Gewinne erlaubt. Allerdings gilt dieser Fall nur für die Absenz von Kapazitätsbeschränkungen, also für die Möglichkeit eines Unternehmens, die gesamte Nachfrage abzudecken. Bei Kapazitätsbeschränkungen würde die vom günstigeren Unternehmen nicht gedeckte Restnachfrage auf das kostenungünstigere Unternehmen entfallen. Dann wäre p = c kein Bertrand-Gleichgewicht mehr und Gewinne wären möglich.

Im Folgenden wollen wir auf einige praktische Fragen des Bertrand-Wettbewerbs eingehen. Nach dieser Wettbewerbsspielregel wird oft dann gespielt, wenn keine Kapazitätsengpässe vorhanden sind; wenn also Kapazitäten flexibel erweitert werden können oder so flexibel sind, dass die gesamte Marktnachfrage bedient werden kann. Unter diesen Umständen ist es nämlich möglich, Konkurrenten durch Preisunterbietungen Umsatz abzunehmen. Aktuelle Beispiele für nach solcher Art ausgelöste Preiswettbewerbe gibt es überall dort, wo Kapazitätsentscheidungen bereits getroffen sind (z.B. Automobilhersteller, Stromversorger und Baumärkte) und Lieferanten sich zur Lieferung jeder bestellten Menge verpflichten (z.B. bei Baumärkten). Bei Automobilherstellern äußern sich die Preiskriege in der Erhöhung klassischer Rabatte (siehe Box 3-1), in überhöhten Preisen für die Inzahlungnahme von Gebrauchtfahrzeugen, reduzierten Preisen für Sondermodelle sowie günstigen Finanzierungs- und Leasingangeboten. Dazu gibt es noch Zugaben beim Erstautokauf, wie die Übernahme der Versicherung für ein Jahr, 1.000 Liter Benzin gratis, ein Fahrrad oder eine Urlaubsreise. Nach Simon Kucher & Partner sind Herstellerrabatte von 25% und mehr gegenüber dem Listenpreis nahezu normal. Ein Preispolitikexperte wie Hermann Simon vermag hinter dieser Art von preislichem Wettbewerb keine überzeugende verborgene Strategie erkennen.

Rabattschlacht zwischen Ford und General Motors

Als Reaktion auf Überkapazitäten strengten die Automobilhersteller Ford und General Motors (GM) im Frühjahr 2005 einen erneuten Preiskrieg an. Nachdem GM im Mai 2005 zwölf Prozent weniger Autos verkaufen konnte als im Vorjahreszeitraum, wurde die zu Jahresanfang getroffene Entscheidung, Rabatte zurückzufahren, rückgängig gemacht. Preisnachlässe beliefen sich fortan bei GM auf bis zu 25 Prozent.

Als Folge vergleichbarer Absatzschwierigkeiten als auch als Reaktion auf die Rabatte durch GM, erhöhte Ford die eigenen Rabatte um bis zu 1000$. Käufer von Geländewagen erhielten im genannten Zeitraum sogar Rabatte von 5000$.

Damit zerschlugen sich die Hoffnungen von Branchenanalysten, dass sich der Wettbewerb auf dem größten Automobilmarkt der Welt etwas weniger aggressiv gestalten und Rabatte langfristig sinken würden. „Die jetzige Maßnahme [die erneute Erhöhung der Rabatte] ist das endgültige Eingeständnis, dass dieses Experiment gescheitert ist", so Mike Chung vom Marktforscher Edmunds.

Box 3-1: *Rabattschlacht zwischen Ford und General Motors*
Quelle: Financial Times Deutschland vom 02.06.2005.

Bei Luftfahrtgesellschaften gibt es typische Preiskriege: In nachfragestarken Zeiten sind die Sitze ausgelastet, sodass preisliche Nachlässe keine zusätzlichen Umsätze und Gewinne versprechen und deswegen auf Nachlässe verzichtet wird. In nachfrageschwachen Zeiten können kleine Preisunterbietungen Umsatzwanderungen von Unternehmen 1 zu Unternehmen 2 auslösen.[5] Entsprechend finden sich für diese Branche nachweisbar Preisunterbietungen. Aktuell hat sich auch bei Baumärkten der Trend zu hohen Rabatten auf nahezu alle Artikel (Beispiel: Praktiker, März 2005) oder auf eine Vielzahl von Waren durchgesetzt. Dabei wird davon ausgegangen, dass auf jeden Quadratmeter Baumarktfläche 4,6 Kunden kommen. Somit ist die Baumarktkapazität in Deutschland pro Einwohner so groß wie nirgendwo anders: Es herrscht Überkapazität.[6] Preisunterbietungen führen dazu, dass kostenschwächere Unternehmen unter ihre Grenzkosten gedrängt werden und damit das Signal zum Marktaustritt erhalten. Unterstützt werden solche Überlegungen von Analysen, die für Deutschland davon ausgehen, dass sich die großen Drei der Baumarktbranche 32%

---

[5]   Sitzplätze in Flugzeugen sind hierbei als Commodities (d.h. nicht-differenzierte, homogene Produkte) zu betrachten.

[6]   Nach Dial und Murphy (1995) gilt: *„Excess capacity in an industry implies that increased investment in the industry earns less than the cost of capital, and therefore destroys value for shareholders and for society."* Eine Analyse von fehldimensionierten Kapazitäten bei diversifizierten Unternehmen erfolgt innerhalb der Überlegungen zum Wertadditivitätstheorem; vgl. Kapitel 6.

des Umsatzes teilen. In den USA entfällt auf die kostengünstigsten drei Baumarktketten 91% des Branchenumsatzes. Schätzungen besagen dementsprechend, dass in zehn Jahren nur noch sieben Anbieter in Deutschland am Markt sind, möglicherweise auch nur drei, wie das US-Ergebnis nahe legt. Preisunterbietung bedeutet dementsprechend: Druck wird ausgeübt hinsichtlich Marktaustritten, d.h. zur Senkung von Überschusskapazitäten.

Wie sieht es nun in Märkten aus, deren Produkte enge, aber nicht perfekte Substitute sind? Ein klassisches Beispiel ist die Konkurrenz zwischen Coca-Cola und Pepsi. Gasmi et al. (1992) schätzten mit statistischen Methoden die Nachfragekurven, Grenzkosten sowie Reaktions- und Gewinnfunktionen für beide Unternehmen. Hier zeigte sich, dass auch enge Substitute (gleichbedeutend mit horizontaler Produktdifferenzierung) positive Abweichungen gegenüber der reinen Preiskonkurrenz ermöglichen. Anders formuliert: Kleine Preissenkungen des Konkurrenten werden nicht dazu führen, dass der gesamte Markt an den Konkurrenten verloren geht. Die Nachfragekurven für Coca-Cola und Pepsi haben folgende Form:

$$q_1 = 63{,}42 - 3{,}98 p_1 + 2{,}25 p_2, \tag{3.8}$$

$$q_2 = 49{,}52 - 5{,}48 p_2 + 1{,}40 p_1. \tag{3.9}$$

Mit steigendem Preis des eigenen Unternehmens wird die eigene Nachfragemenge sinken, die des Konkurrenten steigen. Gasmi et al. haben auch die Grenzkosten geschätzt:

$$c_1 = 4{,}96, \tag{3.10}$$

$$c_2 = 3{,}96. \tag{3.11}$$

Damit können – unter Abstraktion von fixen Produktionskosten oder Marketingaufwendungen (vgl. Besanko et al. (2000)) – die Gewinnfunktionen der beiden Unternehmen ausgehend von den gegenseitigen Vermutungen über die jeweiligen Konkurrentenpreise geschätzt werden:

$$\Pi_1 = (p_1 - 4{,}96)(63{,}42 - 3{,}98 p_1 + 2{,}25 p_2), \tag{3.12}$$

$$\Pi_2 = (p_2 - 3{,}96)(49{,}52 - 5{,}48 p_2 + 1{,}40 p_1). \tag{3.13}$$

Nach Ableitung der Gewinn- die Reaktionsfunktionen resultiert:

$$\frac{\partial \Pi_1}{\partial p_1} = 0 \rightarrow p_1 = 10,46 + 0,2826 p_2, \qquad (3.14)$$

$$\frac{\partial \Pi_2}{\partial p_2} = 0 \rightarrow p_2 = 6,49 + 0,1277 p_1. \qquad (3.15)$$

Was bedeuten die Reaktionsfunktionen? Reaktionsfunktionen bilden für jedes Unternehmen die optimale (d.h. gewinnmaximale) (Preis-)Reaktion auf die vom anderen Unternehmen gewählte (Preis-)Strategie ab. Die Reaktionsfunktionen haben eine positive Steigung. Dies impliziert: Im Falle von Preiserhöhungen des Konkurrenten lohnen eigene Preiserhöhungen, Preissenkungen der Konkurrenz führen zu eigenen Preissenkungen, d.h. Preise sind strategische Komplemente. Anders formuliert: Aggression löst hier Aggression aus, defensives Verhalten führt zu defensivem Verhalten. Demgegenüber sind im Cournot-Mengenwettbewerb (vgl. 3.4.2.3) gegenläufige Verhaltensweisen zu beobachten. Mengen sind hier strategische Substitute, d.h. eine Erhöhung der Menge des Konkurrenten reduziert die Profitabilität jeder weiteren eigenen Mengeneinheit. Die theoretisch ermittelten Gleichgewichtspreise sind für Coca-Cola 12,72$ und für Pepsi 8,11$. Die Differenz zu den Grenzkosten ist deutlich positiv. Damit ist noch einmal belegt, dass auch geringe Produktdifferenzierungen den Preiswettbewerb abschwächen und damit aggressives Preisverhalten nicht mehr lohnend ist.

3.4.2.2 Produktdifferenzierung im Oligopol

Nachfolgend wird die Strategie der Produktdifferenzierung erläutert.[7] Diese besteht letztlich darin, zwei widerstreitende Effekte auszubalancieren. Zwar werden Unternehmen immer danach streben, so viel Nachfrage wie möglich auf sich zu ziehen; das folgt dem Grundgedanken der Marktanteilsgewinnung durch Preissenkung. Allerdings gibt es einen Gegeneffekt: In Bereichen schwach umkämpfter Nachfrage haben Unternehmen, die sich auf die dortigen Konsumenten ausrichten, einen Wettbewerbsvorteil: einen festen Kundenstamm. Dementsprechend lässt sich Produktdifferenzierung als eine Strategie deuten, die unangenehme Folgen der Konkurrenz abwenden möchte, bzw. ihnen zu entkommen versucht. Die möglichen Arten der Produktdifferenzierung sind in Abb. 3-7 dargestellt.

---

[7]   Siehe das zuvor dargestellte Beispiel Coca-Cola und Pepsi.

Horizontale und vertikale Produktdifferenzierung	
Horizontal	Differenzierung innerhalb *derselben Qualitätsklasse* - Andere Produktvarianten durch andere Wahl einzelner (oder Kombination von) Produkteigenschaften - Andere Standorte bzw. andere Vertriebskanäle - Werbe- und Imagedifferenzierung - Kompatibilitätsdifferenzierung bei Netzeffekten
Vertikal	Angebot *unterschiedlicher Qualitäten*

Abb. 3-7: *Arten der Produktdifferenzierung*

Wir beschäftigen uns hier nur mit der horizontalen Differenzierung, d.h. einer Differenzierung innerhalb derselben Qualitätsklasse. Die Analyse hat zwei Ziele:

- Begründung der Standortwahl einzelner Anbieter in einem Produkteigenschaftsraum,
- Erklärung der Auswirkungen dieser Standortwahl auf den Preiswettbewerb zwischen den Anbietern.

Dabei werden die Strategien der Akteure in einem 2-stufigen Spiel betrachtet. In einer ersten Stufe entscheiden die Unternehmen, welche Produktvarianten hergestellt werden. In einer zweiten Stufe setzen die Firmen den Preis für ihre Produkte fest. Die Lösung dieses Spiels erfolgt durch Rückwärtsinduktion, d.h. zunächst wird eine Entscheidung über den Preis und danach über die Produktvariante getroffen. Die horizontale Produktdifferenzierung soll nun nachfolgend am einfachen Hotelling-Modell erläutert werden. Dieses ursprüngliche Modell beinhaltet:

- Eine räumliche Differenzierung der Firmen, d.h. es gibt keinen Punktmarkt auf dem die Waren ausschließlich angeboten werden.
- Eine Stadt mit einer Einkaufsstraße und homogenem Produkt. Die Länge der Straße ist auf eins normiert. Obwohl die Anbieter ein homogenes Produkt anbieten, unterscheiden sie sich durch die Wahl des Standortes auf der Einkaufsstraße. Diese Standortwahl kann im übertragenen Sinne als Positionierung auf einer „Geschmacksstrecke" verstanden werden.
- Eine gleichmäßige Verteilung der Nachfrager entlang der Straße, d.h. es gibt Kunden mit unterschiedlichen Präferenzen hinsichtlich der Produkteigenschaften. Jeder Kunde fragt *eine* Einheit nach.

- Die Existenz von höchstens einem Anbieter pro Standort. Anders ausgedrückt stellt jeder Produzent eine Produktvariante her.

Ausgegangen wird von der Annahme, dass es zwei Anbieter A und B gibt, die sich zunächst an den Rändern der Straße ansiedeln (Abb. 3-8). Aus Sicht des Konsumenten K_j ist D die Distanz des Kunden zum Anbieter A. Zur Überwindung dieser Distanz entstehen diesem Kunden Transportkosten t je Streckeneinheit D. Bei einer Straße der Gesamtlänge 1 beträgt die Distanz des Kunden K_j zum Anbieter B genau 1-D.

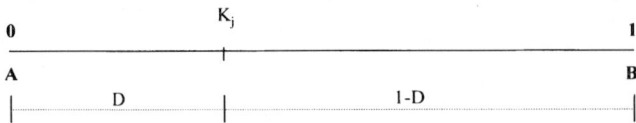

Abb. 3-8: *Bestimmung der Nachfrage*

Welche Nachfrage ergibt sich für die beiden Anbieter A und B? Die Ermittlung der Nachfrage für A und B geschieht über die Ermittlung des zwischen A und B indifferenten Kunden. Dieser Kunde ist zwischen dem Kauf bei A und B zum Preis P_A bzw. P_B indifferent, falls:

$$P_A + t \cdot D = P_B + t \cdot (1 - D). \qquad (3.16)$$

Dementsprechend bestimmt sich die Nachfragefunktion aus der Umformung von Gl. (3.16) nach D. Alle Kunden, die an einem Standort angesiedelt sind, der die Bedingung D < D* erfüllt, wobei D* den Standort des indifferenten Kunden angibt, kaufen von A; umgekehrt kaufen alle Kunden von B, die an einem Standort D > D* wohnen. Abb. 3-9 verdeutlicht dies grafisch.

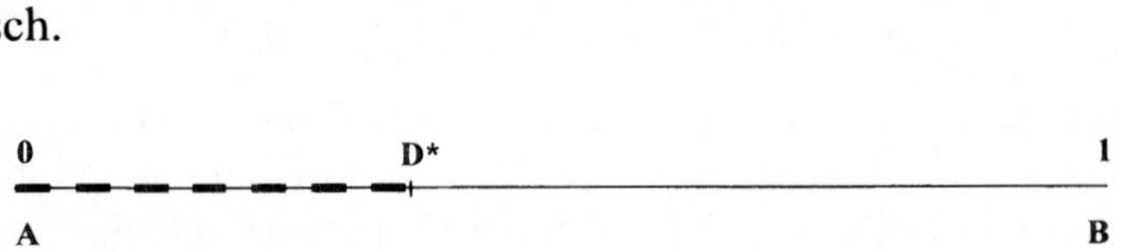

Abb. 3-9: *Nachfrage für Produkt A*

Nach Umformungen ergibt sich die Nachfragefunktion für Produkt A:

$$D^* = \frac{P_B - P_A}{2t} + 0{,}5. \qquad (3.17)$$

Nach Ermittlung der Nachfrage kommen wir zu dem schon diskutierten Ablauf der strategischen Interaktion. Jedes Unternehmen maximiert seinen Gewinn. Die Gewinnfunktion für Unternehmen A sieht dabei, unter Berücksichtigung der ermittelten Nachfrage, folgendermaßen aus (symmetrisch für Unternehmen B):

$$Max_{P_A} \prod_A = Max_{P_A}(P_A - c) \cdot [\frac{P_B - P_A}{2t} + 0,5]. \tag{3.18}$$

Aus der Ableitung der Gewinnfunktionen nach dem eigenen Preis, folgen für Unternehmen A und B die Reaktionsfunktionen. Diese bilden die optimale Preiswahl jedes Unternehmens als Antwort auf jeden möglichen Preis des Konkurrenzproduktes ab:

$$P^*_A = \frac{t + c}{2} + \frac{P_B}{2},$$
$$P^*_B = \frac{t + c}{2} + \frac{P_A}{2}. \tag{3.19}$$

Die Preis- und Gewinngleichgewichte, in denen kein Anreiz zur Abweichung mehr existiert, sind dann:

$$P^* = t + c,$$
$$\prod^* = \frac{t}{2}. \tag{3.20}$$

Was sagen diese Ergebnisse (Gl. (3.20)) aus?

- Der von den Unternehmen realisierbare Preis liegt über den Grenzkosten und hängt von t, den Transportkosten, ab. Diese Transportkosten lassen sich als Nutzenverlust bei Kauf eines Produktes interpretieren, das nicht seinem Präferenzprodukt (oder anders: seinem Standort auf der Einkaufsstraße) entspricht.
- Wenn t hoch ist, können die Unternehmen an einem bestimmten Standort über ihren Kosten verkaufen; d.h. unterschiedliche Konsumentenpräferenzen können gewinnsteigernd genutzt werden.
- Mit Produktdifferenzierung lassen sich daher übernormale Gewinne erzielen.

Nachdem das Preisgleichgewicht bestimmt ist (2. Stufe), schließt sich die Frage an, wo sich die Unternehmen auf dieser Einkaufsstraße ansiedeln

(1. Stufe), d.h. wie groß die Produktdifferenzierung gewählt wird. Die Annahme zur Ermittlung der Preise war bisher eine Ansiedlung an den Rändern der Normstrecke, also maximale Differenzierung. Der Differenzierungsgrad ist sehr stark von den Annahmen bzgl. der Transportkosten (d.h.
Kundenpräferenzen) abhängig. Für quadratische Transportkosten z.B. wird
der Nachfrageeffekt (siehe Kapitel 5), der die Anbieter zur minimalen Differenzierung anhält (d.h. ins Zentrum der Strecke zieht), vom strategischen
Effekt, der die Anbieter an die Ränder zieht, dominiert. Dementsprechend
ist in diesem Fall eine maximale Differenzierung optimal. Dies hängt an
der Dominanz des „quadratisch ansteigenden Missnutzens" der Konsumenten über die Anziehung von Preisnachlässen (vgl. Wied-Nebbeling
(1997)).

Als Fazit lässt sich festhalten, dass horizontale Produktdifferenzierung
von Unternehmen genutzt werden kann, um den ruinösen Eigenschaften
eines Preiswettbewerbes zu entgehen. Diese Logik findet sich empirisch in
dem zuvor dargestellten Beispiel Coca-Cola und Pepsi bestätigt. Obwohl
zwischen den Eigenschaften dieser Soft-Drink-Produkte nur minimale Unterschiede bestehen, lassen sich Preise über Grenzkosten und damit auch
positive Gewinne realisieren. Im Folgenden betrachten wir die Konsequenzen eines Wettbewerbs über Produktionsmengen für die Gewinne von
Unternehmen.

3.4.2.3 Cournot-Mengenwettbewerb im Oligopol

Im Mengenwettbewerb setzen die Unternehmen zur Gewinnmaximierung
ihre Angebotsmenge als Wettbewerbsparameter ein. Der Preis ergibt sich
zugehörig zur am Markt nachgefragten Gesamtmenge. Angenommen wird,
dass Unternehmen bereits ihre langfristigen Entscheidungen über Kapazitäten, Standorte, Produkteigenschaften und ähnliches mehr, getroffen haben und es nur um die profitable Nutzung dieser langfristig festgelegten
Variablen im Wettbewerb geht. Einen Unterschied zum Preiswettbewerb
kann man wie folgt erklären: Im Bertrand-Wettbewerb sind Kapazitäten so
flexibel, dass ein Unternehmen die gesamte Nachfrage bedienen kann. Im
Cournot-Wettbewerb dagegen könnte man davon ausgehen, dass große
Teile der Produktionskosten versunken sind oder es teuer ist, Lager zu be-
wirtschaften. Unter solchen Umständen kann es sein, dass jedes im Markt
agierende Unternehmen erwartet, dass sowohl die eigenen Angebotsmengen als auch die der Konkurrenten sich entsprechend an den aufgebauten
Produktionskapazitäten orientieren werden (Besanko et al. (2000)). Somit
ist klar, dass das implizierte Mengenabsatzziel nur erreicht werden kann,

wenn kein Unternehmen Teile des Umsatzes der Wettbewerber – durch aggressive Preissetzung z.B. – zu übernehmen versucht. Im Folgenden gehen wir wieder von einer Duopolsituation mit den Firmen 1 und 2 aus, die simultan ihre Mengen q_1 und q_2 wählen können. Die Überlegungen zur Nachfrage, zum Ablauf des Geschehens sowie zur Gewinnermittlung finden sich nachstehend. Die Nachfrage sei durch folgende Preisabsatzfunktion gegeben:

$$p(q) = a - bq \text{ mit } q = q_1 + q_2. \tag{3.21}$$

Der Ablauf der Interaktion bedingt, dass zuerst die Mengen festgelegt werden, woraus dann die Gleichgewichtspreise und -gewinne resultieren. Als Kosten werden Grenzkosten $c_1 = c_2$ angenommen; von Fixkosten wird abstrahiert. Gewinnmaximierung bedeutet:

$$\begin{aligned}
\underset{q_1}{Max}\, \Pi_1 &= \underset{q_1}{Max}(a - bq) \cdot q_1 - cq_1, \\
\underset{q_2}{Max}\, \Pi_2 &= \underset{q_2}{Max}(a - bq) \cdot q_2 - cq_2.
\end{aligned} \tag{3.22}$$

Als Reaktionsfunktionen ergeben sich nach Ableitung der Gewinnfunktionen:

$$\frac{d\,\Pi_1}{dq_1} = a - 2bq_1 - bq_2 - c = 0,$$

$$\frac{d\,\Pi_2}{dq_2} = a - 2bq_2 - bq_1 - c = 0, \tag{3.23}$$

$$q_1 = \frac{a - c}{2b} - \frac{1}{2} q_2,$$

$$q_2 = \frac{a - c}{2b} - \frac{1}{2} q_1. \tag{3.24}$$

Daraus resultieren die symmetrischen Gleichgewichtsmengen und -gewinne:

$$q_1 = \frac{a - c}{3b} = q_2,$$

$$\Pi_1 = \frac{1}{9b}(a - c)^2 = \Pi_2. \tag{3.25}$$

Als Ergebnisse des Cournot-Mengenwettbewerbs resultieren:

- Positive Gewinne für beide Akteure, obwohl die Ausgangslage bei Nachfrage und Kosten identisch zum oben geschilderten Bertrand-Wettbewerb war.
- Eine bei identischen Grenzkosten symmetrische Aufteilung der Marktmengen und Gewinne.

Welche Gleichgewichtsmengen und -gewinne ergeben sich bei Kosten-unterschieden zwischen den beiden Unternehmen? Wir müssen letztere nur durch die Indizes 1 und 2 berücksichtigen, wenn wir die obigen Gewinn-funktionen modifizieren, und erhalten folgende Gleichgewichtsmengen und -gewinne:

$$q_1 = \frac{1}{3b}(a - 2c_1 + c_2),$$
(3.26)

$$q_2 = \frac{1}{3b}(a - 2c_2 + c_1),$$
(3.27)

$$\Pi_1 = \frac{1}{9b}(a - 2c_1 + c_2)^2,$$
(3.28)

$$\Pi_2 = \frac{1}{9b}(a - 2c_2 + c_1)^2.$$
(3.29)

Daraus lässt sich entnehmen, dass sich der Kostenführer bei größeren Kostenunterschieden sowohl die größeren Marktanteile als auch die größe-ren Gewinne aneignen kann. Kostenvorteile übersetzen sich dann durch Erhöhungen von Marktanteilen via Mengenausweitung in erhöhte Gewin-ne. Die Logik der direkten und strategischen Effekte der Kostenführer-schaft ist in Kapitel 5 genauer erklärt.

3.4.2.4 Vollkommene Konkurrenz und Kollusion im Vergleich

„Wenn Menschen eine Situation für real halten, dann ist sie auch in ihren Konsequenzen real." Auf jenen dieses Kapitel eröffnenden Ausspruch hat William I. Thomas das soziologische Verständnis von Wirklichkeit ge-bracht: Es geht nicht um die Suche nach einer „wirklichen Wirklichkeit", sondern darum, was auf welche Weise für wirklich gehalten wird und wel-che Folgen dies hat. Mit dieser Sichtweise ist auch dem Umstand Rech-nung getragen, dass praktisches wirtschaftliches Handeln auch auf Fehl-einschätzungen und falschen Interpretationen des Handelns anderer Unter-nehmen gründen kann (Garda und Marn (1993)). Spätere Einsichten in diese Fehlinterpretationen können aber tendenziell nur in einem kooperativen Klima innerhalb einer Branche revidiert werden. Wir wollen diese Überlegung nutzen, um zwei andere Spielregeln als Referenzen für die oben betrachteten Ergebnisse strategischer Interaktionen heranzuziehen. Die erste Referenz ist das Monopol. Die Frage heißt: Wie würde ein Monopolist in dem oben skizzierten Markt agieren? Ausgehend von einer linearen Preisabsatzfunktion der Form p = a - bq bedeutet Gewinnmaximierung:

$$Max \prod = Max(a - bq) \cdot q - cq. \tag{3.30}$$

Abgeleitet nach q ergibt sich dann: a − 2bq − c = 0. Die Gleichgewichtsmenge ist:

$$q^* = \frac{a - c}{2b}. \tag{3.31}$$

Das Gewinnmaximum beläuft sich damit auf:

$$\prod{}^* = \frac{1}{4b} \cdot (a - c)^2. \tag{3.32}$$

Für identische Grenzkosten zweier Anbieter ließe sich also eine Marktaufteilung realisieren, die höhere Gewinne als den Cournotgewinn ergäbe. Anders ausgedrückt: Würden sich zwei Unternehmen darauf verständigen können, dass ihr Markt real am besten nach den Regeln des geteilten Monopols funktionieren würde, dann könnten sie diese Wahrnehmung (unter bestimmten, weiter unten diskutierten Voraussetzungen) Realität werden lassen. Als hälftiger Monopolgewinn entfiele auf jedes Unternehmen:

$$\prod{}^*_1 = \prod{}^*_2 = \frac{1}{8b}(a - c_i)^2. \tag{3.33}$$

Bei einer Unterwerfung unter die „Cournotregeln" könnte jedes Unternehmen hingegen nur

$$\frac{1}{9b}(a - c_i)^2 \tag{3.34}$$

an Gewinn vereinnahmen. Dagegen liefert das übertrieben wettbewerbliche Verhalten zweier Unternehmen – auf Basis der Vermutung, es herrscht vollkommene Konkurrenz – p = c, das wir schon als Ergebnis des ebenso gewinnlosen Bertrand-Wettbewerbs kennen gelernt haben. Die strategischen Konsequenzen der Anwendung dieser unterschiedlichen Wettbewerbsregeln sollen nachfolgend erläutert werden.

3.4.2.5 Strategische Konsequenzen unterschiedlicher Spielregeln

Wir haben gesehen, welche Konsequenzen unterschiedliche Arten der Konkurrenz, d.h. die Anwendung unterschiedlicher Spielregeln in einer Branche, auf die Gesamtmarktgewinne und den Gewinn eines Unternehmens haben. Es hat sich herausgestellt, dass der Preiswettbewerb die „härteste" Wettbewerbsvariante darstellt[8] – und zwar sowohl für einzelne Unternehmen als auch für den Gesamtmarkt. Eine Verbesserung ergab sich, wie erläutert, schon durch einfache Produktdifferenzierungen. Die bisherigen Überlegungen haben anhand einfacher Spielregeln härteste Wettbewerbsauswirkungen dargelegt. Nachfolgend sollen einige realistische Einschränkungen dieser theoretisch ableitbaren Wettbewerbsauswirkungen auf einzelne Unternehmen erläutert werden. Dem schließen sich praktische Hinweise zur Abschwächung und Vermeidung von Preiskriegen an.

Allgemeine Hinweise zur Durchsetzbarkeit von Strategietypen

Es ist festzuhalten, dass sich die Strategietypen Kostenführerschaft und Differenzierung (bzw. Fokussierung) natürlich nur dann durchführen lassen, wenn weder Branchenentwicklung noch Konkurrentenverhalten dem entgegenstehen. Klassische Bedrohungen für die Strategien sind jeweils:

- die Nachahmung durch Konkurrenten,
- das Schwinden der Grundlagen für Kostenführerschaft oder Differenzierung, bspw. durch Verlust ihrer Bedeutung bei Abnehmern,
- ein die Konfiguration „Fokussierung" unterhöhlender Nachfrageschwund (Porter (1996)).

Es wurde schon darauf hingewiesen, dass die Branchenkultur (Bea und Haas (2000)) eine ganz entscheidende Determinante der Konkurrenz ist. Dementsprechend spricht Porter auch vom „optimalen Konkurrentengefüge", das in einer Branche herrschen sollte. Dafür muss es „gute" Konkurrenten geben. Als Kriterien eines guten Konkurrenten listet Porter u.a. auf:

---

[8] Wenn man die kurzfristigen Interessen der Konsumenten hier einmal kurzfristig vernachlässigt.

- er ist vertrauenswürdig, und lebensfähig,
- kennt die Spielregeln des Marktes,
- hat eine realistische Denkweise und
- verfolgt eine positive Nettoertragsstrategie (Porter (1996)).

Dazu gehört auch ein guter Marktführer, der letzten Endes daran interessiert ist, Ziele und Strategien zu verfolgen, *„die einen Schutzschirm bilden, unter dem die Verfolger mit Gewinn leben können"* (Porter (1996)).[9] Schlechte Konkurrenten sind dagegen durch Absenz der vorgenannten guten Eigenschaften gekennzeichnet. Ihr Verhalten ist dadurch geprägt, dass sie die durch eigenes Tun ausgelösten langfristigen Konsequenzen auf die Branchenstruktur nicht in den Blick nehmen oder verstehen. In der Praxis gibt es diverse solcher zweitrangiger Konkurrenzunternehmen, die die Branchenstruktur zerstört haben. Porter führt als Beispiel für die Tabakindustrie die Liggitgruppe an, die den Trend zu markenlosen Erzeugnissen in Gang gesetzt hat.

Dementsprechend wird darauf zu achten sein, dass aus „schlechten" Konkurrenten „gute" werden (Porter (1996)). Darüber lässt sich ein Marktgefüge herstellen, das sich an für alle Beteiligten sinnvollen Regeln orientiert. So kann es sowohl für die Verfolger als auch für einen Branchenführer vorteilhaft sein, dass ein Unternehmen existiert, das so stark ist, dass kein Konkurrent sich versucht fühlt, es anzugreifen. Von diesem Unternehmen könnten klare Regelvorgaben ausgehen, die den anderen Wettbewerbern Überlebenssicherheit geben. Die Qualität einer Branche lässt sich aus Wettbewerbersicht insbesondere daran messen, dass zu ihrer Stabilität nur niedrige Marktanteilsunterschiede benötigt werden (Porter (1996)). Die Strategiewahl, die im Rahmen realistischer Branchenszenarien hinsichtlich des Konkurrentenverhaltens getroffen wird, hängt von mehreren Determinanten ab. Als empirische Anhaltspunkte für die Strategiewahl sind im Wesentlichen aufzuzählen:

- Liegt eine eigene oder fremde Vorreiterrolle (in Kosten- oder Produktdifferenzierungsvorteilen) vor?
- Wie ist die Ausgangsposition in vorhandenen Marktanteilen?
- Wie hoch sind die Kosten von Strategieveränderungen?
- Wie wird sich die Konkurrenz verhalten?

---

[9] Die genaue Logik dieses Branchenführerverhaltens sehen wir bei der Kapazitätswahl im Stackelberg-Spence-Dixit-Modell.

Diese allgemeinen Voraussetzungen lassen sich direkt für die strategische Planung nutzen. Wie in den vorangegangen Kapiteln erläutert, haben selbst identische Kosten- und Nachfragevorgaben, je nach der in einer Branche geltenden Spielregel, höchst unterschiedliche Gewinnkonsequenzen für die einzelnen Unternehmen. Dementsprechend lassen sich die unterschiedlichen Folgen aus getätigtem Kapazitätsaufbau über einige Jahre in Szenarien durchspielen. Wie ist dabei praktisch vorzugehen? Man sollte zuerst mit den über mehrere Jahre errechneten Gewinnen beginnen;[10] unter Berücksichtigung risikoadäquater Diskontraten lassen sich danach die Barwerte der unterschiedlichen „Strategien" – also die Verfolgung von z.B. Preis- oder Mengenwettbewerb, Differenzierung oder Kollusion – ermitteln. Die entsprechenden Interpretationen dieser Berechnungen liegen auf der Hand:

- Lässt sich für eine Branche aufgrund der realistischen Betrachtung der Vergangenheit und zumindest halbwegs plausibler Prognosen für die Zukunft von starkem Preiswettbewerb ausgehen, dann sind Ausweichstrategien auf andere Segmente, oder die Ausweichstrategien Fokussierung und Differenzierung in den Blick zu nehmen.
- Wird davon ausgegangen, dass Differenzierungsvorteile nicht entwickelt werden können, die Kostenführerschaft aber sehr schnell unter Druck geraten könnte, dann sind ebenfalls defensive Strategien ins Kalkül zu ziehen.
- Gibt es die Möglichkeit, sich an starken Branchenführern, die das Prinzip des „Leben und leben lassen" beherzigen, zu orientieren, dann sollte auf aggressive Strategien verzichtet werden; die Selbstbescheidung mit auskömmlichen Marktanteilen macht deutlich mehr Sinn als Verstrickungen in Kosten- und/oder Preiskämpfe, die bei geringeren Erfahrungskurveneffekten kaum gegen Branchenführer gewonnen werden können.
- Der Blick muss auch auf die Abwehr von schlechten Konkurrenten (oder deren Umerziehung) gerichtet werden; die Erfahrung, dass auch zweitrangige Wettbewerber gesamte Branchenrentabilitäten vernichten können, weist klar die Notwendigkeit konzertierter Aktionen an.

Nachfolgend sollen diesen allgemeinen Erwägungen einige spezifische Überlegungen zur Vermeidung von Preiskriegen hinzugefügt werden.

---

[10] Diese sind auf Basis von Businessplänen und Investitionsrechnungen zu prognostizieren.

Vermeidung von Preiskriegen

Die Vermeidung von Preiskriegen soll sich hier nicht auf die detaillierten und im Markt gehandelten Verteidigungsmöglichkeiten beziehen. Vielmehr geht es darum, aus strategischer Sicht die Vermeidung eines Preiskriegs als Teil der Verteidigungsstrategie eines Unternehmens zu betrachten. Mit Porter lässt sich die Verteidigungsstrategie als eine Methode begreifen, die das Ziel hat, einen Angriff entweder unwahrscheinlicher zu machen oder in weniger bedrohliche Bahnen zu lenken (Porter (1996)). Die Vermeidung von Preiskriegen ist deshalb so wichtig, weil diese mehr und mehr zu den alltäglichen Auseinandersetzungen innerhalb vieler Branchen gehören. Dabei haben sie das Potenzial, ökonomisch zerstörerisch zu wirken und Unternehmen psychologisch unter Druck zu setzen. Dementsprechend gerät die Industrieprofitabilität durch Preiskriege (wie schon bei der Bertrand-Analyse erläutert) ins Wanken oder verschwindet ganz. Generell wird festgehalten, dass das Ergebnis für alle Beteiligten, unabhängig davon wer einen Preiskrieg gewinnt, nach Abschluss negativ ist (Rao et al. (2000)). Außerdem ist zu zeigen, dass die Vermeidung eines Preiskrieges aus strategischer Sicht drei Phasen hat: Die Analyse des Schlachtfeldes, die darauf aufbauende Ermittlung der adäquaten Aktivitäten und deren detaillierte Bestimmungen als Nichtpreisreaktion oder direkte Preisreaktion.

Die Abbildung zur Preiskriegslogik (Abb. 3-10) stellt dar, dass sich die Analyse des Schlachtfeldes im Wesentlichen auf die Fragen konzentriert, was das eigene Unternehmen tun kann, um sich optimal zu positionieren, welche Handlungen von Konkurrenten erwartet werden, wie sich Konsumenten wahrscheinlich verhalten werden,[11] und schließlich welche Kollaborateure aus den Bereichen von Lieferanten, Kunden und sonstigen Wettbewerbern gefunden werden können. Diese Analyse (genauer beschrieben bei Rao et al. (2000)) führt dazu, dass Aktivitäten herausgefunden werden, die dazu dienen, Angriffe zu parieren (Porter (1996)). Dabei gilt es im Rahmen der Möglichkeiten zu vermeiden, in den Preiskrieg involviert zu werden (für ein Beispiel vgl. Box 3-2). Nichtpreisreaktionen wären z.B.:

- Offenbarung der eigenen strategischen Intentionen und Fähigkeiten,
- Verschiebung der Wettbewerbsaktivitäten auf Qualitäts- und Produktdifferenzierungswettbewerb, sowie
- die Kooperation mit anderen Kollaborateuren.

---

[11] Hier ist die Preiselastizität entscheidend, da sie bestimmt, wie sensibel ein Nachfrager in seinem Konsumverhalten auf Preisänderungen reagiert.

Als direkte Preisreaktionen kämen in Frage:

- Benutzung komplizierter Preisschemata,
- Einführung neuer Produkte sowie lokale Preisgegenmaßnahmen.

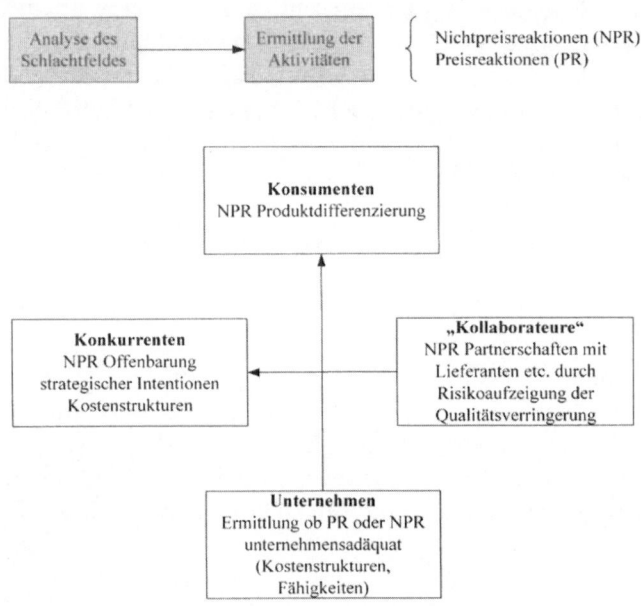

Abb. 3-10: *Abwehr eines Preiskrieges*

Die Maßnahmen sollen hier im Einzelnen nicht diskutiert werden. Es ist nur noch einmal darauf hinzuweisen, dass sowohl Nichtpreismaßnahmen als auch Preismaßnahmen mit der von Porter erwähnten Herstellung eines guten Branchenumfeldes zu tun haben und dementsprechend mit der Branchenkultur in Einklang gebracht werden müssen. Dies kann dazu führen, dass bei genauer Analyse der Branchenbedingungen ein Marktaustritt vorgenommen wird. So hat z.B. 3M, obwohl es das Videotape erfunden hat, den betroffenen Markt Mitte der 1990er Jahre wegen ruinöser Preiskonkurrenz verlassen. Ebenso hat Intel wegen taiwanesischer Preiskonkurrenz die Produktion von DRAM Chips eingestellt.

Preiskämpfe und deren (Nicht-)Entstehung

Im September 2003 verkündete die Baumarktkette Praktiker, den größten Teil des Sortiments 20 Prozent günstiger zu verkaufen. Der direkte Konkurrent, die Baumarktkette Hornbach, reagierte umgehend. In der Boulevardpresse ließ das Unternehmen Anfang Oktober verlauten: „Endlich ist einer fast so günstig wie wir". Diese Provokation wurde zusätzlich mit dem Hinweis versehen, dass man selbst keine Preisnachlässe nötig habe, weil man ohnehin billiger sei.

Einige Tage später fragt Praktiker an gleicher Stelle den Vorstandsvorsitzenden der Hornbach Baumärkte: „Lieber Herr Hornbach, haben Sie das nötig?". Ein Preisvergleich habe ergeben, dass Praktiker in 191 von 201 Artikeln billiger sei als Hornbach: „Vertrauen Sie denen, die rechnen können." Hornbach Mitarbeitern, die bei Kauf eines Produktes bei Praktiker ihren Mitarbeiterausweis vorlegen und den Spruch aufsagen: „Ich arbeite gerne bei Hornbach, kaufe aber lieber und günstiger bei Praktiker" wurde ein 20 Prozent Extra-Rabatt-Angebot gemacht. Mehr als hundert Hornbach-Mitarbeiter sollen noch am gleichen Tage die Praktiker-Filialen gestürmt haben, so ein Sprecher von Praktiker.

Hornbachs Vorstandschef gab bekannt, er fühle sich „persönlich beleidigt", wolle aber „keinen Schlagabtausch auf diesem Niveau"…

Box 3-2: *Preiskämpfe und deren (Nicht-)Entstehung*
Quelle: Die Zeit 45/2003.

3.4.3 Dynamische Erweiterungen

In den bisherigen Kapiteln haben wir gesehen, welche Konsequenzen die unreflektierte Anwendung von Spielregeln für die einzelnen Unternehmen hat. Preiswettbewerb ohne (Produkt-)Differenzierung – und sei sie auch sehr gering – führt entweder zu gewinnlosem Zustand oder zum Abbau von Überkapazitäten und damit zu Marktaustritten. Mengenwettbewerb lässt sich zwar mit positivem Gewinn nutzen, allerdings bieten sich gerade in Branchen mit einer Kultur der Wettbewerbsvermeidung Kollusionsmöglichkeiten. Diese wiederum könnten gewinnerhöhend genutzt werden, um eine Monopolgewinnteilung in einer Branche vorzunehmen. Das abschreckende Beispiel der vollkommenen Konkurrenz, in der jedes Unternehmen den unveränderlichen Spielregeln der Branche unterworfen ist, sei nur abschließend genannt. Die bisherige Darstellung diente dazu, in einer einfachen, aber – durch die Anwendung von ein wenig Mathematik – hinreichend präzisen Form, die Konsequenzen unterschiedlicher Spielregeln für die einzelnen Unternehmen aufzuzeigen.

Sind die einfachen Analysen eine akkurate Beschreibung des realen Wirtschaftslebens? Wir haben an einigen Beispielen gesehen, dass Preiskriege oder ausgeprägte Mengenkonkurrenzen durchaus in der Realität, zumindest periodisch, zu finden sind. Allerdings ist es in der realen Welt so, dass – zumal in traditionsgeprägten Branchen und in solchen mit ein oder zwei starken Firmen – Unternehmen immer wieder miteinander konkurrieren und damit auch in zukünftigen Perioden interagieren müssen. Diese Aspekte wurden in den zuvor skizzierten Cournot- und Bertrand-Modellen noch nicht behandelt. Das liegt daran, dass die Unternehmen in den hier vereinfacht dargestellten Spielregeln simultan, sozusagen ein für alle mal, ihre Preis- oder Mengenfestlegungen treffen mussten. Diese Annahme diente dazu, ein Gleichgewicht zu ermitteln, von dem kein Unternehmen aus eigenem Antrieb abweichen will; täte es dies, so wäre es zum eigenen Schaden. Für eine Welt, in der – gegeben die obigen Annahmen – dauernde Interaktion zwischen Unternehmen stattfindet, sind die genannten Spielregeln aber zu einfach.

Schließlich gibt es hier Möglichkeiten, durch reversible Handlungen dem jeweils anderen Unternehmen Wünsche zu Preis- und Mengenänderungen zu signalisieren. Das andere Unternehmen kann nach Beobachtung dieser Handlungen entsprechend reagieren, was wiederum in realer Zeit zu Korrekturen bei dem Unternehmen, das die erste Aktion initiierte, führen kann. Hier ist also von der logischen Zeit auf die reale Zeit, in der Entscheidungen sequentiell getroffen werden, überzuschwenken. Der reale Hintergrund für diesen Perspektivenwechsel sind im Vergleich zu den einfachen Modellaussagen empirisch feststellbare hohe Gewinne auch in stark oligopolistisch geprägten Branchen.

Die einfache Intuition hinter einem dynamischen Preiswettbewerb, der längerfristig angelegt ist, wird an folgendem Setting dargestellt: Ausgangspunkt soll ein reifes Produkt in einer Branche mit stabiler Nachfrage, mithin ohne Wachstumschancen, aber auch ohne Schrumpfungsprobleme wegen Überkapazitäten sein. Fehlen sollen auch explizite Kollusionen, die üblicherweise Probleme mit Kartell- und sonstigen Aufsichtsbehörden nach sich ziehen würden. Wie lassen sich hier dynamisch kooperative Preispolitiken durchsetzen? Die erste Bedingung dafür besagt, dass es für ein Unternehmen jeweils attraktiver sein muss, sich am stillschweigend zustande kommenden „kollusiven" Monopolpreis als am „Konkurrenzpreis" zu orientieren (siehe 3.4.2.4). Interagieren zwei Unternehmen mit gleichen Grenzkosten über sehr viele Perioden miteinander im Markt, dann lassen sich Gewinne und Verluste aus der Einhaltung der Preis-Kollusion zum Monopolpreis resp. aus der eigenmächtigen Setzung von Konkurrenzpreisen leicht ermitteln. Bei Beibehaltung des Monopolpreises erhält jedes Unternehmen der insgesamt N Wettbewerber einen identischen Anteil am Monopolgewinn Π_m der nächsten Periode sowie den auf ihn entfallenden Barwert dieses über unendlich lange Zeit laufenden Gewinnstromes:

$$\frac{1}{N}(\Pi_m + \frac{\Pi_m}{i}).$$ (3.35)

Für die einseitige Abweichung der Preissetzung ergibt sich aus Preisunterbietung folgender Gewinn, wobei Π_0 den Gewinn für das abweichende Unternehmen darstellt:

$$\Pi_0 + \frac{1}{Ni}\Pi_0.$$ (3.36)

Es wird unterstellt, dass der gesamte Markt dann für das eigene Unternehmen für eine Periode gewonnen werden kann. Für die nachfolgenden Perioden wird der Barwert aus den Gewinnen angesetzt, die sich auf diesen einmal gewählten Preis erstrecken; dies wiederum liegt daran, dass alle Wettbewerber der einmaligen Preissenkung eine Periode später nachfolgen werden. Die Gleichsetzung dieser beiden Barwerte der Gewinne ermöglicht die Ermittlung eines „Grenzzinses", der uns angibt, ab wann Kooperation und ab wann Konkurrenz wirtschaftlich attraktiv ist. Umgeformt ergibt sich:

$$i = \frac{\frac{1}{N}(\Pi_m - \Pi_0)}{\Pi_0 - \frac{1}{N}\Pi_m}.$$ (3.37)

Die Gewinne aus Kooperation sind im Zähler der Gleichung zu finden. Im Nenner ist der Extragewinn einer Firma abgebildet, die sich durch Preisunterbietung der Kooperation entzogen hat; dieser entspricht der Differenz zwischen einperiodigem Extragewinn und dem immer sicheren Anteil am Monopolgewinn. Die Gewinne der Kooperation müssen also die Kosten der Kooperation, d.h. den einperiodigen Gewinn aus Nicht-Kooperation, überwiegen.

Wie sich direkt ermitteln lässt, bedeutet eine Vermehrung der Wettbe-
werberanzahl in der Tendenz eine Senkung der Zinsrate, ab der eine Preis-
abweichung vom Monopolpreis nach unten Sinn machen würde. Anders
formuliert: Mit zunehmender (abnehmender) Wettbewerberzahl sinkt
(steigt) der Nutzen der Kooperation. Mit zunehmender Branchenkonzent-
ration wird also eine kooperative Preissetzung lohnender – und damit auch
wahrscheinlicher. Gleiches gilt auch für eine Verkürzung der Reaktions-
zeit, mit der ein Unternehmen auf die Strategie des anderen reagiert, z.B.
von einem Jahr auf eine Woche: Sie führt zu einer Verringerung der Dis-
kontrate von i auf i/52 und erhöht den Nutzen der Kooperation (c.p.) dramatisch. Gegenläufige Effekte haben:

- unterschiedliche Kostenstrukturen der Unternehmen, weil hier die
  Teilhabe am Monopolgewinn nicht mehr gleichverteilt ist, sowie
- eine geringe Anzahl von Käufern (hohe Käuferkonzentration),
  weil geheime Preissenkungen schwierig aufzudecken sind.

Die hinter der Kooperation steckende Erfahrung im realen Wirtschaftsleben ist die Tit-For-Tat-Strategie. Anders ausgedrückt wird nach folgender Regel gespielt: Wie du mir, so ich dir. Diese Strategie, auch wenn sie
spieltheoretisch aufgrund logischer Inkonsistenzen oft angegriffen wird,
scheint für die reale Welt bemerkenswert robust. Der Vorteil liegt darin,
rasch im Vergelten auf Provokationen und rasch im Vergeben zu sein.
Damit scheint die Tit-For-Tat-Strategie reale Erfahrungen des Wirtschaftslebens, in denen Sätze wie „you always meet twice" nachgerade universel-
le Gültigkeit beanspruchen können, gut abzubilden.

3.4.4 Modell von Stackelberg-Spence-Dixit

Bisher haben wir die Konkurrenz innerhalb einer Branche betrachtet. Nun
wenden wir uns der Frage des Markteintritts und seiner Verhinderung bzw.
der Verminderung seiner Konsequenzen zu. Firmen müssen sich fragen,
inwieweit sie zur Verstärkung „erwünschter Elemente der Branchenstruktur" (Porter (1996)) beitragen können. Dies impliziert, durch konkrete
Maßnahmen den Markteintritt neuer Unternehmen entweder ganz zu verhindern oder diesen Markteintritt in andere Bahnen zu lenken und damit in
den Konsequenzen für sich selbst abzuschwächen. Damit wird im Porterschen Five-Forces-Schema auf den Zusammenhang zwischen der Bedrohung durch neue Anbieter und den Markteintrittsbarrieren für „Newcomer" abgestellt. Deren Höhe wird z.B. bestimmt von Distributionszugän-

gen, absoluten Kostenvorteilen, vertraglichen Bindungen der Abnehmer oder aufgebauten Produktionskapazitäten.

Zur Analyse der in diesem Abschnitt behandelten Fragestellung wird die Kapazitätswahl als Mittel der Abschreckung von Konkurrenten herangezogen.[12] Man kann sich die Kapazitätswahl als eine Möglichkeit denken, sich durch irreversible Investitionen selbst zu binden. Als Grund dafür lässt sich z.B. anführen, dass höherer Kapazitätsaufbau geringere variable Kosten der Produktion in den nächsten Perioden induzieren dürfte. Betrachten wir zuerst die Möglichkeit der eingesessenen Unternehmung, sich vorab selbst zu binden, d.h. Produktionskapazitäten zu etablieren, die ohne einen großen Wertverlust zu erleiden, kurzfristig nicht verändert werden können. Zwei Firmen überlegen, welche Kapazitätsinvestitionen sie tätigen wollen, wobei Firma 1 (die eingesessene Firma) Kapazität K_1 wählt, und Firma 2 Kapazität K_2. Die Gewinnfunktionen in reduzierter Form seien:

$$\Pi_1(K_1, K_2) = K_1(1 - K_1 - K_2) \text{ für Firma 1 und}$$
$$\Pi_2(K_1, K_2) = K_2(1 - K_1 - K_2) \text{ für Firma 2.} \tag{3.38}$$

Diese Form der reduzierten Gewinnfunktion erinnert an den ersten Term der rechten Seite der Gewinnfunktion:

$$\Pi_2 = (a - bq) \cdot q_1 - cq_1. \tag{3.39}$$

Unterstellt wird dabei, dass Kapitalbestände oder Kapazitäten strategische Substitute sind, was bedeutet: Je mehr das eine Unternehmen davon hat, desto weniger ist für das andere Unternehmen davon attraktiv für sich selbst. Wie werden nun die Kapazitäten der als Branchenführer angesehenen, eingesessenen Unternehmung 1 und der Unternehmung 2 ermittelt? Ausgegangen werden soll von der optimalen Kapazitätswahl von Firma 2, die sich durch folgendes Maximierungskalkül ergibt:

$$\underset{K_2}{Max} \, \Pi_2(K_1, K_2) = \underset{K_2}{Max} \, K_2(1 - K_1 - K_2). \tag{3.40}$$

Abgeleitet nach K_2 resultiert aus der Bedingung erster Ordnung die Reaktionsfunktion, d.h. die für Firma 2 gewinnmaximale eigene Kapazität bei jeder gegebenen Kapazität von Unternehmen 1:

---

[12] Hier wird der Markteintritt nicht verhindert, sondern nur in seinen Auswirkungen abgeschwächt.

$$K_2 = R_2(K_1) = \frac{1-K_1}{2}. \qquad (3.41)$$

Wenn man unterstellt, dass Firma 1 in der Branche „den Ton angibt", dann muss diese auch ihre Kapazitäten optimieren, wobei sie die Kapazitätswahl von Firma 2 mit zu berücksichtigen hat.

$$\underset{K_1}{Max} \prod_1 (K_1, K_2) = \underset{K_1}{Max} K_1(1 - K_1 - K_2). \qquad (3.42)$$

Damit resultiert unter Berücksichtigung von Gl. (3.41):

$$\underset{K_1}{Max} K_1(1 - K_1 - \frac{1-K_1}{2}). \qquad (3.43)$$

Es ergibt sich aus der Bedingung erster Ordnung die optimale Kapazität für Unternehmen 1:

$$K_1 = \frac{1}{2}. \qquad (3.44)$$

Durch Einsetzen der im Gleichgewicht gewählten Kapazität des Unternehmens 1 (Gl. (3.44)) in Gl. (3.41) resultiert die gewählte Kapazität des Unternehmens 2. Die Ergebnisse für die beiden Unternehmen 1 und 2 sind dann:

$$K_1 = \frac{1}{2}, \; K_2 = \frac{1}{4}, \; \prod_1 = \frac{1}{8}, \; \prod_2 = \frac{1}{16}. \qquad (3.45)$$

Obwohl die Gewinnfunktionen symmetrisch sind, kann Firma 1 einen höheren Gewinn erzielen. Der Grund hierfür ist, dass sie beiden Unternehmen, nämlich Unternehmen 2 und sich selbst, einen Platz im Markt anweist. Unternehmen 2 wird nicht aus dem Markt gedrängt, sondern es realisiert noch einen Gewinn. Allerdings wird der eigene Gewinn so ermittelt, dass der positive Gewinn von Unternehmen 2 als Nebenbedingung quasi in die eigene Optimierung eingesetzt wird. Wie würden sich die Gewinne verteilen, wenn beide Unternehmen ihre Kapazitätswahl simultan durchführen würden? Diese Mechanik kennen wir schon aus dem Cournot-Spiel. Zunächst werden die Reaktionsfunktionen beider Unternehmen gesucht:

$$K_1 = R_1(K_2) \text{ und } K_2 = R_2(K_1).$$ (3.46)

Da hier Symmetrie von Unternehmen 1 und Unternehmen 2 vorliegt, ergibt sich wie bereits weiter oben gesehen:

$$K_1 = K_2 = \frac{1}{3}, \quad \Pi_1 = \Pi_2 = \frac{1}{9}.$$ (3.47)

Diese Lösung ist die des Cournot-Spiels, das bereits vorgestellt wurde. Entscheidend in diesem sequentiellen Spiel ist, dass obwohl identische Gewinnfunktionen vorliegen, eine Art „First-Mover-Advantage" von beiden Unternehmen akzeptiert zu werden scheint. Anders formuliert: In dieser Betrachtung hat dann, wenn es entweder Zeitvorteile oder Erwartungen bezüglich Brachenführerschaft gibt, die einseitige Festlegung eines Unternehmens auf seine Kapazitäten Vorteile. Inflexibilität oder Verringerung der eigenen Handlungsspielräume durch irreversible Investitionen schafft damit Marktvorteile. Diese Selbstbeschränkungen müssen sich allerdings nicht nur auf kapazitätserhöhende Investitionen oder das Eingehen von fixen Kostenpositionen beziehen. Alle langfristigen Entscheidungen, die dazu angetan sind, die Entscheidungen konkurrierender Unternehmen negativ zu beeinflussen, können solche Vorteile schaffen. Dabei kann es sich, wie schon erwähnt, um Distributionszugänge, absolute Kostenvorteile oder vertragliche Bindungen der Abnehmer handeln. Solche Maßnahmen wirken also entweder markteintrittsverhindernd, oder, wie im gezeigten Beispiel, Markteintrittskonsequenzen vermindernd. Markteintrittsverhinderung kann dann vorgenommen werden, wenn die Kostenvorteile „eindeutiger" sind, also z.B. wenn Fixkosten f auftreten:

$$\Pi_i(K_i, K_j) = K_i(1 - K_i - K_j) - f.$$ (3.48)

Je nach deren Höhe wird der Nettogewinn aus Gl. (3.45) negativ und damit der Eintritt von Unternehmen 2 verhindert. Im o.g. Falle der Absenkung des Markteintrittsumfanges von Konkurrenten (vgl. Porter (1996) bzgl. Verteidigungsstrategien) wird „nur" die Angriffsbahn des Konkurrenten verändert.[13] Geht man dann davon aus, dass mit der Höhe der eingegangenen Kapazitätsinvestition auch zukünftige Kostenpositionen verbunden sind, sind Wettbewerbsvorteile über längere Zeiträume durch solche Entscheidungen festgelegt.

---

[13] Zu einer formalen Analyse von Verteidigungsstrategien mittels Matrixpopulationsmodellen vgl. Scheinker und Ehrmann (2005).

3.5 Fazit

Zu Anfang dieses Kapitels wurde herausgestellt, wie als Ergebnis der Wettbewerbskräfte für jede Branche die Art der Konkurrenz zwischen den Wettbewerbern bestimmt werden kann. Diese Art der Konkurrenz, die quasi als Spielregel für Wettbewerber aufzufassen ist, stellt die Unternehmen vor eine Herausforderung: nämlich die bestmögliche Positionierung auf Basis eines Wettbewerbsvorteils zu finden. Auf dieser Grundlage wurde die Betrachtung unterschiedlichen Konkurrenzverhaltens in einer Branche anhand einfacher Modelle vorgenommen. Dadurch sollten die Folgen generischer Strategien für die Markt- und vor allem für die Unternehmensergebnisse bestimmt werden. Zu diesem Zweck wurden zunächst als statische Modelle von Wettbewerbsregeln Mengen- und Preiswettbewerb dargestellt. Dem folgten Überlegungen zur praktischen Umsetzbarkeit von Strategietypen und ein realistischeres Modell der langfristigen, modifizierten Preiskonkurrenz, das dynamische Aspekte berücksichtigte. Schließlich wurden Fragen des Markteintritts, seiner Verhinderung bzw. der Verminderung seiner Konsequenzen erörtert.

Porter stellte zwei entscheidende Fragen bei der Wahl der Wettbewerbsstrategie heraus. Die erste betrifft die Attraktivität einer Branche und deren Bestimmungsfaktoren. Die zweite zielt auf die Bestimmung der relativen Wettbewerbsposition eines Unternehmens innerhalb der Branche. Ein Unternehmen muss sich nach Porter entweder für Kostenführerschaft oder für (Leistungs-)Differenzierung entscheiden. Das Unternehmen muss dabei klären, welcher Wert für die Kunden geschaffen wird. Anschließend ist die Frage zu beantworten: Kann diese Wertschaffung im Vergleich zur Konkurrenz günstiger realisiert werden? Nach der Klärung der notwendigen, sind die hinreichenden Erfolgsvoraussetzungen zu ermitteln: Werden die Spielregeln der Branche es erlauben, einen Vorteil zu realisieren?

Es wurde deutlich, dass die Intensität der Konkurrenz von diversen Determinanten abhängt. Dabei spielen die Kapazitätsauslastung, die Markteintritts- und -austrittsbarrieren, der Differenzierungsgrad von Produkten sowie die Branchenkultur wesentliche Rollen. Im Mittelpunkt stehen strategische Interaktionen zwischen Unternehmen, die sich entweder auf die Wahl von Mengen, von Preisen oder auf Produktdifferenzierung beziehen. Mit diesem Handwerkszeug können die zukünftigen Ergebnisse von aktuellen Branchenrivalitäten eingeschätzt werden. Damit kann eine Positionierung zweiter Ordnung vorbereitet werden. Anders formuliert können die Rückwirkungen der eingeschlagenen Strategien quantitativ zumindest abgeschätzt und die Problematik der auch für die Verursacher teuren Ruinierung einer Branchenstruktur vermieden werden. Die Vorteile einer ergänzenden Nutzung spieltheoretischer Überlegungen waren dabei die genaue analytische Beschreibung strategischer Entscheidungen, die Vorhersage der Ergebnisse von Konkurrenzsituationen und die Identifizierung einer optimalen Strategiewahl.

Die Analyse dieses Kapitels zeigte, dass Unternehmen in strategischen Konstellationen, also immer dann, wenn ihre eigenen Aktionen Rückwirkungen auf die Aktionen anderer Unternehmen haben, mit unterschiedlichen Spielregeln konfrontiert werden. Für bestimmte Arten des Preiswettbewerbs wurde belegt, dass involvierte Unternehmen zu Grenzkosten und damit gewinnlos anbieten. Anhand der Konkurrenz zwischen Coca-Cola und Pepsi wurde demonstriert, wie auch geringe Produktdifferenzierungen den Preiswettbewerb entscheidend abschwächen, Gewinne zulassen und damit aggressives Preisverhalten unattraktiv machen. Im Mengenwettbewerb setzen die Unternehmen zur Gewinnmaximierung ihre Angebotsmenge als Wettbewerbsparameter ein, wobei sich der Preis als Konsequenz der am Markt nachgefragten Gesamtmenge ergibt. Als reale Basis dieser Strategie können die Erwartungen der im Markt aktiven Unternehmen dienen, die sich sowohl bei den eigenen als auch bei den Angebotsmengen der Konkurrenten an den zuvor aufgebauten Produktionskapazitäten orientieren werden.

In diesem Kapitel wurde auch die Vermeidung von Preiskriegen detailliert diskutiert, weil Preiskriege mehr und mehr zu den alltäglichen Auseinandersetzungen innerhalb vieler Branchen gehören. Dabei wurde insbesondere darauf eingegangen, welche Folgen unreflektierte Anwendungen von Spielregeln für die einzelnen Unternehmen haben würden. Preiswettbewerb ohne (Produkt-)Differenzierung – und sei sie auch sehr gering – führt entweder zu gewinnlosem Zustand oder zum Abbau von Überkapazitäten und damit zu Marktaustritten. Mengenwettbewerb lässt sich zwar mit positivem Gewinn nutzen, allerdings bieten sich gerade in Branchen mit einer Kultur der Wettbewerbsvermeidung Kollusionsmöglichkeiten. Diese wiederum könnten Gewinn erhöhend genutzt werden, um eine Monopolgewinnteilung in einer Branche vorzunehmen. Das abschreckende Beispiel der vollkommenen Konkurrenz, in der jedes Unternehmen den unveränderlichen Spielregeln der Branche unterworfen ist, wurde deshalb als Vergleichsmaßstab genutzt.

Schließlich wurde die Verteidigungsstrategie analysiert. Bei dieser handelt es sich nach Porter um eine Methode, die den Angriff von Marktneu-

lingen entweder unwahrscheinlicher macht oder in weniger bedrohliche
Bahnen lenken soll. Stellvertretend für viele praktische Ausformungen
wurde hier die Kapazitätswahl als Mittel der Abschreckung von Konkurrenten herangezogen. Die Kapazitätswahl wurde als Möglichkeit der Unternehmenspolitik betrachtet, sich durch irreversible Investitionen selbst zu
binden. Je nach Höhe der Kapazitätswahl wird der Eintritt von Marktneu-
lingen entweder verhindert oder deren Markteintrittsumfang abgesenkt,
mithin „nur" die Angriffsbahn des Konkurrenten verändert.

Zentral wurde in diesem Kapitel auch berücksichtigt, wie praktisches
wirtschaftliches Handeln Konsequenz von Fehleinschätzungen und falschen Interpretationen des Handelns anderer Unternehmen sein kann. Entscheidend ist im realen Wirtschaftsleben die Möglichkeit der Revision dieser Fehlinterpretationen, die tendenziell nur in einem kooperativen Klima
innerhalb einer Branche erfolgen kann. Die hinter dieser Art von Kooperation steckende Erfahrung im realen Wirtschaftsleben ist die Tit-For-Tat-
Strategie. Dabei wird nach der Regel agiert: Wie du mir, so ich dir. Diese –
von Spieltheoretikern oft angegriffene – Strategie scheint in der realen
Welt bemerkenswert robust zu wirken. Ihr Vorteil liegt darin, rasch im
Vergelten von Provokationen und rasch im Vergeben zu sein. Die Tit-For-
Tat-Strategie bildet Erfahrungen des Wirtschaftslebens, in denen wiederholte Interaktionen zwischen Unternehmen an der Tagesordnung sind, an-
scheinend gut ab. Für praktisch-strategische Zwecke sollte ihre Nutzung
deshalb weiterhin große Aufmerksamkeit verdienen.

Anhang: Konsumentenrente und Zahlungsbereitschaft

Die Ausführungen zur Value-Map-Analyse haben gezeigt, dass für den Wettbewerb entscheidend ist, welches Unternehmen den höchsten Wert B – C generieren kann. Das Unternehmen mit der höchsten Wertschaffung ist in der Lage – durch das Angebot einer entsprechenden Konsumentenrente – eine vorteilhafte Marktposition zu erringen. Die Notwendigkeit einer quantitativen Abschätzung wurde in Kap. 3.3 bereits herausgestellt. Am Beispiel von Bierverkäufen in einem Baseball-Stadion sollen die zahlenmäßigen Zusammenhänge näher verdeutlicht werden (siehe dazu Besanko et al. (2000)).

Da alkoholfreie Getränke i.d.R. schlechte Substitute für Bier sind und da das Mitbringen von Getränken in Stadien verboten ist, kann eine Monopolsituation für den Bier-Konzessionär – hier den des Cincinnati Riverfront Stadions – unterstellt werden. Geht man ferner vereinfachend von der Annahme aus, dass die Nachfrage nach Bier linear verläuft, so ist die Beziehung von Konsumentenrente je gekaufter Einheit B – p und dem Preis p gegeben durch:

$$B - p = \frac{0,5p}{\varepsilon}. \tag{3.49}$$

In den späten 1980er Jahren betrug der Preis eines Bieres (ca. 0,6l) im Riverfront Stadion $2,50. Pro Glas Bier zahlt der Konzessionär Cincinnati Sports Service dabei $0,20 an den Bierlieferanten, $0,24 Lizenzabgaben an die Stadt Cincinnati, $0,54 an die Heimmannschaft – die Cincinnati Reds – und schließlich fallen Gewerbesteuern in Höhe von $0,14 pro Glas an. Die Grenzkosten (GK) des Angebots eines Bieres belaufen sich somit auf $1,12. Geht man davon aus, dass der Preis $2,50 den gewinnmaximierenden Preis darstellt, so ergibt sich aus der Bestimmungsformel für den optimalen Monopolpreis (Besanko et al. (2000))

$$(p - GK)/p = \frac{1}{\varepsilon}, \tag{3.50}$$

unter Berücksichtigung der Grenzkosten, eine Preiselastizität der Nachfrage von ε = 1,8. Durch Einsetzen in Gl. (3.49) erhalten wir so eine Konsumentenrente je gekaufter Einheit in Höhe von $0,69 und eine Zahlungsbereitschaft B je gekaufter Einheit von $3,19.

Weicht man nun von der Annahme des Monopolzustandes ab, bedarf es weiterer Instrumente zur quantitativen Planung. Die Logik des Differenzierungsvorteils besteht darin, sich im Präferenzraum der Konsumenten so zu positionieren, dass ein im Vergleich zum Wettbewerb höherer Benefit B angeboten werden kann, unter der Nebenbedingung gleich bleibender oder nur geringfügig höherer Kosten. Die Logik des Kostenvorteils auf der anderen Seite besteht darin, ein Produkt zu geringeren Kosten herzustellen, ohne große Qualitätseinbußen hinnehmen zu müssen. Die Kenntnis entsprechender Zahlungsbereitschaften für differenzierende Produktmerkmale ist dabei wesentlich für die Strategiegestaltung. Zur Abschätzung realer Zahlungsbereitschaften bzw. zur Identifizierung von Kosteneinsparpotenzialen können Standardinstrumente der Betriebswirtschaftslehre, insbesondere die Conjoint-Analyse und das Target-Costing, herangezogen werden.

Die Conjoint-Analyse ermöglicht die Ermittelung relativer Benefits einzelner Produktattribute. Kunden werden üblicherweise gebeten, Produkte, die sich durch ihren Preis und verschiedene Ausstattungsmerkmale unterscheiden, in eine Rangfolge der Bevorzugung zu bringen. Beispielsweise sollen folgende vier Produkte, „Stimuli" genannt, geordnet werden: (1) ein CD-Spieler ohne Shuffle-Funktion zu €200,-; (2) der gleiche CD-Spieler ohne Shuffle-Funktion zu €300,-; (3) der gleiche CD-Spieler mit Shuffle-Funktion zu €200,-; und (4) der CD-Spieler mit Shuffle-Funktion zu €300,-. Offensichtlich würden Konsumenten Stimulus (1) gegenüber (2) bevorzugen und (3) gegenüber (4). Weniger vorhersagbar bleibt jedoch die Wahl zwischen (1) und (4), welche Aufschluss über die Zahlungsbereitschaft für die Shuffle-Funktion gibt. Für gewöhnlich müssen die Probanden eine ganze Reihe unterschiedlicher Stimuli bewerten und ordnen. Mithilfe statistischer Auswertungsverfahren können so einzelne Produktmerkmale identifiziert werden, deren Vorhandensein die Zahlungsbereitschaft der Konsumenten maximieren.

Das Verfahren des Target-Costing baut auf einem ähnlichen Ansatz auf. Ausgehend von Kundenpräferenzen in Bezug auf einzelne Produktleistungsmerkmale und wettbewerbsorientierten Marktpreisen werden Zielkosten festgelegt, die unter Berücksichtigung einer geplanten Marge nicht überschritten werden dürfen. So können – ausgehend von bestehenden Zahlungsbereitschaften – die Kosteneinsparpotenziale ermittelt werden, deren zugrunde liegenden Leistungen keinen wesentlichen Einfluss auf die grundsätzliche Bewertung des Produktes durch die Kunden haben und so zur systematischen Ausnutzung von Kostenvorteilen im Sinne der Value-Map-Logik beitragen können.

Literatur

Franz X. Bea/Jürgen Haas (2000): Strategisches Management. Stuttgart.

David Besanko/David Dranove/Mark Shanley/Scott Schaeffer (2000): Economics of Strategy. New York.

Jay Dial/Kevin J. Murphy (1995): Incentives, Downsizing, and Value Creation at General Dynamics. Journal of Financial Economics, Vol. 37. 261-314.

Die Zeit 45/2003.

Financial Times Deutschland vom 02.06.2005.

Robert A. Garda/Michael V. Marn (1993): Price Wars. McKinsey Quarterly, Vol. 3. 87-100.

Farid Gasmi/Jean-J. Laffont/Quang Vuong (1992): Econometric Analysis of Collusive Behavior in a Soft Drink Market. Journal of Economics and Management Strategy, Vol. 1. 277-311.

Robert M. Grant (2005): Contemporary Strategy Analysis. Malden, MA.

Wilhelm Pfähler/Harald Wiese (2001): Unternehmensstrategie. In: Peter-J. Jost (Hrsg.): Die Spieltheorie in der Betriebswirtschaftslehre. Stuttgart. 219-254.

Michael E. Porter (1996): Wettbewerbsvorteile. Frankfurt/New York.

Akshay R. Rao/Mark E. Bergen/Scott Davis (2000): How to Fight a Price War? Harvard Business Review, Vol. 78. 107-116.

Eugen Scheinker/Thomas Ehrmann (2005): Evolutionary Economics of Incumbent's Defensive Strategies in the Process of New Market Entry. Präsentation anlässlich der Strategic Management Society 25th Annual International Conference, 10/2005, Orlando.

Gerard J. Tellis (1988): The Price Elasticity of Selective Demand: A Meta-Analysis of Econometric Models of Sales. Journal of Marketing Research, Vol. 25. 331-341.

Susanne Wied-Nebbeling (1997): Markt- und Preistheorie. Berlin.

Aufgaben zum Kapitel 3

Aufgabe 1:

Fallstudie Ovulstim

Ein befreundeter Arzt spricht Sie auf einer Party an: Er hätte eine interessante Geschäftsgelegenheit, die er zusammen mit einem befreundeten Apotheker eventuell wahrnehmen möchte. Es besteht die Möglichkeit, als Lizenznehmer für Deutschland ein Medikament für die In-vitro-Fertilisation zu vertreiben. Da Ihr Bekannter weiß, dass Sie Wirtschaftswissenschaften studieren, bittet er Sie, mit ihm zusammen strategische Überlegungen eines solchen Unternehmens zu erstellen und zu besprechen. Seine Hauptfrage ist: Welche Spielregeln hinsichtlich des Konkurrenzverhaltens sind in der Branche zu erwarten und welche Konsequenzen haben diese auf die eigenen Gewinne? In Gesprächen mit dem Arzt erfahren Sie die folgenden Informationen.

Das Produkt: Immer mehr Paare versuchen sich wegen Sterilität behandeln zu lassen.[14] Bei In-vitro-Fertilisationen werden üblicherweise begleitend ovulationsstimulierende Hormone gegeben. Diese können entweder gentechnisch oder aus menschlichem Urin (natürliches Präparat) erzeugt werden. Das derzeitige Monopolprodukt in Deutschland – das gentechnisch erzeugte Produkt „Pönal" – wird von der Firma „Monopol" angeboten und hat z.Z. einen Marktanteil von 100%. Das von ihr früher selbst hergestellte Konkurrenzprodukt auf natürlicher Basis, hat sie – vielleicht zur Vermeidung der Kannibalisierung – selbst aus dem Markt genommen. Sie haben nun die Möglichkeit, das alte, auf natürlicher Basis produzierte, wirkungsidentische Ovulstim als Generallizenznehmer zu vertreiben. Die dazu nötigen Rechte müssten Sie einer belgischen Produktionsfirma abkaufen.

Der Markt: Die Anzahl der derzeit in Deutschland durchgeführten sogenannten Zyklen (d.h. die Sterilitätsbehandlung durch Spritzen des oben genannten Medikamentes) hat sich in Deutschland von 23.700 im Jahr 1996 über 33.900 in 1998 auf knapp 75.000 in 2003 gesteigert. Ein Zyklus entspricht einer 10-11tägigen Spritzenbehandlung mal jeweils zwei Rechnungseinheiten. Der Apothekeneinkaufspreis des derzeitigen Monopolproduktes beträgt 30 Euro, der Apothekenabgabepreis (jeweils pro Rech-

---

[14] Allein in Deutschland wird die Zahl der Paare mit unerfülltem Kinderwunsch auf ca. 1 Mio. geschätzt (www.fertinet.de).

nungseinheit) beträgt 50 Euro.[15] Insgesamt kann also pro Spritzzyklus von Kosten von ca. 1000 Euro ausgegangen werden (Kundenperspektive). Ihr Einkaufspreis bei der belgischen Firma beträgt 10 Euro pro Rechnungseinheit (Selbstkosten inkl. Verpackung). Zu beachten ist, dass das Unternehmen „Monopol" kein Leichtgewicht im Pharma- bzw. Biotechnologiemarkt darstellt. So erzielte das Unternehmen mit 5000 Mitarbeitern in 50 Ländern einen Umsatz von 1,5 Mrd. US\$. Davon entfielen 170 Mio. US\$ auf Deutschland, was damit der zweitwichtigste Markt ist. Weltweit nimmt die Reproduktionsmedizin mit 31,7% des Umsatzes einen bedeutenden Umsatzanteil beim Unternehmen „Monopol" ein.

Erster Aufgabenteil
Erstellen Sie strategische Basis-Szenarien für das erste Jahr Ihrer Planungsrechnung. Die Preisabsatzfunktion des Gesamtmarktes lautet $p = 1440 - 0,0087q$ mit $q = q_m + q_o$, und q_m der Menge des Monopolisten und q_o der Menge von Ovulstim. Bestimmen Sie die Marktanteile und die Mengen des Unternehmens „Monopol", welches als Stackelberg-Führer agiert, und Ihrem Unternehmen, welches als Stackelberg-Folger auftritt. Ermitteln Sie sowohl den Preis, die jeweiligen Marktanteile und Absatzmengen als auch die jeweiligen Gewinne für die folgenden Szenarien:

- Kostenszenario 1: „Monopol" hat Ihnen gegenüber einen Selbstkostenvorteil von 20%,
- Kostenszenario 2: „Monopol" hat Ihnen gegenüber einen Selbstkostenvorteil von 25%,
- Kostenszenario 3: „Monopol" hat Ihnen gegenüber einen Selbstkostenvorteil von 35%.

Treffen Sie für die Szenarien folgende Annahmen:

- Es handelt sich um vollständig homogene Güter.
- Gehen Sie bei der Berechung der Szenarien davon aus, dass die 20 Euro Handelsspanne bei dem Unternehmen „Monopol" und bei Ihnen zusätzlich zu den Selbstkosten als Grenzkosten mit einfließen. Im Gegenzug rechnen Sie in Ihrer Kalkulation mit dem Apothekenabgabepreis als Marktpreis.

---

[15] Das Unternehmen „Monopol" hatte sich den Krankenkassen gegenüber in einem Moratorium verpflichtet, die Preise für ihr Produkt bis auf weiteres nicht zu verändern.

Zweiter Aufgabenteil

Können Sie auf Basis dieser Ergebnisse eine Aussage darüber treffen, ob sich ein Markteintritt für Sie lohnt? Welche Planungsinstrumente sind evtl. weiterhin nötig, um eine Entscheidung über den Markteintritt treffen zu können? Würdigen Sie die Chancen und Grenzen einer Branchen- und Konkurrenzanalyse im Planungsprozess kritisch.

Aufgabe 2:

Leiten Sie die Gleichgewichtsmengen und -gewinne im einfachen Cournot-Mengenwettbewerb formal her. Gehen Sie von zwei Spielern mit a) gleichen und b) unterschiedlichen Grenzkosten aus. Gegeben sind:

Spieler: Unternehmen i mit i = 1, 2

Preisabsatzfunktion: $p(q) = a - bq$ mit $q = q_1 + q_2$; p = Marktpreis; q_1, q_2 = Absatzmenge von Unternehmen 1 und 2

Grenzkosten der Unternehmen 1 und 2: c_1, c_2

Aufgabe 3:

Welche Unterschiede weist das Stackelberg-Spence-Dixit-Modell gegenüber dem Cournot-Spiel auf? Skizzieren und interpretieren Sie die Gleichgewichtsergebnisse hinsichtlich Produktionsmenge und Gewinne des Stackelberg-Modells im Falle zweier Wettbewerber mit gleichen Grenzkosten. Gehen Sie von den in Aufgabe 2 genannten Gegebenheiten hinsichtlich der Nachfrage aus.

Aufgabe 4:

Welche Einflüsse haben unterschiedliche Marktformen auf den Gewinn (bei gleichen Voraussetzungen hinsichtlich Nachfrage und Kosten)? Vervollständigen Sie die unten dargestellte Diagrammvorlage durch die Gewinne der Unternehmen 1 und 2 im Gleichgewicht bei unterschiedlichen Marktformen: 1) vollständiger Wettbewerb 2) kollusives Gleichgewicht und 3) Betrand-Wettbewerb. Welche Standortangabe im Diagramm können Sie bzgl. der Gewinne im symmetrischen Cournot-Modell treffen? (mit Π^M_i als Gewinn des Unternehmens i = 1, 2 im Monopol).

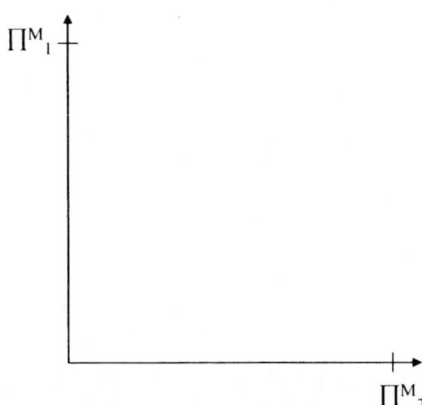

Abb. A-3-1: *Unternehmensgewinne im Gleichgewicht*

Aufgabe 5:

Luftfahrtunternehmen bieten mit Hilfe gekaufter Flugzeuge Transport-dienstleistungen an. Innerhalb eines solchen Luftfahrtunternehmens sind Sie dafür zuständig, die Unternehmensstrategien der Wettbewerber zu be-obachten und optimale Antworten auf diese zu empfehlen. Einer der Vor-stände, von Hause aus Ingenieur, befragt Sie während eines Meetings zu den Implikationen des Stackelberg-Modells, von dem er erst kürzlich er-fahren hat. Insbesondere bittet er Sie um eine Stellungnahme bzgl. der Frage, ob das Modell auch im Luftfahrt-Markt Anwendung finden könnte. Sie erklären ihm sofort begeistert, dass eine Stackelberg-Führerschaft tat-sächlich möglich wäre, da die erworbenen Flugzeuge in der Regel ohne Wertverluste an andere Fluggesellschaften veräußert werden könnten. Würden Sie, wenn Sie jetzt darüber nachdenken, so antworten?

Aufgabe 6:

Nehmen Sie kurz kritisch Stellung zu folgenden Aussagen. Geben Sie zu Beginn jeder Aufgabe eine Bewertung zur inhaltlichen Richtigkeit der Aussagen ab.

a) Im Cournot-Wettbewerb zwischen zwei Unternehmen ist die Aus-bringungsmenge des einen Unternehmens ein strategisches Kom-plement zur Ausbringungsmenge des anderen Unternehmens, d.h. die marginale Profitabilität jeder weiteren Mengeneinheit von Unternehmen 1 steigt bei zunehmender Ausbringungsmenge von Unternehmen 2.

b) Im Stackelberg-Wettbewerb zwischen zwei Unternehmen ist die Ausbringungsmenge des einen Unternehmens ein strategisches Substitut zur Ausbringungsmenge des anderen Unternehmens, d.h. die marginale Profitabilität jeder weiteren Mengeneinheit von Unternehmen 1 sinkt bei zunehmender Ausbringungsmenge von Unternehmen 2.

Aufgabe 7:

a) Erklären Sie kurz anhand des Konzepts der Value-Map die Logik des Kostenvorteils und die Logik des Differenzierungsvorteils. Skizzieren Sie hierzu geeignete grafische Darstellungen.

b) Skizzieren Sie wiederum anhand der Value-Map die Konstellation, dass gegeben zwei Firmen A und B trotz geringerer Kosten der Firma A und höherer Qualität der Firma B weder A noch B die Marktführerschaft erringen können. Interpretieren diese Konstellation.

Aufgabe 8:

Leiten Sie das Marktgleichgewicht für den folgenden Mengenwettbewerb formal her. Es gelten nachstehende Rahmenbedingungen: Die Preisabsatzfunktion des Marktes lautet $p = 1000 - Q$, mit $Q = q_1 + q_2 + q_3$. Firma 1 konnte sich bereits am Markt etablieren und agiert daher als Stackelberg-Leader. Folglich setzt Firma 1 vorab die Angebotsmenge $q_1 = x$ fest. Firmen 2 und 3 passen sich dem Leader an, indem sie *gleichzeitig* ihre jeweilige Angebotsmenge q_2 und q_3 festsetzen. Für alle Marktteilnehmer gelten Stückkosten der Herstellung in Höhe von $c = 0$. Bestimmen Sie zunächst die Reaktionsfunktionen der Firmen 2 und 3, sowie die Mengen q_2 und q_3 der beiden Stackelberg-Follower in Abhängigkeit der Menge $q_1 = x$. Bestimmen Sie danach die Angebotsmenge x des Stackelberg-Leaders. Wie hoch sind der Preis und die Konsumentenrente im Marktgleichgewicht?

4 Unternehmensanalyse: Wertkette und De-Konstruktion

4.1 Einleitung

„ Denn es gibt drei Arten von Köpfen: der eine erkennt alles von selbst, der zweite nur, wenn es ihm von anderen gezeigt wird, der dritte sieht nichts ein, weder von selbst, noch durch die Darlegungen anderer."
(N. Macchiavelli)

Eine wesentliche Aufgabe strategischer Planungsüberlegungen ist die Bestimmung von Stärken und Schwächen eines Unternehmens in Bezug auf seine Umwelt. Die Bestimmung dieser Stärken und Schwächen lässt sich auch als Ermittlung von strategischen Erfolgsfaktoren auffassen. Ein wesentlicher Ansatz, der sich speziell auf die Verbindung von Unternehmen mit ihrer vor allem durch andere Unternehmen gekennzeichneten Umwelt konzentriert, ist die Wertkettenanalyse von Michael Porter. Das folgende Kapitel gibt zuerst eine Einführung in die Wertkettenanalyse (4.2) und erklärt dann die steigende praktische Relevanz der Wertkettenanalyse vor dem Hintergrund von Wertschöpfungsänderungen (4.3). Anschließend wird das Planungsinstrument konzeptionell diskutiert und mit einem Beispiel auf das strategische Kostenmanagement angewendet (4.4), bevor eine Weiterentwicklung des Wertkettenkonzeptes erläutert wird (4.5). Abgeschlossen wird das Kapitel von einem zusammenfassenden Ausblick (4.6).

4.2 Wertkette, Wertaktivitäten und Wertsystem

Ziel der Unternehmensanalyse ist es, die Generierung von Wettbewerbsvorteilen für ein Unternehmen zu fördern. Porter arbeitete heraus, dass sich diese Wettbewerbsvorteile nicht ermitteln lassen, wenn das Unternehmen als Ganzes betrachtet wird (Porter (1996)). Nach seiner Überlegung sind diese Vorteile Folge von unterschiedlichen Tätigkeiten des Unternehmens in den unterschiedlichen Bereichen Beschaffung, Produktion, Absatz. So geht er davon aus, dass jede dieser Tätigkeiten einen Beitrag zur „relativen Kostenposition" eines Unternehmens leisten und eine Differenzierungsbasis schaffen kann. Damit hat er den Ausgangspunkt für seine spezielle Wertkettenanalyse festgelegt.

Porter ordnet jedem Unternehmen eine individuelle Wertkette zu, die wiederum durch vor- und nachgelagerte Wertketten von Lieferanten und Abnehmern in ein Wertsystem eingebunden ist (Abb. 4-1). Eine Wertkette setzt sich aus den Wertaktivitäten und der Gewinnspanne zusammen. Dabei definiert Porter Wertaktivitäten und Gewinnspanne wie folgt: *„Wertaktivitäten sind die physisch und technologisch unterscheidbaren, von einem Unternehmen ausgeführten Aktivitäten. Sie sind die Bausteine, aus denen das Unternehmen ein für seine Abnehmer wertvolles Produkt schafft. Die Gewinnspanne ist der Unterschied zwischen dem Gesamtwert und der Summe der Kosten, die durch die Ausführung der Wertaktivitäten entstanden sind"* (Porter (1996)).

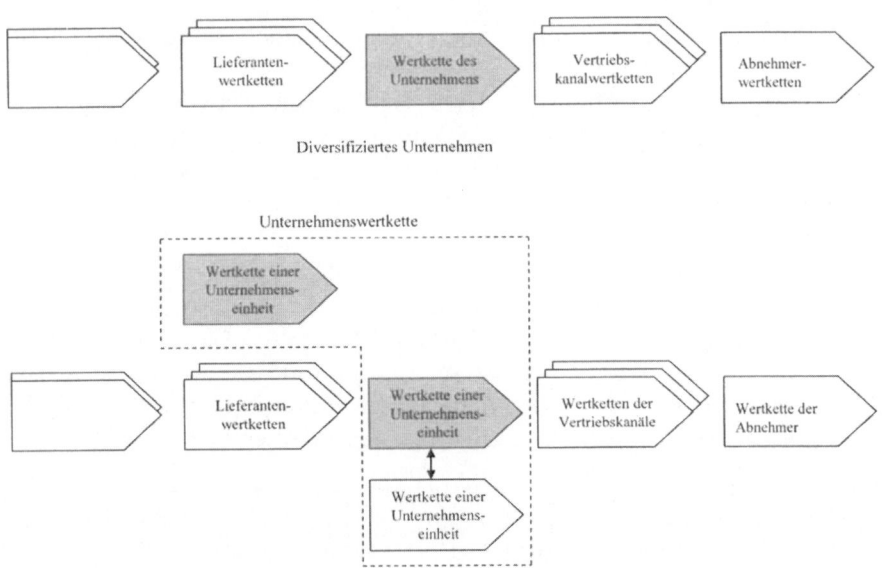

Abb. 4-1: *Wertkette und Wertsystem*

Die primären Aktivitäten sind unmittelbar mit der Herstellung und dem Vertrieb eines Produktes verbunden. Die unterstützenden Aktivitäten sind nicht direkt an Produktions- und Vertriebsprozessen beteiligt, aber unterstützen die primären Aktivitäten. Ein Wettbewerbsvorsprung ergibt sich, wenn einzelne Aktivitäten kostengünstiger vollzogen werden und/oder einen höheren Nutzen stiften als dies der Konkurrenz gelingt. Eine schematische Aufgliederung der primären und unterstützenden Aktivitäten findet sich in Abb. 4-2.

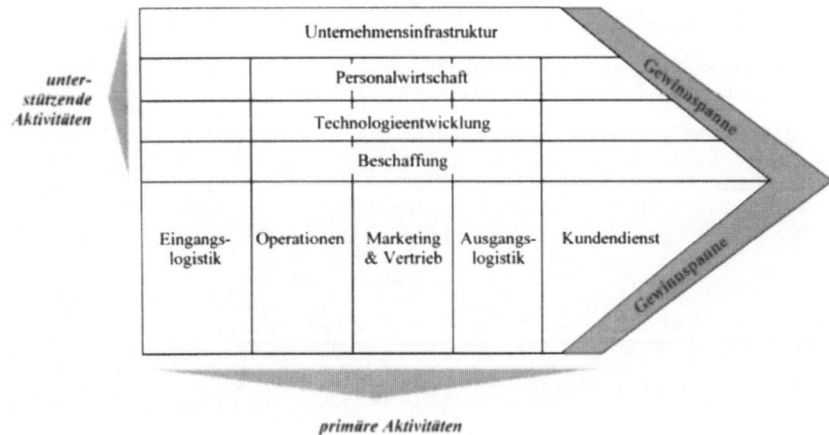

Abb. 4-2: *Wertkette nach Michael Porter*
Quelle: in Anlehnung an Porter (1996).

Der grundlegende Ansatz besteht in einer Abgrenzung von einfachen Kostenrechnungsüberlegungen. Porter betrachtet als „Wert" denjenigen Betrag, „*den die Abnehmer für das, was ein Unternehmen ihnen zur Verfügung stellt, zu zahlen bereit sind. Der Wert ist am Gesamtertrag zu messen, worin sich die für das Produkt eines Unternehmens erzielten Preise und die verkauften Stückzahlen spiegeln"* (Porter (1996)). Daraus folgert Porter, jegliche Wertaktivität sei so zu steuern, dass für Konsumenten oder Unternehmenskunden ein Wert geschaffen wird, der über den entstehenden Kosten liegt. Dementsprechend ist die die Wertkette einhüllende Gewinnspanne nicht nur ein grafisches Beiwerk für das Analyseinstrumentarium, sondern die Erinnerung an die Erfolgsvoraussetzung eines Unternehmens. Porter folgert nun auch, dass die Wettbewerbsanalyse eines Unternehmens als zentrale Größe den Wert anstelle der Kosten zu verwenden hat, weil schließlich auch bei relativ hohen Kosten (z.B. bei Verfolgen einer Qualitätsführerschaftsstrategie) positive Werte und damit positive Gewinnspannen erzielt werden sollten. Dabei betont er insbesondere die Klärung, welche der Aktivitäten im Unternehmen zu organisieren sind und welche auch in Zusammenarbeit mit Dritten ausgeführt werden können. Unterstützende Aktivitäten wie Beschaffung oder Personalwirtschaft könnten tendenziell auch in Kooperation mit Dritten ausgeführt werden. Die Unternehmensinfrastruktur, die von Aktivitäten wie Geschäftsführung, Planung, Rechtsfragen etc. geprägt ist, wird im Gegensatz zu anderen unterstützenden Aktivitäten als eine fundamentale Aktivität für die ganze Wertkette und nicht für einzelne Aktivitäten gesehen. Mit dem Beispiel in Abb. 4-3 ist eine vollständige Wertkette eines Kopiergeräteherstellers angegeben. Ziel war hierbei, die relevanten Wertaktivitäten zu bestimmen sowie die Aktivitäten mit unterschiedlichen Technologien und ökonomischen Regeln getrennt zu behandeln. Dabei werden die allgemeinen Funktionen, wie z.B. Fertigung oder Marketing, in Aktivitäten unterteilt. Die Detaillierung der Aufgliederung hängt von der Zielsetzung ab, mit der die Wertkettenanalyse betrieben wird.

	Unternehmensinfrastruktur					
Personal-wirtschaft	Auslegung des automatischen Systems	Einstellung Ausbildung			Einstellung Ausbildung	Einstellung Ausbildung
Technologie		Komponen-tenauslegung Band-auslegung	Maschinen-auslegung Energiema-nagement	Entwick-lung Informa-tionssystem	Marktforschung, Verkaufsunter-stützung	Bedienungs-anleitungen & Kundendienst
Beschaffung		Material Energie Elektro-Teile	Andere Teile Betriebs-stoffe	Computer- und Transport-dienst-leistung	Dienstleistung von Werbeagenturen Hilfs- & Betriebsstoffe Reisen	Ersatzteile Reisen & Verpflegung
	Materialeingang Eingangs-prüfung Teileeingang	Teiletransport Komponentenfertigung Feinabstimmung & Erprobung		Auftrags-abwicklung Versand	Werbung Verkaufsförderung Außendienst	Reparaturdienst Ersatzteil-lieferung
	Eingangs-Logistik	**Operationen**		**Ausgangs-logistik**	**Marketing & Vertrieb**	**Kundendienst**

Abb. 4-3: *Wertkettendefinition am Beispiel eines Kopiergeräteherstellers*
Quelle: in Anlehnung an Porter (1996).

4.3 Veränderte Wertschöpfungsstrukturen

Die zentrale wirtschaftliche Veränderung von Wertschöpfungsstrukturen, die das Interesse an Geschäftsprozessen, d.h. an Wertketten und Wertaktivitäten, in den Vordergrund gerückt hat, lässt sich in Abb. 4-4 erkennen. Wichtige Einzelentwicklungen sind:

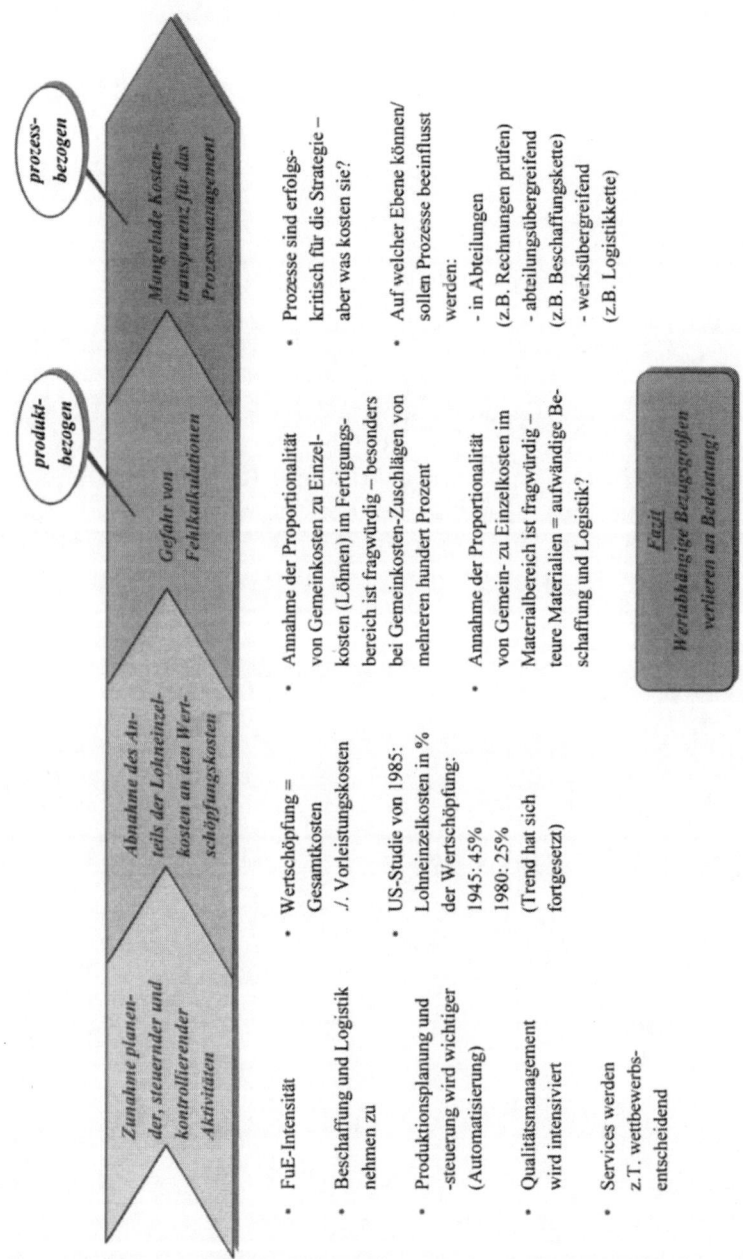

Abb. 4-4: *Veränderte Wertschöpfungsstrukturen und die Relevanz der Wertkette*
Quelle: in Anlehnung an Hungenberg und Kaufmann (2001).

- die Abnahme des Anteils von Lohneinzelkosten an den Wertschöpfungskosten,
- die Zunahme von planenden und kontrollierenden Aktivitäten,
- die Zunahme von gemeinkostenintensiven Aktivitäten, und in unmittelbarer Folge
- die mangelnde Kostentransparenz für das Prozessmanagement.

Zugespitzt formuliert: In dem Maße, in dem Produktionsaktivitäten wegen verstärkter Komplexität zusätzliche Planungsanstrengungen benötigen und Volumen (d.h. produzierte Menge) nicht mehr ausschließlicher Kostentreiber ist, werden Prozessanalysen für die strategische Kostensteuerung wichtig. Aus den genannten Gründen, die sich in der Zunahme des Gemeinkostenanteils an den Gesamtkosten äußern, büßen einfache Kostenüberlegungen, die sich empirisch mit Kosten- oder einfachen Produktionsfunktionen messen ließen, ihre Aussagekraft ein. Anstelle der Outputmenge kommen nun multiple Kostentreiber (Verbundvorteile, Erfahrungen, etc.) zum Tragen.

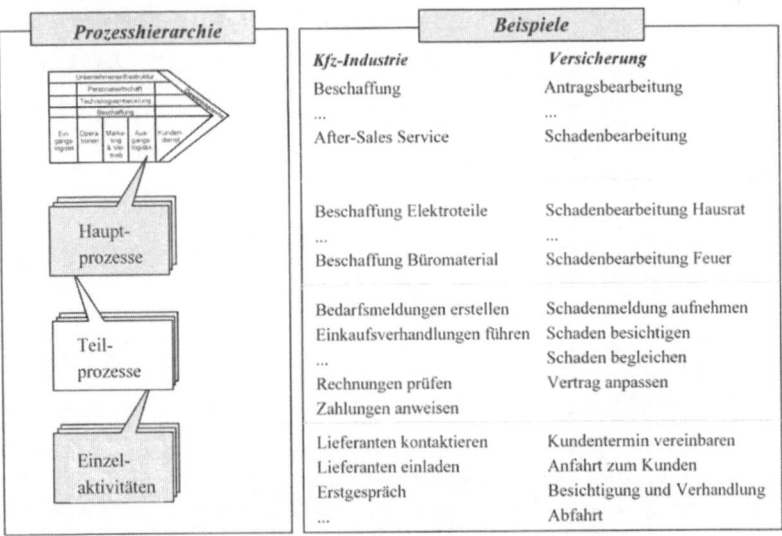

Abb. 4-5: *Prozesshierarchie*
Quelle: in Anlehnung an Hungenberg und Kaufmann (2001).

Ein analytischer Ansatz für das Prozessmanagement ist die Prozesskostenanalyse. Damit Prozesse auch praktisch untersucht und zur Bestimmung von Kostentreibern genutzt werden können, mithin in strategische Planungen eingebunden werden, sind sie zu hierarchisieren. Ein Beispiel findet sich in Abb. 4-5. Dabei lassen sich die Prozesse als Ausgliederung aus den übergeordneten Wertaktivitäten interpretieren und jeweils soweit in Einzelteilaktivitäten aufspalten, dass neue Kostentreiber identifiziert und gemessen werden können. Mit dieser Aufgliederung ist die Grundlage für die direkte Anwendung der Wertkettenanalyse geschaffen.

4.4 Wertkette und strategisches Kostenmanagement

Bisher wurde das grundlegende System der Wertkette dargestellt. Nach Porter (1996) lässt sich dieses System gut für das strategische Kostenmanagement verwenden. Das bedeutet, dass mit diesem System sowohl strategische Kostenanalysen als auch strategische Kostenplanungen betrieben werden können. Im Folgenden werden wir dazu zuerst (4.4.1) die Schritte der strategischen Kostenanalyse auf Grundlage der Wertkette betrachten, dann eine vereinfachte Vorteilhaftigkeitsprüfung vornehmen (4.4.2) sowie ein praktisches Beispiel der strategischen Kostenanalyse in der Papierindustrie kennen lernen (4.4.3). Anschließend wird das Konzept der De-Konstruktion, das die Boston Consulting Group entwickelt hat, dargestellt (4.5). Es handelt sich dabei sowohl um eine Weiterentwicklung als auch um eine spezifische Anwendung der Wertkettenanalyse.

4.4.1 Wertkette und Schritte der strategischen Kostenanalyse

Ausgangspunkt der folgenden Darstellung ist die Feststellung von Porter, dass „Wert" derjenige Geldbeitrag ist, den ein Kunde für die Produkte, die ihm ein Unternehmen anbietet, zu zahlen bereit ist (Porter (1996)). Diesen Werten stehen jeweils Kosten gegenüber, die das Unternehmen für die Erbringung der Leistung aufwenden muss. Das Haupterkenntnisinteresse bei der strategischen Kostenanalyse besteht in der Identifikation von schon bestehenden oder noch zu erreichenden Wettbewerbsvorteilen. Wettbewerbsvorteile reflektieren das Verhältnis von Kosten und der sich in der Zahlungsbereitschaft ausdrückenden Befriedigung von Abnehmerinteressen bei den einzelnen Wertaktivitäten. Zur Ermittlung der Wettbewerbsvorteile sind folgende Schritte der strategischen Kostenanalyse vorzunehmen:

1. Abgrenzung relevanter Aktivitäten,
2. Zuordnung von Kosten zu Aktivitäten,

3. Zuordnung von Nutzen zu Aktivitäten,
4. Ermittlung der Kostenantriebskräfte.

(1.) Abgrenzung relevanter Aktivitäten
Nach Porter sind folgende Prinzipien bei der Abgrenzung von Aktivitäten
oder einzelnen Prozessen zu berücksichtigen. Zuerst ist der Kostenanteil
der Aktivitäten zu betrachten. Dabei empfiehlt sich eine Priorisierung von
Aktivitäten nach deren Anteil an den Gesamtkosten. Dies hat den Vorteil
einer Konzentration auf das Wesentliche und der Vermeidung von interes-
santen, aber für die tatsächliche Beeinflussung der Kosten unerheblichen
Informationen. Dieser Teilanalyse ist die Betrachtung der Konkurrenzrela-
tion anzuschließen, mithin die Analyse der Aktivitäten danach, ob man
selbst oder die Konkurrenz in ihnen besser ist; hieraus ergeben sich Ansatzpunkte für die Ermittlung von Wettbewerbsvor- oder -nachteilen.
Wichtig für die zukünftige Planung ist auch die Analyse der Kostenentwicklung. Hier sind insbesondere Aktivitäten mit hohem erwarteten Kos-
tenwachstum in den Fokus zu nehmen, die sich einerseits kostenanteilsmä-
ßig in der Zukunft als erheblich erweisen, andererseits die Nutzen- und
Kostenrelation zwischen Eigenfertigung und Fremdbezug nachhaltig verändern können. Damit wären auch Ansatzpunkte für die Veränderung der
Leistungstiefe verbunden. Schließlich sind Kosten nach ihrem Kostenver-
halten zu analysieren, d.h. es müssen Kostenantriebskräfte (siehe Punkt
(4.)) ermittelt werden, um Ansatzpunkte für Veränderungen zu generieren.

(2.) Zuordnung von Kosten zu Aktivitäten
Im zweiten Schritt wird eine Zuordnung von Kosten zu Aktivitäten vorgenommen. Hier ist die Frage zu beantworten, welcher Kostenbegriff dieser
Zuordnung zugrunde zu legen ist. Da strategische Entscheidungen langfristige Auswirkungen haben, müssen Größen zugrunde gelegt werden, die
ebenfalls langfristig entscheidbar sind. Es empfiehlt sich, hierbei diejenigen Kosten heranzuziehen, die den langfristigen zusätzlichen Kosten der
Bereitstellung der Wertaktivitäten entsprechen, inklusive einer marktüblichen Kapitalverzinsung (Albach und Knieps (1997)). Hier ist eine Nähe
zur elaborierten Investitionsrechnung gegeben. Die genaue Ermittlung dieser Kosten ist in vielen Arbeiten der Regulierungsökonomie auch empirisch vorgenommen worden (Albach und Knieps (1997)). Langfristig ent-
scheidbare zusätzliche Kosten der Leistungsbereitstellung – und damit der
Durchführung der Wertaktivitäten – können unter bestimmten Voraussetzungen mit den vollen Kosten dieser Aktivitäten identisch sein. Allerdings
ist, gerade was die Analyse der Wertkette angeht, das Problem der Zuord-

nung von Gemeinkosten zu berücksichtigen. Bei einfacher Zuordnung im Rahmen einer strategischen Vollkostenüberlegung würde es genügen, die Kosten einer Wertaktivität (resp. einer bestimmten Wertkette) als „Stand-Alone-Kosten" zu ermitteln. Diese Ermittlung unterstellt ein Unternehmen, das ausschließlich die betrachtete Wertaktivität durchführt.

(3.) Zuordnung von Nutzen zu Aktivitäten
Im nächsten Schritt müssen Zuordnungen von Nutzen zu Aktivitäten vorgenommen werden. Ausgangspunkt ist die Überlegung, dass die einzelnen Aktivitäten jeweils einen Beitrag zum Nutzen des Abnehmers stiften. Die Probleme der Zuordnung und Bemessung des Nutzens liegen auf der Hand. Allerdings sind gerade durch schon praktizierte Veränderungen der Wertketten in etablierten Geschäften, z.B. im Bereich der Tourismusindustrie oder bei Fluglinien, interessante neue Erkenntnisse über den Abnehmerwert von einzelnen Aktivitäten herausgefunden worden. Beispielsweise haben Billigfluglinien gezeigt, dass selbst von Geschäftsreisenden das Fehlen von Verkaufsbüros, die Nichtabgabe von Teilstreckenflugscheinen oder der Verzicht auf warme Mahlzeiten tendenziell gering oder gar nicht als Verlust bewertet wurden. Auf die Ergebnisse solcher Branchenexperimente und -entwicklungen kann entweder direkt, in der gleichen Branche, oder indirekt mittels Analogieschlüssen aufgebaut werden, wenn es darum geht, den Nutzen von Aktivitäten wertmäßig abzuschätzen. Zusätzlich stehen für genauere Analysen Methoden wie z.B. die Conjointanalyse zur Verfügung, die zur separaten Nutzenermittlung herangezogen werden können.[1]

(4.) Ermittlung der Kostenantriebskräfte
Der nächste Schritt beschäftigt sich mit der Ermittlung der Kostenantriebskräfte (vgl. Bea und Haas (2001)). Diese Kostenantriebskräfte stehen insofern im Fokus des strategischen Kostenmanagements, als dass es mit ihrer Hilfe Kostenstruktur und Kostenhöhe verändern will. Nach Porter (1996) gibt es folgende Kostenantriebskräfte:

- größenbedingte Kostendegressionen und -progressionen (Economies und Diseconomies of Scale),
- Lernvorgänge,
- Struktur der Kapazitätsauslastung,

---

[1] Zur rechnerischen Abschätzung vgl. Kapitel 3 „Value Map".

- Verknüpfungen mit Wertketten von Lieferanten und Abnehmern bzw. Vertriebskanälen,
- Verflechtungen zwischen den Wertketten der eigenen (divisionalisierten) Unternehmung,
- Grad der vertikalen Integration, d.h. Leistungstiefe, und
- Zeitpunkt (Timing) von Strategien, z.B. Marktein- oder -austritt.

Dabei lassen sich die ersten beiden Kostenantriebskräfte vereinfacht den Chancen für die Nutzung von Erfahrungskurveneffekten zuordnen. Angesprochen sind die schon im Unternehmen angelegten oder vorhandenen spezifischen Fähigkeiten. Die nächsten drei Bullet Points beziehen sich dagegen auf das optimale Design einer Wertkette. Hier wird also darauf abgestellt, wie etwaig vorhandene oder zur Perfektion zu entwickelnde Fähigkeiten optimal durch eine adäquate Wertkette genutzt werden können.

Aus der bisherigen Analyse lassen sich folgende Erkenntnisse gewinnen. Zuerst erhalten wir für die einzelnen Aktivitäten einen Überblick über das Verhältnis von Kundennutzen zu Kosten. Daraus resultieren Möglichkeiten der Ermittlung von Wettbewerbsvorteilen, zumal dann, wenn die Analysen der Wertketten auch auf Konkurrenten ausgeweitet werden. Im letzten Schritt erfolgt die Identifikation der Kostenantriebskräfte. Damit bietet diese Teilanalyse Ansatzpunkte für Kostenstruktur- und auch Kostenhöhenveränderungen. Schließlich müssen die einzelnen Ergebnisse nicht nur auf die Einzelwertaktivität bezogen werden, sondern können auch die Verknüpfungen zwischen den Aktivitäten berücksichtigen. Damit lassen sich Wertkettenanpassungen oder -neustrukturierungen vornehmen. Die strategischen Kostenanalysen auf Basis der Wertkette liefern also Hinweise für die anzustrebenden Wettbewerbsvorteile (Kostenvorsprung oder Differenzierung über Qualität), bieten Möglichkeiten für die Verbesserung des Nutzen-Kosten-Verhältnisses der Aktivitäten und helfen bei der Optimierung der Kostenstruktur. Dementsprechend bereiten sie die Optimierung oder Umgestaltung der eigenen Wertkette vor hinsichtlich:

- Anpassung der Organisationsstruktur,
- Wechsel von Vertriebskanälen und Kundendienst, und
- Änderung der Leistungstiefe (Make-or-buy?).

Im Folgenden wird nun ein einfaches Bewertungsschema zur Zusammenfassung dieser Ergebnisse vorgestellt.

4.4.2 Bewertung mittels Wertkettenanalyse

Zwei unterschiedliche Bereiche der strategischen Kostenanalyse werden hier betrachtet: die Analyse existierender Aktivitäten für die Beibehaltung der Wertkette mit dem Ziel der Optimierung und die Planung neuer Aktivitäten (d.h. einer neuen Wertkette). Die nachfolgenden Darstellungen versuchen die grundlegenden Gedanken Porters in einfachster Form zu „formalisieren". Dabei wird auf die Überlegung aufgebaut, dass die Fähigkeiten von Unternehmen wesentliche Einflussfaktoren für die Vorteilhaftigkeit von Wertaktivitäten sind.

4.4.2.1 Analyse existierender Aktivitäten

Die organisatorischen Ressourcen eines Unternehmens beziehen sich auf ein Bündel von Fertigkeiten und Technologien. Dieser Oberbegriff lässt sich in zwei Bereiche zerlegen. Der eine Bereich beinhaltet, was Hamel und Prahalad (1994) allgemein als „Fähigkeiten" bezeichnet haben. Für ein durchschnittliches Unternehmen dürften sich hier Fähigkeiten in der Anzahl von 40 oder mehr anfinden (Hamel und Prahalad (1994)). Demgegenüber gibt es, als Steigerung der Fähigkeiten, die Kernkompetenzen. Hier dürfte es sich bei einem Unternehmen um eine Zahl zwischen fünf und 15 handeln. Unter Kernkompetenzen werden Verbundvorteile verstanden, die sich darauf beziehen, dass eine Unternehmung die Fähigkeit hat, einige Arten von Aktivitäten sehr gut auszuführen. Typischerweise bezieht sich dies auf die Fähigkeit eines Unternehmens, bestimmte Produkte zu designen, herzustellen, zu verkaufen oder in Vertrieb zu bringen. Die Zugehörigkeit von Fähigkeiten zu den Kernkompetenzen hängt nach Hamel und Prahalad davon ab, ob sie (1) Kundennutzen schaffen, (2) eine Konkurrenzdifferenzierung beinhalten sowie (3) skalierbar sind. Für unsere Überlegungen lässt sich also festhalten, dass Unternehmen über organisatorische Fähigkeiten verfügen. In dem Maße, in denen die Fähigkeiten im Vergleich zu anderen Unternehmen vorteilhafter sind, sie mithin den genannten Tests genügen, kann man von Kernkompetenzen sprechen. Gehen wir zuerst davon aus, dass eine bestimmte Wertaktivität beibehalten werden soll. Dann muss ermittelt werden, ob sie günstiger fremdbezogen wird oder ob die Aktivität im Unternehmen selbst weiter durchgeführt werden soll.

Aktivitäten, bei denen über Fremd- oder Eigenbezug entscheiden zu ist, beziehen sich auf die Arbeitsteilung zwischen einem Unternehmen und seinen Lieferanten, Vertriebskanälen und Abnehmern (Porter (1996)). Ein

Unternehmen kann Einzelteile kaufen anstatt sie selbst herzustellen. Anstelle eines eigenen Kundendienstnetzes kann ein fremdes Unternehmen mit der Durchführung des Kundendienstes beauftragt werden. Make-or-buy-Entscheidungen lassen sich gerade hinsichtlich der Vertriebskanäle für Vertriebs- und Marketing-Funktionen eines Unternehmens fällen. Eine strategische Frage ist, ob ein eigener Vertrieb mit den Vorteilen hinsichtlich Kontrolle und Überprüfbarkeit der Aktivitäten vorteilhafter ist als die Nutzung eines fremden Vertriebsnetzes, mit evtl. stärkeren Anreizen und geringeren Kosten. Die solchen Entscheidungen zugrunde liegenden Überlegungen basieren darauf, dass es einen Abnehmernutzen N gibt, der für die einzelnen Wertaktivitäten festgestellt werden muss. Dieser Nutzen lässt sich als Zahlungsbereitschaft der Abnehmer für das, was ihnen ein Unternehmen zur Verfügung stellt, auffassen.[2]

Es fallen nun beim Unternehmen jeweils Kosten K an, die je nach Fremdbezug K_m oder Eigenherstellung K_u differieren.[3] Entschieden wird darüber, ob die Benefits B aus dem durch die Zahlungsbereitschaft repräsentierten Abnehmernutzen die aufzuwendenden Kosten für die Erbringung der Leistung übersteigen oder zumindest ausgleichen. Für die Ermittlung, ob Fremdbezug oder Eigenherstellung günstiger ist, muss ein Vergleich der Benefits vorgenommen werden. So wird zuerst angenommen, dass mit zunehmenden relativen Fähigkeiten f des Unternehmens Vorteile der Marktbeschaffung abnehmen (Porter (1996)):

$$B_m(f) = N_m(f) - K_m(f) \qquad (4.1)$$

mit

$$\frac{dB_m}{df} = \frac{dN_m}{df} - \frac{dK_m}{df} < 0. \qquad (4.2)$$

Dementsprechend wird auch angenommen, dass die Benefits aus der Eigenherstellung mit zunehmenden Fähigkeiten des Unternehmens steigen:

$$B_u(f) = N_u(f) - K_u(f) \qquad (4.3)$$

---

[2]   Damit ist auch die Aufspaltung in Aktivitätsschichten (siehe Abschnitt 4.5) angesprochen, die tendenziell separat verkaufbare Produkte oder Dienstleistungen erstellen können.

[3]   Die Indizes m und u stehen dabei für Marktbezug und unternehmenseigene Herstellung.

mit

$$\frac{dB_u}{df} = \frac{dN_u}{df} - \frac{dK_u}{df} > 0.$$ (4.4)

Die Bewertung, ob fremdbezogen oder eigenerstellt werden soll, erfolgt dann einfach durch Vergleich der Benefits der beiden Beschaffungsarten:

$$B_u(f) - B_m(f) \geq 0.$$ (4.5)

Verbesserte Fähigkeiten lassen sich vereinfacht als eine verbesserte Ausgangslage eines Unternehmens in Bezug auf seine Konkurrenten verstehen. Die Optimierung der Fähigkeiten, die mit der Schaffung von Kundennutzen, der Konkurrenzdifferenzierung sowie der Skalierbarkeit zusammenhängt, lässt sie tendenziell zu Kernkompetenzen werden (Hamel und Prahalad (1994)).

Für Märkte, in denen die Fähigkeiten für die Leistungserstellung nicht sehr ausgeprägt sind, resp. die spezifischen Fähigkeiten eines Unternehmens deutlich hinter denen von spezialisierten Anbietern zurückliegen, ist Fremdbezug günstiger als die Eigenherstellung. Dies dürfte überall dort der Fall sein, wo es etablierte Fremdanbieter gibt, die Economies of Scale aufweisen und ausgeprägte Erfahrungen entwickeln konnten. Klassische Bereiche hierfür sind etwa ein etabliertes Vertriebssystem inkl. Vertriebsnetz und ein bewährter Kundendienst. Mit zunehmender Verbesserung der eigenen Fähigkeiten f wird sich allerdings pro Wertaktivität eine kritische Größe f* ergeben, ab der sich – unter der Voraussetzung, dass die Benefits der Wertaktivität positiv sind – die Eigenherstellung der Leistung aufdrängt. Ein möglicher Verlauf der Gesamtbenefit-Kurven ist Abb. 4-6 zu entnehmen.

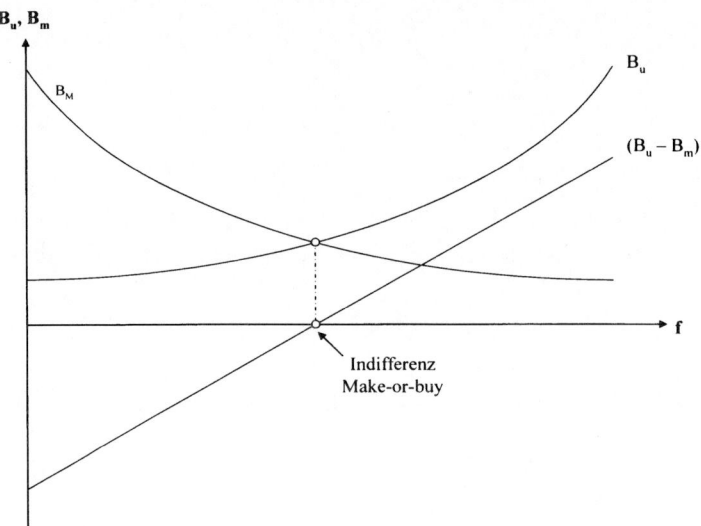

Abb. 4-6: *Benefitvergleich von Fremdbezug und Eigenerstellung*

Die Einflussgrößen, die man benötigt, um diese Kurven zu konstruieren, werden nach den in 4.4.1 beschriebenen Teilanalysen ermittelt. Dabei bildet die Fähigkeit des Unternehmens sowohl die Kosteneinflussmöglichkeiten als auch die aktuellen Entwicklungsmöglichkeiten für seine Wettbewerbsposition ab.[4] Die dargestellte Benefit-Funktion setzt die Lösung der Datenbeschaffungsprobleme voraus. Prinzipiell ist davon auszugehen, dass es sehr schwierig (und teuer) sein dürfte, eine wünschenswerte Datenqualität zu erreichen. Für die Erzielung von Schätzergebnissen, die in einem tolerablen Bereich die Richtung der Make-or-buy-Entscheidung angeben, lassen sich allerdings mit Hilfe unterschiedlichster externer Datenquellen verlässliche Werte ermitteln.[5] Das Anwendungsbeispiel in 4.4.3 illustriert diese Vorgehensweise, unterschiedlichste Datenquellen für die Analyse nutzbar zu machen. Zugleich demonstriert es, dass verlässliche und praktisch handhabbare Ergebnisse so tatsächlich generiert werden können.

---

[4] Vgl. auch Kapitel 3 zur „Value Map". „Fähigkeiten" sind so zu verstehen, dass sie Kundennutzen generieren.

[5] Datenbanken, Benchmarks und Erfahrungswerte aus dem eigenen und von anderen Unternehmen sind hier zu nennen.

4.4.2.2 Planung neuer Aktivitäten

Die Planung neuer Aktivitäten und die Neuausrichtung von Wertketten-strukturen sind logisch von der Analyse solcher bestehenden Aktivitäten zu trennen, die zwar beibehalten werden sollen, aber im Hinblick auf die Vorteilhaftigkeit von Fremdbezug oder Eigenherstellung untersucht werden. Die Fragestellung, ob sich ein Unternehmen in neuen Aktivitäten engagieren sollte, lässt sich am einfachsten an jeweils unterschiedlichen Wertketten für die Herstellung einer gleichen oder zumindest einer vergleichbaren Dienstleistung darstellen. Tabelle 4-1 verdeutlicht dies für zwei verschiedene Konzepte des Angebots von Luftverkehrsdienstleistungen. Grundsätzlich lässt sich die betrachtete Wertkette „Flugdienstleistung" in Einzelaktivitäten vom Flugscheinverkauf über die Flugsteigabfertigung bis hin zum Flugbetrieb und der Gepäckabfertigung darstellen. Wie im Folgenden gezeigt wird, kommen erhebliche Unterschiede der Wertketten zum Tragen.

	Flugschein-verkauf	Flugsteig-abfertigung	Flugbetrieb	Service an Board	Gepäck-abfertigung	Verkaufs-büros
Große Luftverkehrs-gesellschaft	Kompletter Service	Kompletter Service	Kauf neuer Flugzeuge Gewerk-schaftlich organisierte Piloten	Kompletter Service	Kostenlose Gepäckauf-nahme	Verkaufs-büros in den Stadtzentren
Billigflug-linie	Kein Flugschein-verkauf am Flughafen Kartenver-kauf an Bord Keine Teilstrecken-flugscheine Wenig Tarif-alternativen	Zweitrangige Flughäfen Platzzuwei-sung in der Reihenfolge der Ankunft Kein Flugschein-verkauf am Flugsteig	Gebrauchte Flugzeuge Sehr dichte Sitzordnung Keine gewerk-schaftlich organisierten Piloten Kleinere Be-satzungen	Keine gewerk-schaftlich organisierte Flugbeglei-tung Nur Imbiss oder keine Mahlzeiten Berechnung der Ver-pflegung	Raum für Handgepäck vorgesehen Berechnung für Gepäck-aufgabe Kein Teil-strecken-gepäck	Keine

Tabelle 4-1: *Alternative Wertketten von Luftverkehrsgesellschaften*
Quelle: in Anlehnung an Porter (1996).

Die Transportdienstleistung Passagierflug von A nach B lässt sich entweder von einem etablierten Carrier mit etablierter Wertkette erbringen, oder auch von einer konkurrierenden Billig-Airline. Die Strukturen der Wertketten der Gesellschaften finden sich in der obigen Tabelle. Die unmittelbaren Veränderungen der Wertkette lassen sich dort festmachen, wo die Billig-Airline darauf verzichtet, bestimmte Wertaktivitäten von etablierten Fluggesellschaften überhaupt durchzuführen. Z.B. entfallen bei Billig-Airlines:

- Verkaufsbüros,
- Flugscheinverkauf am Flugsteig,
- Teilflugscheine für Teilstrecken, und
- z.T. die Benutzung von City-Flughäfen sowie die kostenlose Abgabe von Mahlzeiten und Getränken.

Desgleichen könnte auf eine Platzreservierung oder auf die Qualitäts- und Preisdifferenzierung innerhalb des Flugzeuges nach unterschiedlichen Sitzen (Sitzreihen) verzichtet werden. Für die Analyse der Vorteilhaftigkeit einer bestimmten Wertkette ist zunächst festzuhalten, dass der Vergleich zwischen Billig-Airline und etablierter Fluggesellschaft eine Vereinfachung der Wertkettenbetrachtung darstellt. Es lassen sich für beliebige Airlines beider Gruppen natürlich sehr viele, unterschiedliche Verfeinerungen und Veränderungen der Wertkette ausmachen. Zudem sind die einzelnen Wertaktivitäten, deren Benefits sich ermitteln lassen (siehe auch 4.4.2.1), im Hinblick auf ihre Verknüpfung zu vergleichen. Für die Neustrukturierung einer Wertkette müssen die Benefits, also die schon erwähnte Differenz zwischen Abnehmernutzen und aufzuwendenden Kosten, positiv sein. Es muss also erstens gelten:

$$B_i = \sum(N_i - K_i) > 0. \tag{4.6}$$

Zum Zweiten müssen die Verbindungen (Verknüpfungen) zwischen den Wertaktivitäten betrachtet werden:

$$B_i = \sum(N_i(N_j) - K_i(K_j)) > 0. \tag{4.7}$$

Es kann also durchaus sein, dass eine spezielle Wertaktivität für sich genommen keine positiven Benefits aufweist – der Verzicht auf Platzreservierung dürfte z.B. durchaus manchen Kunden abschrecken –, aber eingebettet in eine neue Wertkette zu einer insgesamt optimalen Lösung beiträgt. Denn dieser Verzicht bei einer Aktivität kann gravierende Vorteile einer Billig-Airline bei anderen Wertaktivitäten induzieren.[6] So lassen sich im Gefolge des genannten Verzichtes Aufwendungen für teure Reservierungssysteme erheblich senken, ebenso wie der Personalaufwand für Mitarbeiter, die bei etablierten Airlines mit der Planung, Erstellung und Überwachung dieser Dienstleistung betraut sind. Dementsprechend muss also die Verknüpfung erfasst werden, die in der Modifikation von Gl. (4.6) in Gl. (4.7) möglich ist. Schließlich müssen alle denkbaren Wertaktivitäten in ihrer Verknüpfung, sprich die Benefits aller möglichen Wertketten, miteinander verglichen werden, so dass die optimale Aktivität ermittelt werden kann. Dazu ist ein Benefitvergleich für alle relevanten Wertketten zu erstellen (Gl. (4.8)). Diese generische Ermittlung der Vorteile lässt sich natürlich im Hinblick auf reale Wertaktivitäten sowie realistisch vorstellbare Wertketten auf eine überschaubare Anzahl von Varianten verringern und beschränken. Dabei muss die Wertkette ermittelt werden, die insgesamt die größten Benefits aufweist:

$$MaxB_i = Max \sum (N_i - K_i).$$ (4.8)

Das Beispiel alternativer Wertketten für Airlines erläutert den Gedanken: Beide Typen von Fluggesellschaften bieten den Personentransport von A nach B an. Aus Sicht einer neuen Airline kann es dann, wenn sie ihre eigenen Fähigkeiten überprüft hat, zur Maximierung von Benefits am günstigsten sein, die Billigvariante zu wählen – also die Benefits B_i maximierende Wertkette.

Ein Beispiel für eine praktisch sowohl handhabbare als auch relevante Wertkettenanalyse wird nachfolgend auf Grundlage der Arbeit von Shank und Govindarajan (1992) gegeben.

4.4.3 Anwendungsfall: Wertkettenanalyse in der Papierbranche

Jede empirische Anwendung des Wertkettenkonzeptes versucht, folgende Frage zu beantworten: Wo können von einem Unternehmen in Segmenten der Wertkette Kundennutzen erhöht und/oder Kosten eingespart werden? Diese Frage enthält zwei Detailfragen, die bereits im letzten Abschnitt behandelt wurden:

---

[6] Hier ist z.B. auch an den Wegfall von Gemeinkosten zu denken.

- Die Analyse existierender Aktivitäten: Was kann hier verbessert werden? Und:
- Die Planung oder zumindest vorbereitende Prüfung neuer Aktivitäten: Ist es lohnend, neue Wertaktivitäten aufzunehmen (oder alte aus der Aktivitätenliste zu streichen)?

Eine empirische Analyse, die beide Fragen beantwortet, haben Shank und Govindarajan (1992) in der Papierindustrie vorgenommen. Ihre Analyse erfolgte in fünf Schritten:

1. Skizze der Wertkette in der Papierindustrie von der Forstwirtschaft bis zum Endkunden,
2. Identifizierung der Wertkettensegmente, für die Märkte, also Unternehmen mit unterschiedlicher Fertigungstiefe, existieren (dabei: Ermittlung von Marktpreisen und Kalkulation),
3. Ermittlung der Kosten und Gewinne pro Wertkettensegment (und damit: De-Konstruktion),
4. Anwendung auf ein Unternehmen mit spezifischer Fertigungstiefe (inkl. Ermittlung von Markt- und Transferpreisen, Rekonfiguration der Wertkette und Konkurrenzanalyse),
5. Vergleich der Ergebnisse mit einer Investitionsrechnung.

Erster Schritt
Abb. 4-7 zeigt einen Überblick über die Wertkette in der Papierindustrie. Die gezeigte Aufteilung folgt einer einfachen Logik, die den Vorteil hat, empirisch leicht überprüfbar zu sein: Sie identifiziert die unterschiedlichen Wertkettenaktivitäten mit unterschiedlichen Unternehmen, die in dieser Industrie aktiv sind.[7] Dabei besteht der Vorteil darin, dass die betrachteten Unternehmen unterschiedliche Fertigungstiefen haben. Für das Unternehmen D, das nur im Bereich der Papierherstellung tätig ist, sind also alle Unternehmen potenzielle Konkurrenten, die entweder ausschließlich im selben Segment aktiv sind oder die im Rahmen ihrer Fertigungstiefe auch diesen Teil der Wertkette bestreiten. Dabei kann jeder Bereich der Wertkette im Rahmen der Vorwärts- oder Rückwärtsintegration von Unternehmensaktivitäten gefüllt werden. In unserem Beispiel sind also für das Unternehmen D die Konkurrenten A, C und G relevant.

---

[7] Weitere Verfeinerungen, z.B. für einzelne Aktivitäten innerhalb von Unternehmen, sind denkbar.

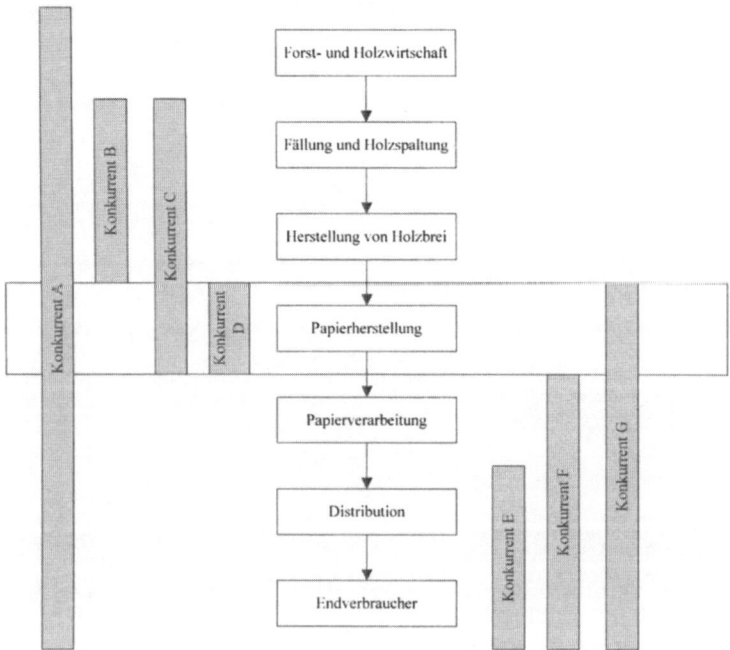

Abb. 4-7: *Wertkette in der Papierindustrie*
Quelle: in Anlehnung an Shank und Govindarajan (1992).

Zweiter Schritt
Hier wird die Identifizierung der Wertkettensegmente weiter konkretisiert, wobei als Abgrenzungskriterium Marktpreise genutzt werden. Marktpreise haben den Vorteil der Beschaffbarkeit und Überprüfbarkeit auch für externe Betrachter. Dabei kann es sich bei den Externen um Branchenfremde handeln oder um Analysten (Controller, strategische Planer) von Unternehmen, die in der Wertkette tätig sind. Ein weiterer Vorteil der Marktpreisabgrenzung ist, dass die gewonnenen Informationen in anderer Perspektive jeweils als Vorleistungskosten in die Analysen von Unternehmen auf der nächsten Stufe der Wertaktivität eingehen. Dabei können die Marktpreise für Unternehmen, die über mehrere Wertaktivitäten innerhalb der Wertkette aktiv sind, als Opportunitätskosten für die Entscheidung Fremdbezug oder Eigenherstellung (siehe 4.4.2.1) aufgefasst werden.

	Commodity-Segment		Abgegrenztes Segment	
Supermarkt				
Verkaufspreis ggü. Kunden	16.704 $		27.216 $	
- Einkaufspreis des Supermarktes	- 14.976 $		- 20.448 $	
= Handelsspanne	1.728 $		6.768 $	Teil der
		Anbindung an die Wertkette		Wertkette außerhalb
Großhändler für Konsumgüter				von
Verkaufspreis ggü. Supermarkt	14.976 $		20.448 $	Northam
- Großhandelskosten	- 12.528 $		- 15.984 $	
- Kosten für Kartons	- 1.152 $		- 1.008 $	
= Gewinn des Großhändlers	1.296 $		3.456 $	
		Anbindung an die Wertkette		
Karton Hersteller (14.400 Kartons pro Tonne)				
Verkaufspreis ggü. Großhändler	1.152 $		1.008 $	
- Transport zum Großhändler	- 10 $		- 10 $	
- Herstellungskosten	- 234 $		- 234 $	
- Einkaufspreis des Herstellers	- 640 $		- 640 $	
= Gewinn des Herstellers	268 $		124 $	
		Anbindung an die Wertkette		
Druckpressewerk				
Preis ggü. Hersteller	640 $		640 $	
- Transport zum Hersteller	- 35 $		- 35 $	Northams
- Kosten der Druckpresse	- 91 $		- 91 $	Teil der
- Einkaufspreis	- 486 $		- 486 $	Wertkette
= Gewinn des Werks	28 $		28 $	
		Anbindung an die Wertkette		
Pappenfabrik				
Verkaufspreis ggü. Druckpressewerk	486 $		486 $	
- Transport zur Druckpresse	- 3 $		- 3 $	
- Produktionskosten	- 105 $		- 105 $	
- Kosten für Papierbrei	- 319 $		- 319 $	
= Gewinn der Fabrik	59 $		59 $	

Tabelle 4-2: *Wertkette in der Papierindustrie: Kosten und Preise je Tonne Papier*
Quelle: Shank und Govindarajan (1992).

Im Zentrum der Analyse steht das Unternehmen Northam, das beschichtete Papierpappe produziert. Es ist in zwei Marktsegmenten aktiv: einfaches Papier (Commodity-Segment) und Qualitätspapier. Im ersten Segment werden 300 Kunden beliefert, im zweiten dagegen nur sechs. Die Marktwachstumsrate im zweiten Segment beträgt derzeit 10% p.a., im ersten machte sie p.a. -3% für die letzten fünf Jahre aus. Es wird deutlich, dass die in Abb. 4-7 noch in einfacher Form gegebene Aufgliederung der Wertkette mit Hilfe von Marktpreisen weiter präzisiert werden kann (siehe Tabelle 4-2). Für die zwei Segmente, das Segment einfachen Papiers und das von Qualitätspapier, werden jeweils ausgehend vom Endkunden die (Brutto-)Gewinne pro Wertaktivität abgeschätzt.

Diese Datenanalyse bringt allerdings Probleme mit sich. Zu denken wäre an Schwierigkeiten der Beschaffung von Daten zu Rabatten, an die Berücksichtigung von Preisänderungen sowie an die Varianz von Kosten und Preisen über die gesamten Aktivitäten hinweg. Dennoch muss hier betont werden, dass allein die Orientierung an den verfügbaren Daten eine valide Analysegrundlage ermöglicht, wenn man die Unschärfen des gesamten

Verfahrens und dessen Zweck, die Fundierung einer Richtungsaussage, berücksichtigt. Zusätzlich ist zu beachten, dass jedes Unternehmen nach Abschluss einer solchen Durchschnittsbetrachtung Verfeinerungen durchführen kann, indem es z.b. noch einmal Zu- und Abschläge je nach eigenen Fähigkeiten vornimmt.

Dritter Schritt
Shank und Govindarajan subtrahieren ausgehend von Endkundenpreisen die Papiereinstandspreise für den Supermarkt. Auf den nachgelagerten Stufen der Wertaktivität wird dieses Vorgehen wiederholt: Vom Abgabepreis an die nächste Wertkette werden Produktions- resp. Herstellkosten, Vorleistungskosten sowie angefallene Transportkosten abgezogen. Daraus lassen sich für die einzelnen Wertaktivitäten Bruttogewinne ermitteln. Zur Herstellung vergleichbarer Gewinndaten, also um Anhaltspunkte für die Kapitalverzinsung zu erhalten, werden dann im nächsten Schritt für die einzelnen Aktivitätsstufen Wiederbeschaffungswerte der Aktiva ermittelt, die jeweils auf eine Tonne Papier bezogen sind. Dabei wird die Annahme getroffen, dass die Aktiva im Bereich hoher Kapazitätsauslastung genutzt werden. Die Wiederbeschaffungswerte finden sich in Tabelle 4-3.

Wertschöpfungsstufe	Aktivawerte
Pappenfabrik	$ 2.800
Druckpressewerk	$ 190
Karton-Hersteller	$ 830
Großhändler	$ 5.400
(Commodity-Segment)	
Spezialhändler	$ 2.890
(Abgegrenztes Segment)	
Supermarkt	$ 1.800

Tabelle 4-3: *Wiederbeschaffungswerte der Aktiva im Bezug auf eine Tonne Papier* Quelle: Shank und Govindarajan (1992).

Damit ist die Datengrundlage geschaffen, um auf jeder Wertschöpfungsstufe einen auf die Aktiva bezogenen Return-On-Assets (ROA) zu ermitteln. Der Gewinn nach Segment und Wertaktivität wird in Tabelle 4-4 nochmals zusammengefasst. Dabei erhält die von uns betrachtete Firma Northam für das Segment des einfachen Papiers einen Anteil am Gesamtgewinn von 10,5%, für das Premiumpapier-Segment einen Anteil von 2%.

	Commodity-Segment			Abgegrenztes Segment		
	Gewinn	Kapital	ROA	Gewinn	Kapital	ROA
Supermarkt	1.728 $	1.800 $	96%	6.768 $	1.800 $	376%
Großhändler	1.296 $	5.400 $	24%	3.456 $	2.890 $	120%
Hersteller	268 $	830 $	32%	124 $	830 $	15%
Druckpresse	28 $	190 $	15%	28 $	190 $	15%
Fabrik	59 $	2.800 $	2%	59 $	2.800 $	2%
Gesamt	3.379 $	11.020 $	31%	10.435 $	8.510 $	123%
davon Northam	10,5%	-	-	2,0%	-	-

Tabelle 4-4: *Return on Assets je Tonne Papier*
Quelle: Shank und Govindarajan (1992).

Nun werden im nächsten Schritt die Bruttogewinne auf die Wiederbeschaffungskosten bezogen. Dementsprechend sind die Angaben aus Tabelle 4-4 durch die Wiederbeschaffungskosten aus Tabelle 4-3 zu dividieren.
Die Zusammenfassung der Ergebnisse aus Perspektive der Wertkettenanalyse zeigt Tabelle 4-5. Für die beiden betrachteten Marktsegmente werden
jeweils die Bruttogewinne, die Verteilung der Aktiva nach Wiederbeschaf-
fungswerten sowie die zugehörigen ROAs angegeben. Mit einer Ausnahme steigen die ROAs mit zunehmender Kundennähe an. Allerdings nehmen auch die Wiederbeschaffungswerte der Aktiva mit zunehmender Kundennähe zu. Diese Entwicklung signalisiert, dass eine potenziell vorteilhafte Investitionsaktivität – durch zunehmende Gewinne – erhöhte Kapitalbe-
träge zur Durchführung weiterer Investitionen bedeutet. Damit ist in die
Prüfung, ob es sich lohnt, zusätzliche gewinnbringende Wertaktivitäten
aufzunehmen, auch die Frage zusätzlicher Investitionsrisiken einzubeziehen.

Commodity-Segment % der Gesamtsumme				Abgegrenztes Segment % der Gesamtsumme		
Gewinn	Kapital	ROA		Gewinn	Kapital	ROA
59 $	25%	2%	Fabrik	59 $	33%	2%
28 $	2%	15%	Druckpresse	28 $	2%	15%
268 $	8%	32%	Hersteller	124 $	10%	15%
1.296 $	49%	24%	Großhändler	3.456 $	34%	120%
1.728 $	16%	96%	Supermarkt	6.768 $	21%	376%
3.379 $	100%			10.435 $	100%	

Tabelle 4-5: *Eine Wertkettenperspektive der Profitsituation für Northam*
Quelle: in Anlehnung an Shank und Govindarajan (1992).

Vierter und fünfter Schritt
Der Abschluss des dritten Schrittes liefert die Grundlagen für die Beantwortung der beiden Fragen zur Optimierung bzw. Veränderung der Wertkette, die eingangs des Kapitels formuliert wurden. Diese speziellen Fragen, die die Wertkettenanalyse beantworten soll, lauten:

- Sollen zusätzliche Investitionen im Segment des Premiumpapiers vorgenommen werden, weil hier die Gewinnmöglichkeiten sehr hoch sind? Und:
- Soll eine Ausweitung der Wertaktivitäten in Segmente erfolgen, die endkundennäher sind als die bisher von Northam bestrittenen?

Die Ergebnisse der Wertkettenanalyse lassen sich noch besser verstehen, wenn eine Discounted Cashflow (DCF) Analyse zur Investition in das differenzierte Segment vorgeschaltet wird (Beantwortung der ersten Frage). Eine solche Analyse ist in Tabelle 4-6 dargestellt. Auf Basis der Prognosen aus der Marktforschung sowie Kostenabschätzung ergibt sich eine interne Verzinsung von 13% nach Steuern. Damit ist das Projekt vorteilhaft und wäre zu wählen. Wie nun gezeigt wird, kann dieses Ergebnis mithilfe der Wertkettenanalyse spezifiziert und relativiert werden.

Notwendige Anfangsinvestitionen zum Zeitpunkt 0:

Vorprodukte	$	43.000.000
Dritte Druckpresse	$	17.000.000
Tiefdruckanlage	$	1.500.000
Gesamt	$	61.500.000

Jährliche Cashflows: Pro Tonne

Erträge (unter der Annahme einer 10%igen Preiserhöhung aufgrund einer besseren Qualitätssicherung)	$	1.109
Kosten	$	-797
Zusätzliche Druckkosten wegen des Tiefdrucks	$	-10
Gewinn pro Tonne	$	302

Gesamtmarkt (abgegrenztes Segment) in Tonnen	400.000
Erwartetes Marktwachstum	14%
Zusätzliches Volumen im folgenden Jahr (400.000*14%)	56.000
Unter der Annahme, 50% des Zusatzvolumens abschöpfen zu können	28.000
Zuzüglich eines 5%igen Anstiegs des eigenen Marktanteils im bestehenden Markt (400.000*5%)	20.000
Zusätzliches Volumen in Tonnen	48.000

Jährlicher Bargewinn (48.000*302$)	$	14.500.000
Gewinn nach Steuern (40%ige Steuerbelastung)	$	8.700.000
Zuzüglich durch Abschreibung eingesparte Steuern (lineare 10jährige Abschreibung) 6.150.000$*40%	$	2.460.000
Gesamte jährliche Cashflows	$	11.160.000
Zeithorizont des Projekts in Jahren		10
Liquidationserlös der Presse und Ausstattung nach 10 Jahren (nach Steuern)	$	3.000.000

Die Inflation ist in den Cashflows nicht berücksichtigt.
Innerbetriebliche Kapitalverzinsung = ca. 13% (nach Steuern, "reale" Rendite)

Tabelle 4-6: *Analyse des Investments auf Basis einer Investitionsrechnung*
Quelle: in Anlehnung an Shank und Govindarajan (1992).

So lässt sich aus Tabelle 4-4 entnehmen, dass der Gesamtgewinn der Wertkette einfaches Papier 3.379$ pro Tonne beträgt, wovon Northam einen Gewinnanteil von 10,5% auf sich vereinen kann. Dem gegenüber ist der Gesamtgewinn in der Wertkette differenziertes Produkt mit 10.435$ pro Tonne deutlich höher, der Gewinnanteil von Northam beträgt dabei nur 2%. Allerdings korrespondiert mit dem deutlich höheren Gesamtgewinn in der Wertkette 2 auch eine stärkere Gewinnkonzentration: So ist nur auf der Wertkettenaktivität Großhändler im Qualitätssegment eine annähernde

Übereinstimmung zwischen anteiligen Aktiva (34% in Tabelle 4-5)[8] und dem Anteil des Wertaktivitätengewinns am Gesamtgewinn (33%) gegeben. Die Wertaktivität Vertrieb (hier: Supermarkt) kann bei einem Aktivaanteil von 21% knapp 65% des Gesamtgewinns auf sich vereinen. Dagegen kann die Aktivität Hersteller bei einem Aktivaanteil von knapp 10% nur einen Gesamtgewinnanteil von 1,2% realisieren.

Aus den vorliegenden Daten lässt sich ohne weitere Analysen ablesen, dass die Versuche, im Segment 2 zusätzliche Wertaktivitäten zu stärken, um den Gewinnanteil auszubauen, auf Widerstand von hochkonzentrierten (und hochprofitablen) Kunden stoßen würden. Schon eingangs wurde erwähnt, dass Northam im Commodity-Segment 300, im Qualitätssegment aber nur sechs Kunden beliefert. Zusätzlich wird aus der Analyse deutlich, dass die Vorteile bei den Wertaktivitäten, in denen Northam tätig ist, beim Segment einfaches Papier liegen, da der Gewinnanteil von Northam hier absolut und relativ deutlich höher liegt als im Premium-Segment. Die Einzelbetrachtung für letzteres zeigt, dass Northam hier Wert vernichtet – bei ROAs, die zwischen 2% und 15% liegen (Tabelle 4-5).

Welche Chancen gäbe es dann für die Investition in Qualitätsproduktion, um eine bessere Positionierung in der Wertkette zu erreichen? Bezüglich der in den vorgängigen Kapiteln (insbesondere 4.4.2.1 und 4.4.2.2) ermittelten Benefits, d.h. der Zahlungsbereitschaft der Abnehmer abzüglich der Kosten, ist darauf hinzuweisen, dass der Marktpreis, der für das Premiumpapier von den Großhändlern gezahlt wird, nur wenig höher (0,08$) ist als der für das einfache Papier (0,07$; Shank und Govindarajan (1992)). Dabei sind die Kosten für die Produktion des Premiumpapiers deutlich höher als die für das einfache Papier. Dies liegt am aufwändigeren Herstellungsverfahren im Premium-Segment, das wegen der höheren Glättung bei diesem Papier langsamere Durchläufe als beim einfachen Papier verlangt, mithin nur geringere Produktionsmengen ermöglicht. Daher ist der ROA im Bereich einfaches Papier bei Northam deutlich höher als der für das Premiumpapier (vgl. Tabelle 4-5, 32% vs. 15%). Aus Sicht der Wertkettenanalyse würde also die Frage nach der Vorteilhaftigkeit der Investition in das Premiumpapier-Segment klar mit „Nein" beantwortet werden. Dies ist darauf zurück zu führen, dass hier – im Gegensatz zu der vorgeschalteten DCF-Analyse – segmentbezogen Konkurrenzbeziehungen und Kundenreaktionen in die Überlegungen einfließen können. Die Wertkettenanalyse gibt im vorliegenden Beispiel klare Hinweise darauf, dass die bisherigen Investitionen für den Bereich des einfachen Papiers ausrei-

---

[8] 2.890/8.510 = 34%.

chend waren. Allerdings ließe sich noch an einer Verbesserung der Kostenposition arbeiten, so dass kleinere Investitionen durchaus sinnvoll sein könnten. Eine Ausweitung der Analyse auf Bereiche mit geringen ROAs erscheint hier sinnvoll.

Die zweite Detailfrage lautet: Sollen die Wertaktivitäten insgesamt ausgeweitet werden? Dies lässt sich mit den vorhandenen Daten nicht umstandslos beantworten. Es wurde schon darauf hingewiesen, dass die Profitabilität der Aktivitäten mit zunehmender Kundennähe steigt. Für den Bereich der Premiumpapiere ist allerdings von einer starken Konzentration der Kunden auszugehen, was die Verschiebung des Gewinnanteils von der Produktion zum Vertrieb innerhalb der Wertkette erklärt. Einen ersten Hinweis, welche Wertaktivitäten zusätzlich von Northam aufgenommen werden sollten, liefern die in 4.4.2.2 aufgezeigten Analysen eigener Fähigkeiten. Für alle Aktivitäten, in denen Northam glaubt, über konkurrenzfähige oder überlegene Fähigkeiten zu verfügen, wären zusätzliche Untersuchungen sinnvoll. Liegen allerdings keine Erfahrungen in den genannten Bereichen der anderen Wertaktivitäten vor – sind mithin keine Fähigkeiten ausgebildet, die eine Grundlage für solche neuen Aktivitäten bilden könnten –, so müsste Northam diese Fähigkeiten für eine Ausweitung der Wertaktivitäten teuer am Markt beschaffen.

Im betrachteten Markt hat sich gezeigt, dass die Verteilung von Gewinnen nicht mit der Verteilung der Wiederbeschaffungswerte über die Wertkette parallel läuft. Bei einer parallelen Verteilung könnte cum grano salis auf einen funktionierenden Markt geschlossen werden, der auch „Newcomern" Chancen auf einen Markteintritt eröffnet. Ausgehend von der tatsächlich aber anderen Verteilung der Gewinne muss angenommen werden, dass die zu beobachtende Konzentration auch zusätzliche Renten für diejenigen Unternehmen bedeutet, die in der Wertkette kundennah positioniert sind.[9] Dies bedeutet wiederum, dass gegenüber den vorgelagerten Unternehmen eine stark konzentrierte Abnehmermacht ausgeübt werden kann (siehe Verknüpfungen in der Wertkette und Porters Five Forces). Dementsprechend würde es also c.p. für das Unternehmen Northam sehr hohe Kosten – verglichen mit den Gewinnmöglichkeiten im Markt – bedeuten, sich die benötigten Fähigkeiten für den Markteintritt zu beschaffen. Eine erste (und vorläufige) Überlegung unter Rückgriff auf die Wertkettenanalyse führt auch hier für Northam zum Schluss: Verzicht auf die Aufnahme

---

[9] Weitere Analysen der Gewinnkonzentration müssten mit Hilfe von Porters Five
     Forces anhand zusätzlicher Daten durchgeführt werden.

weiterer Wertaktivitäten, mithin keine Durchführung von vorwärts oder rückwärts gerichteten Integrationsaktivitäten.

Der Unterschied zwischen diesem Ergebnis und einer herkömmlichen Investitionsrechnung (siehe Tabelle 4-6) lässt sich wie folgt erklären: Die Mängel der normalen Investitionsrechnung sind sowohl die Nichtberücksichtigung der Verzahnung der Wertaktivitäten als auch die Vernachlässigung benötigter Fähigkeiten durch die Unternehmen; damit tendiert die herkömmliche Investitionsrechnung c.p. zu einer generellen Überschätzung von Markteintrittschancen. Weitere Analysen hierzu sollten deshalb nur dann angestellt werden, wenn Northam schon über einige der für die Ausweitung der Wertaktivitäten benötigten Fähigkeiten verfügte. Als Zwischenergebnis lässt sich zusammenfassen, dass die Wertkettenanalyse ein hilfreiches Werkzeug sowohl für die Analyse existierender als auch für die Planung neuer Wertaktivitäten ist. Dies gilt wegen ihrer:

- Identifizierung unterschiedlicher Kostentreiber (verglichen mit der Konzentration auf die Outputmenge in der klassischen Kostenrechnung),
- Betonung der Verzahnung der Wertaktivitäten in einer Wertkette und damit
- Analyse unterschiedlicher Wertkettenkonfigurationen.

4.5 BCG-Konzept der De-Konstruktion

Für das strategische Kostenmanagement ist die Wertkettenanalyse mittlerweile wichtiger als zu der Zeit, als sie in den 1980er Jahren von Porter entwickelt und fixiert wurde. Dies liegt zum Ersten daran, dass etablierte Organisationsstrukturen mit quasi marktüblichen Fertigungstiefen und einheitlichen Wertketten durch Marktliberalisierungen aufgebrochen und geändert wurden. Man denke nur an den Übergang von vertikal integrierten Energieversorgern oder Telekommunikationsunternehmen zu spezialisierten Anbietern. Dabei hat auch die Verfügbarkeit von Kapital für neue Unternehmensmodelle (z.B. für Reseller im Telekommunikations-Markt) eine große Rolle gespielt. Zum Zweiten ist hierbei anzuführen, dass eben diese Veränderungen eine große Zahl von *erfolgreich durchführbaren* Wertketten und einzelnen Wertaktivitäten mit sich gebracht haben, die wiederum Daten und Anschauungsmaterial für weitere neue Wertketten liefern. Und schließlich ist mit der Weiterentwicklung der Datenübertragung und der Möglichkeit, E-Business zu betreiben, eine zusätzliche infrastrukturelle

Grundlage für alternative Wertketten geschaffen worden. Dementsprechend lassen sich die Porterschen Überlegungen aktuell mit vielen Daten zur empirischen Analyse von Wertketten verfeinern und für die aktive Gestaltung neuer Wertketten nutzen.

Eine solche Weiterentwicklung des Porterschen Ansatzes ist das Konzept der De-Konstruktion, das von der Boston Consulting Group (BCG) in den 1990er Jahren entwickelt und verfeinert wurde. Es nutzt die Logik der Wertkettenanalyse, um neue Möglichkeiten, die sich aus der Auflösung vertikal integrierter Wertschöpfungsketten in Einzelgeschäfte oder „Geschäftsschichten" ergeben, für die strategische Planung zu nutzen. Grundsätzlich ist es nach dieser Logik möglich, jedes Wertkettenelement oder jede Wertaktivität, für die es einen Markt gibt, als separates Geschäft zu betreiben. Wie schon in der „alten" Wertkettenanalyse geht es bei der De-Konstruktion nicht nur um die Optimierung einer bestimmten Wertkette, sondern auch um das kreative neue Zusammenfügen von Elementen über Wertketten hinweg. Damit bedeutet De-Konstruktion nicht einfach Destruktion, sondern vielmehr auch Konstruktion neuer Geschäftsmodelle.

4.5.1 Gründe für die De-Konstruktion von Wertketten

Welches nun sind nach BCG die Gründe für die Chance einer De-Konstruktion von Wertketten? Als Hauptgründe werden neben den eingangs dieses Kapitels erwähnten Gründen vor allem folgende betrachtet: Mit sinkenden Handelsbarrieren erhalten immer mehr Marktakteure freien Zugang zu (globalen) Ressourcen, moderne Fertigungstechnologien ermöglichen weltweit vergleichbare Qualitäten. Die Informationsrevolution schafft Möglichkeiten der De-Konstruktion, weil sich die Kosten der Informationsbeschaffung, die vormals die Wertkette zusammengehalten haben, stark verringert haben.

Welche Konsequenzen resultieren nun aus den skizzierten Veränderungen? Die Verbesserung des Technologie- und Kapitalzugangs für viele Marktakteure bringt mit sich, dass jeder einzelne Schritt bei Wertketten, d.h. jede Wertaktivität, tendenziell rentabel sein muss (vgl. Heuskel (1999)). Andernfalls könnten spezialisierte Anbieter („Layer Players") das vertikal integrierte Unternehmen erfolgreich angreifen, indem es ihnen gelingt, eine Wertaktivität kostengünstiger auszuführen. Damit geht einher, dass die Durchschnittsbildung über die Benefits von Wertaktivitäten (Preis minus zugehörige Kosten) unter Druck der Konkurrenz gerät. Dies ist gleichbedeutend mit der Beendigung der Quersubventionierung von bestimmten Wertaktivitäten durch andere (genauer wird dieser Zusammenhang mit den Auswirkungen für die kostenrechnerische Behandlung im Anhang „Kostendeckung und Quersubventionierung" erläutert). Eine weitere Folge aus einer Erhöhung der Rentabilitätsanforderung an jede Aktivität ist das Verschwimmen der Grenzen von Geschäften, Unternehmen und Branchen. Dort, wo sich Unternehmen mit tradierten Organisationsformen, tradierten Fertigungstiefen und bekannten Geschäftsprozessen über sehr lange Zeiträume etabliert haben, gibt es heute Newcomer; diese sind bereit, Wertketten zu de-konstruieren, um neue Geschäftsmodelle zu etablieren. Damit geht einher, dass die etablierten Unternehmen (d.h. die etablierten Geschäftsmodelle der vertikalen Integration) unter Druck geraten. Überall dort, wo sie Quersubventionierung betreiben, d.h. nicht profitable Wertaktivitäten durch profitable Aktivitäten finanzieren lassen, sind diese alten Modelle ineffizient und erlahmen auch hinsichtlich ihrer Anreize für profitable Aktivitäten. Dieser Zusammenhang macht die etablierten Geschäftsmodelle angreifbar. Damit einher geht auch die schwindende Relevanz von Eigentum an Wertkettenelementen. In dem Maße, in dem etablierte Kapital- und Technologiemärkte neuen Akteuren Aktiva zur produktiven Nutzung überlassen (Leasing), lässt sich der Kampf mit den etablierten Unternehmen aufnehmen.

Desgleichen wandelt sich in dem Umfang, mit dem die Profitabilität aller Wertaktivitäten auf den Prüfstand gestellt wird, die Attraktivität bisher mächtiger Zugangsbarrieren und Aktiva. Vormals wichtige Aktiva, wie etwa eine Druckerpresse oder ein engagierter Außendienst, könnten heute zur teuren Belastung werden, wenn diese Aktiva auch einem Newcomer gegen marktübliche und damit möglicherweise geringere Nutzungsgebühr verfügbar sind. Daraus resultiert, dass die Verhandlungsmacht von etablierten Unternehmen tendenziell abnimmt. Unter bestimmten Umständen wird damit auch die Trennung von Kernkompetenzen notwendig, wenn nämlich diese in einer neuen Situation und in einem bisher etablierten Geschäftsmodell nicht mehr profitabel angewandt werden können.

4.5.2 Konzept der De-Konstruktion

Das Konzept der De-Konstruktion soll am klassischen Bankgeschäft erläutert werden. Wie aus Abb. 4-8 ersichtlich, ist das klassische Bankgeschäft ein Idealtypus eines vertikal integrierten Unternehmens. Innerhalb der gesamten Wertkette werden alle Aktivitäten von der Produktidee über die

Produktgenerierung und die Entwicklung der Marktreife bis hin zum Verkauf, zur Bewerbung und zur Verwaltung innerhalb einer Unternehmung erbracht bzw. abgewickelt.

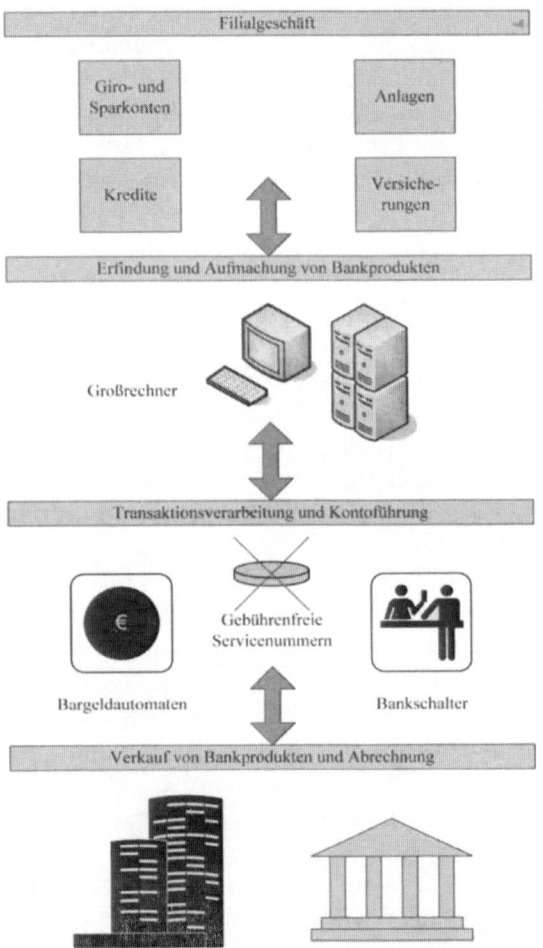

Abb. 4-8: *Das klassische Bankgeschäft*
Quelle: in Anlehnung an Evans und Wurster (2003).

In Abb. 4-9 wird das klassische Bankmodell de-konstruiert. Wie zu sehen ist, kommen zusätzlich zu den bisherigen Elementen auch neue Elemente hinzu. Dieses Modell nun lässt sich de-konstruieren, weil davon ausgegangen wird, dass alle bisherigen Elemente weiterhin existieren.

Oder um es mit einem berühmten Ausspruch von Bill Gates zu sagen:
„Banks are dinosaurs... We can bypass them."[10]

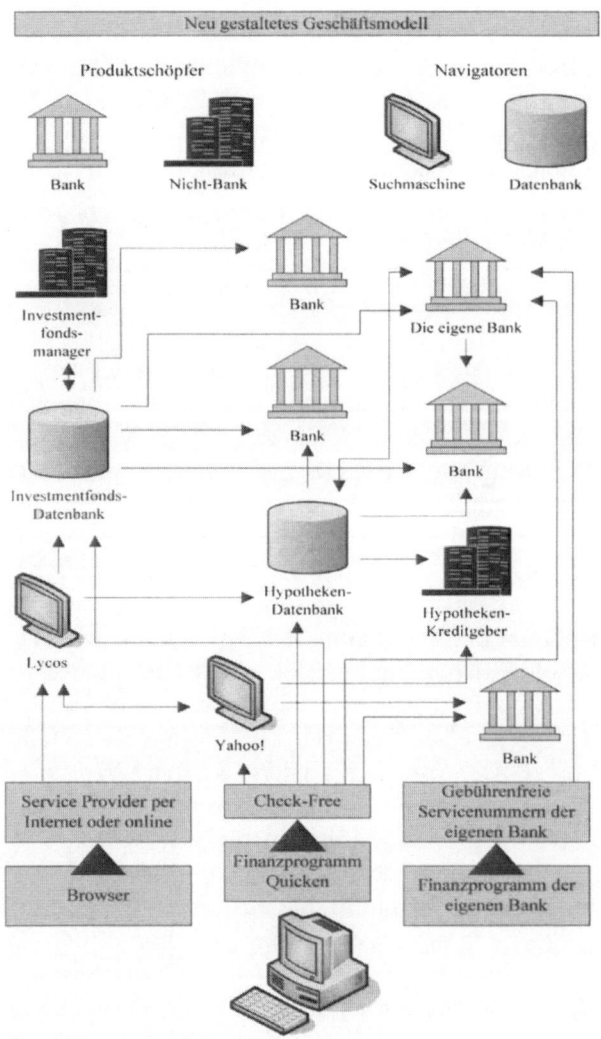

Abb. 4-9: *Das neue Bankmodell*
Quelle: in Anlehnung an Evans und Wurster (2003).

---

[10] Meyer (1994).

Zentraler Ansatzpunkt für neue Geschäftsmodelle – verstanden als einzelne Wertaktivitäten, die stand-alone als eigene Geschäfte betrieben werden können – ist nun die profitable Durchführung dieser Aktivitäten (siehe Anhang zur Quersubventionierung). Damit liegt die Macht über diese einzelnen Aktivitäten bis zur gesamten Wertkette bei den Unternehmen, die sie rentabel betreiben können. Diese sind nicht unbedingt identisch mit den etablierten Bankunternehmen, zumal diese z.T. mit Aktivitäten etwa im Filialbereich belastet sind, die an einem älteren Wertkettenmodell ausgerichtet waren. Durchgeführt werden z.B. reine E-Bankmodelle (ohne Filialnetz) oder die Abwicklung von Bankgeschäften durch Supermärkte, die sich wiederum des Abwicklungs-Know-Hows von Banken bedienen.[11] Auch sind Kooperationen von Telcos oder ISPs, die den Internetzugang ermöglichen, und Banken in Erprobung.

Welche strategischen Fragen sind mit diesem Konzept der De-Konstruktion verbunden? Im Wesentlichen lassen sich folgende Risiken und Chancen ausmachen. Risiken bestehen zum einen in der Nutzung des neuen Netzes durch Dritte sowie der Übernahme der Kontrolle einer bestimmten Wertaktivität durch Zulieferer oder neue Marktteilnehmer (hier ist z.B. an die Outsourcing-Deals über die gesamte IT-Landschaft der Banken zu erinnern). Chancen bestehen wiederum darin, dass eine Konzentration auf Bereiche erfolgt, die entsprechenden Wert schaffen, die also die positiven Benefits im Rahmen der Wertkette vereinen. Chancen eröffnen sich auch, wenn die unterschiedlichen Skaleneffekte jedes Bereiches ausgenutzt werden können, die Schaffung neuer Geschäftsschichten, mithin neuer profitabler Geschäftsmodelle, möglich wird und temporäre Monopolstellungen durch First-Mover-Advantages realisiert werden. Worin bestehen dann, wenn man auf die planerischen Ausgangsfragen eine Antwort findet, die hauptsächlichen strategischen Aufgaben für Marktakteure? Die wichtigste Aufgabe liegt sicher darin, eine geeignete Geschäftsschicht, d.h. die geeigneten Wertaktivitäten, zu ermitteln, die ausgebaut werden sollen (vgl. dazu 4.4.2.1 und 4.4.2.2). Ob eine Wertaktivität als eine in diesem Sinne geeignete Geschäftsschicht aufgefasst werden kann, hängt davon ab, ob das eigene Unternehmen im Verlauf der angestoßenen Entwicklung die Kontrolle über diese Wertschöpfungsaktivität behalten bzw. ausbauen kann. Hierbei geht es insbesondere darum, gegebene oder auch eventuell neu zu schaffende Vorteile zu nutzen, wie z.B. Marken, Standards, Kundeninformationssysteme oder Kapitalbeteiligungen.

---

[11] Zu weiteren Internetbanking-Optionen vgl. Li (2001).

Aus den bisherigen Überlegungen resultieren einige praktische Fragen für De-Konstruktionsstrategien. Die erste Frage beschäftigt sich mit der Abtrennbarkeit einer Geschäftsschicht: Handelt es sich dabei wirklich um einen Bereich, der zum eigenen Geschäftsmodell entwickelt werden kann, oder ist dieser Platz zwischen zwei Wertaktivitäten (also das Marktvolumen) zu klein, um ein separates Geschäftsmodell zu begründen?

Sollte ein separates Geschäftsmodell entwickelt werden können, so ist immer noch fraglich, ob es sich lohnt, diese Geschäftsschicht zu dominieren. Denn selbst bei einer Bejahung dieser Frage ist noch nicht geklärt, ob die Geschäftsschicht tatsächlich kontrollierbar ist. Es mag schließlich sein, dass die Attraktivität einer Geschäftsschicht andere Akteure auf den Markt ruft, die eine auch temporäre Kontrollierbarkeit der Geschäftsschicht ausschließen. Dies würde dazu führen, dass sich die Geschäftsschicht nicht verteidigen ließe, mithin dass das neue Geschäftsmodell langfristig nicht durchzuhalten wäre. Auch im Fall, dass es möglich wäre, eine Geschäftsschicht zu verteidigen, bliebe immer noch die Frage, ob dieses Geschäftsmodell ausbaufähig, d.h. skalierbar oder modular in anderen Bereichen anwendbar ist. Die Skalierbarkeit eines Geschäftsmodells spielt immer dann eine große Rolle, wenn die Wertaktivität, die neu angegangen wird, im Prinzip klein ist. Denn es kann nur dann lukrativ sein, in diese Aktivität zu investieren, wenn sie universell durchführbar ist und damit insgesamt hohe Geschäftsmöglichkeiten bietet.

4.5.3 Mögliche Geschäftsmodelle

Von der Boston Consulting Group werden nun mögliche Geschäftsmodelle, die die De-Konstruktion nutzen, untersucht (siehe dazu Evans und Wurster (2003)). Dabei werden drei mögliche Grundtypen von Geschäftsmodellen unterschieden, die jeweils andere strategische Anforderungen an ein Unternehmen stellen: die Orchestrierung (1.), die Navigation (2.) und die Spezialisierung (3.).

(1.) Orchestrierung
Werden aufgrund der Ergebnisse einer Wertkettenanalyse Wertketten getrennt, entstehen neue Geschäftsfelder, die im eigenen Unternehmen oder auch in Zusammenarbeit mit Dritten ausgefüllt werden können (d.h. vertikal integrierte Unternehmen desintegrieren). Gerade im zweiten Fall muss die Zusammenarbeit der neu entstehenden Akteure in der Wertkette ge-

steuert und dirigiert werden. Für die Unternehmen, die eine De-Konstruktion erwägen, entsteht daraus die Anforderung des „Orchestrierens" aller an der Wertschöpfungsaktivität Beteiligten, um – ebenso wie in der Musik – einen harmonischen Ablauf zu erreichen. Damit rücken Überlegungen des Haltens von Unternehmen(steilen) im Eigentum in den Hintergrund.

Dieses Modell geht, wie schon in den vorherigen Kapiteln teilweise ausgeführt, davon aus, dass nicht nur die Aktiva (i.e. Ressourcen) der Eigentümer Wettbewerbsvorteile generieren. Es geht vielmehr darum, durch das Entwickeln von Integrationsmechanismen und Routinen die Aktiva in Fähigkeiten zu transferieren und diese Fähigkeiten des Unternehmens so zu bündeln, dass durch die Wahl der richtigen Aktivaschwerpunkte und damit durch die Wahl der passenden Wertkette die besten Benefits erreicht werden. Als sehr erfolgreiches Beispiel für Orchestrierung werden Nike und Dell Computer angeführt. Nike hat die Schuhbranche für Athleten durch schlichte Konzentration auf Design und Marketing dominiert. Die Produktion wurde an Unternehmen in Dritte-Welt-Ländern vergeben. Der zentrale Fähigkeitsfaktor war die spezielle Art, ein Netzwerk unterschiedlichster Zulieferfirmen effizient zu steuern. Ein ähnlich strukturiertes Modell wurde von Dell Computer implementiert. Auch Dell koordinierte eine stark fragmentierte Beschaffungskette, womit eine schnelle Belieferung nach Einzelwünschen gefertigter PCs möglich wurde. Die Chancen in diesem Geschäftsmodell liegen darin, dass es bei Schaffung eines Kundennutzens durch Orchestratoren sowie bei Existenz eines bekannten Markennamens dieser Unternehmen eine hohe Anziehungskraft auf Kunden ausübt. Allerdings schaffen sich die Orchestratoren durch ihre „Erziehung" von Anbietern im Netzwerk ein Problem: Sie zeigen anderen Unternehmen, die in die Rolle eines Orchestrators hinein wachsen wollen, welche Fähigkeiten benötigt werden und wie die Abläufe effizient zu organisieren sind. Dementsprechend hat Nike in dem Maße, in dem es seine Anbieternetzwerke effizient steuerte, Konkurrenten Blueprints für eine solche Orchestratorentätigkeit geliefert. Im Gefolge der daraus resultierenden Imitationsmöglichkeiten schafft Nike selber die Voraussetzung für eine Erosion seines Wettbewerbsvorteils. So ist damit zu rechnen, dass sich Nikes sehr starkes Wachstum in Zukunft sehr wahrscheinlich verlangsamt.

(2.) Navigation
Als weitere Geschäftsmodellvariante wird die Navigation erwähnt. Navigation beinhaltet das Angebot an die Kunden, sie bei ihrer Kaufentscheidung zu unterstützen. Dies geschieht, indem Aufgaben – die mit der Suche nach Angeboten, mit Angebotsvergleichen sowie der abschließenden

Kaufentscheidung verbunden sind – (teilweise) für die Kunden abgewickelt werden. Ein Navigator erfüllt damit eine ähnliche Funktion wie ein Makler. Damit greift er die Markenstärke in Kundenbeziehungen etablierter Hersteller an. Gegenüber einem „klassischen" Makler generiert er sich gewissermaßen als moderner, über das Internet arbeitender Einzelhändler, der den Kunden eine immer größere Auswahl – zum Teil mit klaren Produkt- und Preisinformationen – zur Verfügung stellt. Das Ziel der Navigation besteht darin, Kundenbeziehungen frei von geografischen Einschränkungen, Lagerproblemen oder existierenden Vertriebskanälen zu kontrollieren. Navigatoren bieten eine One-Stop-Lösung an, die auf einer derart großen Auswahl von Angeboten beruht, dass sie von traditionellen Vertriebskanälen nicht geboten werden kann. Schwabs One-Source hilft z.B. Investoren, zwischen mehr als 3.000 offenen Investmentfonds zu wählen. Erfolgsrelevant wäre es für Navigatoren, Standards zu setzen und ihre Marke zu stärken. Allerdings sind Navigatoren ihrerseits durch diejenigen Hersteller bedroht, die ihre Schlüsselkunden erfolgreich an sich binden können. Diese können genau dadurch, dass sie selber geschickt die bestehende Lücke zwischen Kunden und Unternehmen schließen, eine Besetzung der Wertaktivität durch Navigatoren verhindern.

(3.) Spezialisierung
Das dritte von BCG im Kontext der De-Konstruktion herausgestellte Geschäftsmodell ist das eines Spezialisten. Wie oben ausgeführt wurde, entstehen durch die De-Konstruktion von Wertketten die Wertaktivitäten als einzelne Geschäftsschichten. Diese „Layers" rufen „Layer Players" (Heuskel (1999)) auf den Plan, die einzelne Aktivitäten durch Größenvorteile, Know-How oder vielleicht auch Rechte an einem Patent so nutzen können, dass sie einen eigenen Markt quer zu einer Branchensegmentierung entwickeln können. Die Beispiele im Automobilhandel zeigen, dass sich hier komplexe Anbieter auflösen. Bisher im integrierten Autohaus angebotene Dienstleistungen führen nun zum Auftreten von Spezialanbietern, die nur:

• Produktinformation über das Internet,
• Probefahrten oder
• Finanzierungen anbieten.

Eine Spezialisierung auf einzelne Schichten wird von Akteuren verfolgt, die die Wertkette nicht dominieren wollen. Dennoch sind diese Aktivitäten unverzichtbar und lassen sich (siehe Abgrenzung von Quersubventionierung) auch profitabel betreiben. Die Erfolgschancen solcher Spezialisten hängen von der Bestreitbarkeit einzelner Wertaktivitäten ab. Dazu müssen Kostenstrukturen vorhanden sein, die einen Angriff auf bisherige Verbundunternehmen überhaupt erst ermöglichen. Bedroht werden Spezialisten letztlich nur durch andere Spezialisten, die möglicherweise breitere Anwendungsfelder für ihre Leistungen haben und damit die Kostenvoraussetzung für weitere Spezialisierungsvorteile mitbringen.

4.6 Fazit

Wettbewerbsvorteile lassen sich nicht ermitteln, wenn das Unternehmen als Ganzes betrachtet wird. Nach Porter sind diese Vorteile Folge von unterschiedlichen Tätigkeiten des Unternehmens in den unterschiedlichen Bereichen Beschaffung, Produktion, Absatz. Jegliche dieser Tätigkeiten kann einen Beitrag zur „relativen Kostenposition" eines Unternehmens leisten und eine Differenzierungsbasis schaffen. Porter ordnet jedem Unternehmen eine individuelle Wertkette zu, die wiederum durch vor- und nachgelagerte Wertketten von Lieferanten und Abnehmern in ein Wertsystem eingebunden ist. Eine Wertkette setzt sich aus den Wertaktivitäten und der Gewinnspanne zusammen, wobei der „Wert" derjenige Betrag ist, *„den die Abnehmer für das, was ein Unternehmen ihnen zur Verfügung stellt, zu zahlen bereit sind".*

Wettbewerbsvorteile reflektieren das Verhältnis von Kosten und der sich in der Zahlungsbereitschaft ausdrückenden Befriedigung von Abnehmerinteressen bei den einzelnen Wertaktivitäten. Zur Bestimmung von Wettbewerbsvorteilen sind im Rahmen der strategischen Kostenanalyse folgende Schritte vorzunehmen: Abgrenzung relevanter Aktivitäten, Zuordnung von Kosten zu Aktivitäten, Zuordnung von Nutzen zu Aktivitäten und Ermittlung der Kostenantriebskräfte. Eine strategische Kostenanalyse beschäftigt sich entweder mit der Analyse existierender Aktivitäten für die Beibehaltung der Wertkette mit dem Ziel der Optimierung oder mit der Planung neuer Aktivitäten (d.h. einer neuen Wertkette). Shank und Govindarajan (1992) haben eine empirische Wertkettenanalyse in der Papierindustrie vorgenommen. Dabei ermittelten sie Unterschiede zwischen den Empfehlungen der Wertkettenanalyse und einer normalen Investitionsrechnung. Diese lassen sich wie folgt erklären: Die Mängel der herkömmlichen Investitionsrechnung liegen in der Nichtberücksichtigung der Verzahnung von Wertaktivitäten und in der Vernachlässigung der benötigten Fähigkeiten durch die Unternehmen; damit tendiert die herkömmliche Investitionsrechnung c.p. zu einer generellen Überschätzung von Markteintrittschancen.

Eine Weiterentwicklung der Wertkettenanalyse wurde von BCG unternommen und für neue Geschäftsmodelle genutzt. Zentraler Ansatzpunkt für neue Geschäftsmodelle, verstanden als einzelne Wertaktivitäten, die stand-alone als eigene Geschäfte betrieben werden können, ist die profitable Durchführung dieser Aktivitäten. Damit liegt die Macht über diese einzelnen Aktivitäten bei den Unternehmen, die sie rentabel betreiben können. Von BCG werden dabei drei mögliche Grundtypen von Geschäftsmodellen unterschieden, die jeweils andere strategische Anforderungen an ein Unternehmen stellen: die Orchestrierung, die Navigation und die Spezialisierung. Die Wertkettenanalyse wurde bisher hauptsächlich als konzeptionelles Instrument verwendet. Allerdings dürften empirische Wertkettenanalysen in Zukunft an Relevanz gewinnen. Die wichtigsten Vorteile der Wertkettenanalyse liegen in der Bestimmung und Nutzung unterschiedlicher Kostentreiber (Erfahrungs- und Größenvorteile, Komplexitäts- und Technologieprobleme sowie Fähigkeiten). Insbesondere die Betonung der Verbindungen von Wertaktivitäten führt dazu, dass weitere strategische Analysen angebunden werden können. Hier ist etwa an das Konzept der Five Forces zu denken, mit dem die Beziehung zu Lieferanten (vorgängige Wertaktivitäten) oder zu Kunden (nachgängige Wertaktivitäten) im Hinblick auf Veränderungsmöglichkeiten untersucht werden können. Schließlich ist durch die Regulierungsökonomie sowohl in theoretischer als auch in empirischer Hinsicht wesentliche Vorarbeit für eine unternehmenspraktische Umsetzung von Wertanalysen geleistet worden.

Abschließend ist anzuführen, dass viele *erfolgreich implementierte* neue Wertketten Anschauungsmaterial für die weitere Verfeinerung von Wertketten liefern. Dabei werden die organisatorischen Fähigkeiten des Unternehmens und die Kosteneinflussmöglichkeiten zentral für seine Wettbewerbsposition. Gerade die Nutzungsmöglichkeit unterschiedlichster externer Datenquellen, die verlässliche Werte ermitteln, macht die Wertkettenanalyse zu einem wichtigen Instrument des strategischen Kostenmanagements.

Anhang: Quersubventionierung

Quersubventionierung ist ein in der öffentlichen Debatte über die Effizienz von Unternehmen gern und oft gebrauchter, allerdings meist undefinierter Begriff. Gerade wenn ein Ziel unternehmerischer Aktivität die effiziente Gestaltung aller Wertaktivitäten und die Vermeidung von Quersubventionierungen ist (Heuskel (1999)), muss der Begriff „Quersubventionierung" geklärt werden. Zur Vermeidung von Anwendungsproblemen wird im Folgenden eine Präzisierung vorgenommen, die sich insbesondere am Begriff der Kostendeckung orientiert. Kostendeckung ist im Einproduktunternehmen einfach durch Vergleich zwischen den Herstellungskosten eines Gutes und seinem Verkaufserlös zu messen. Die Messung der Kostendeckung in Mehrproduktunternehmen, in denen unterschiedliche Güter unter Inanspruchnahme von Kollektivgütern (Gemeinkosten) hergestellt werden, bereitet größere Schwierigkeiten. Dabei ist es für das Unternehmensmanagement bzw. den Kapitalgeber notwendig zu ermitteln, welche Güter kostendeckend sind, mithin weiter im Produktportfolio, d.h. durch eigene Wertaktivitäten, gehalten werden sollen. Ohne diese Analyse wäre das Unternehmen eine „black box", bei der sich am Jahresende automatisch ein gewisser, nicht weiter einzelnen Produkten zurechenbarer Fehlbetrag oder ein Überschuss ergeben würde. Die genannte Analyse bildet also die Grundlage für die Unternehmensplanung.

Deshalb muss sichergestellt werden, dass die Erlöse der einzelnen Güter bei der Verbundproduktion, die vertikal oder horizontal mehrere Wertaktivitäten umfasst, stabil sind, mithin keine Quersubventionierung vorliegt. Dabei sei hier verstanden, dass jegliche Wertaktivität einen Abnehmernutzen generiert, der als Gut aufgefasst werden kann. Stabilität wird so aufgefasst, dass es im Interesse der Kunden liegt, den jeweiligen Preis des Gutes i zu akzeptieren, weil kein Konkurrent des Verbundunternehmens ein günstigeres Angebot für den (ausschließlichen) Verkauf dieses Gutes machen kann. Das bessere Angebot könnte z.B. auf der Produktion nur dieses Gutes als Layer Player basieren. Die Stabilität der Erlöse lässt sich für den Fall der Erstellung von N Gütern (d.h. Abnehmernutzen) in einem Unternehmen folgendermaßen charakterisieren. Es sei angenommen, dass Verbundvorteile vorliegen, d.h. dass die gemeinsame Produktion der Güter kostengünstiger als deren alleinige Herstellung ist. Des Weiteren gilt zur Vereinfachung eine „Gesamtgewinnbeschränkung":[12] Angenommen wird,

---

[12] Die Annahme ist wichtig, weil unüblich hohe Gewinne die Gültigkeit der angestellten Überlegungen einschränken.

dass die Gesamterlöse (R) die Gesamtkosten (C) inkl. einer marktüblichen Eigenkapitalverzinsung decken:

$$R(N) = C(N).$$ (4.9)

Dann gilt für die Benefits r_i (Preis) der Wertaktivität i, mit i = (1,...,n):

$$\sum r_i = C(N), r_i \geq 0.$$ (4.10)

Die Erlös- bzw. Kostenverteilungen C(N) bzw. die Erlösbeiträge r sollen nach Faulhaber (1975) dann subventionsfrei heißen, wenn für jede Güterteilmenge $S \subseteq N$ wenigstens die wertaktivitätsbedingten Zusatzkosten verdient werden. Es muss dann gelten:

$$R(S) = \sum_{i \in S} r_i \geq C(N) - C(N - S) \forall S \subseteq N, r_i \geq 0.$$ (4.11)

Dieses Kriterium verlangt, dass alle Güterteilmengen $S \subseteq N$ (also einschließlich der gesamten Produktpalette N) über die Absatzpreise mindestens die ihnen zurechenbaren Zusatzkosten „erwirtschaften". Für einen einfachen Zweigüterfall (Menge Gut 1 = q_1, Menge Gut 2 = q_2) gilt bei Verbundvorteilen, d.h. wenn zwei Aktivitäten gemeinsam kostengünstiger als jeweils beide allein ausgeführt werden können:

$$C(q_1, q_2) < C(q_1, 0) + C(0, q_2).$$ (4.12)

So errechnen sich die Zusatzkosten des zweiten Gutes als:

$$C(q_1, q_2) - C(q_1, 0).$$ (4.13)

Wegen Gl. (4.10) müssen aber über die gesamte Produktpalette auch die den einzelnen Gütern nicht zurechenbaren (Gemein-)Kosten gedeckt werden. Wenn man Gl. (4.11) und Gl. (4.10) verbindet, dann folgt:

$$\sum_{N-S} r_i \leq C(N - S) \forall S \subseteq N \sum_{i \in S} r_i \leq C(S) \forall S \subseteq N.$$ (4.14)

Faulhaber nennt dieses Kriterium den verallgemeinerten Stand-Alone-Kostentest. Gl. (4.14) drückt aus, dass kein Gut bzw. keine Gütermenge einen höheren Erlösbeitrag verlangen darf als zur Kostendeckung des Anbieters bei isolierter Produktion notwendig ist, wobei die Gesamtkostende-ckungsbeschränkung gilt. Das Kostendeckungskriterium könnte im Hinblick auf den potenziellen Marktzutritt von Konkurrenten, den Layer Players nach Heuskel, wie folgt interpretiert werden: Keiner Produktmenge (N - S) dürfen höhere Erlösbeiträge aufgebürdet werden als die Stand-Alone-Kosten (N - S) betragen. Diese Stand-Alone-Kosten wären die Kosten, die einem auf Produktion dieser Güterteilmenge spezialisierten Anbieter entstehen würden. Bei den Stand-Alone-Kosten handelt es sich also um die Kosten, die übrig bleiben, wenn die zur Güterteilmenge (N - S) komplementäre Teilmenge nicht mehr produziert wird, mithin deren Zusatzkosten entfallen. Wären also die Erlösbeiträge höher als die Stand-Alone-Kosten, dann könnte die betreffende Kundengruppe zu einem alternativen, auf eine Wertaktivität spezialisierten Anbieter, der Zugang zur gleichen Kostenfunktion wie die eingesessene Verbundunternehmung hat, abwandern.

Das erwähnte Gewinnbeschränkungs- alias Kostendeckungskriterium, das Folge des zunehmenden Wettbewerbs ist, muss dabei vorausgesetzt werden; andernfalls würden etwaige überdurchschnittliche Gewinne auch sehr hohe (d.h. „ineffiziente") Kosten der einzelnen Wertaktivitäten finanzieren können. In diesem Falle wäre aber keine Quersubventionierung feststellbar, sondern nur noch ein gleichzeitiges Auftreten von hohen Gewinnen und hohen Kosten, mit der Möglichkeit für das Unternehmen, die Ineffizienz durch kleine Gewinneinbußen weiter aufrechtzuerhalten. Wie also aus der Formulierung von Gl. (4.11) ersichtlich, würde durch eine solche – hypothetische – Abwanderung der Kunden zu einem Layer Player die Kostendeckung für S und damit für N blockiert, da die anteiligen Gemeinkosten für (N - S) nicht mehr über Umsatzerlöse verdient werden könnten. Welche Konsequenzen lassen sich nun aus der Analyse der Wertaktivitäten für die Problematik der Quersubventionierung ziehen?

Der von Faulhaber aufgestellte Stand-Alone-Kostentest ist im Hinblick auf die Unternehmenssteuerung relevant, wenn es darum geht, „defizitäre" und „profitable" Güterteilmengen (Produktangebote) zu bestimmen. Wenn man die strikten Annahmen lockert, dann geht es betriebswirtschaftlich sowohl darum, die Preisuntergrenzen für einzelne Güter auf Basis ihrer Zusatzkosten als auch die am Markt maximal erzielbaren Güterpreise über den Vergleich mit Substituten zu bestimmen. Die Bestimmung des Kostendeckungsgrades erfolgt dann über die Summe der positiven Deckungsbeiträge der einzelnen Produkte innerhalb eines optimierten Portfolios. Zieht man die eingangs getroffene Zuordnung von Wertaktivitäten zu Gütern heran,[13] dann ist die Bestimmung „defizitärer" oder „profitabler" Güterteilmengen identisch mit der Identifikation „defizitärer" oder „profitabler" Wertaktivitäten. Die nicht kostendeckende Durchführung von Wertaktivitäten schafft damit Angriffsmöglichkeiten für Layer Players.

Zusätzlich führt Quersubventionierung innerhalb des Verbundunternehmens zu Effizienzverlusten, da profitable Produkte unprofitable Produkte und Geschäftsbereiche finanzieren müssen. Die Erhaltung unprofitabler Einheiten führt auch innerhalb des Unternehmens dazu, dass gewinnträchtige Investitionsmöglichkeiten nicht ausgenutzt werden können. Sie verhindert die Ausnutzung von Ressourcen in aussichtsreichen Verwendungen durch Kapitalbindung in defizitären Produktangeboten und schwächt Effizienzanreize im gesamten Unternehmen. Damit macht sie die Unternehmen durch spezialisierte Layer Players (oder andere) zusätzlich angreifbar!

---

[13] ...unter Verwendung des Abnehmernutzens (vgl. Porter (1996)).

Literatur

Horst Albach/Günter Knieps (1997): Kosten und Preise in wettbewerblichen Orts-
    netzen. Baden Baden.
Franz X. Bea/Jürgen Haas (2000): Strategisches Management. Stuttgart.
Philip Evans/Thomas S. Wurster (2003): Die Internetrevolution: Alte Geschäfte
    vergehen, neue entstehen. In: Bolko v. Oetinger (Hrsg.): Das große Boston
    Consulting Group Strategie-Buch. Düsseldorf. 278-307.
Gerald R. Faulhaber (1975): Cross-Subsidization: Pricing in Public Enterprises.
    American Economic Review, Vol. 65. 966-977.
Gary Hamel/C.K. Prahalad (1994): Competing for the Future. Harvard Business
    School Press.
Dieter Heuskel (1999): Wettbewerb jenseits von Industriegrenzen. Frankfurt/New
    York.
Harald Hungenberg/Lutz Kaufmann (2001): Kostenmanagement. München.
Seng Li (2001): The Internet and the Construction of the Integrated Banking Mo-
    del. British Journal of Management, Vol. 12. 307-322.
Michael Meyer (1994): Culture Club. Newsweek, July 11, 1994. 38.
Michael E. Porter (1996): Wettbewerbsvorteile. Frankfurt/New York.
John K. Shank/Vijay Govindarajan (1992): Strategic Cost Management: The Va-
    lue Chain Perspective. Journal of Management Accounting Research, Vol. 4,
    1992. 179-197.

Aufgaben zum Kapitel 4

Aufgabe 1:

a) Erläutern Sie das Konzept der Wertkette nach Porter.

b) Leiten Sie ein Beispiel her, wie Unternehmen ihre Organisation nach Wertketten ausrichten.

Aufgabe 2:

a) Ein Speditionsunternehmen habe folgende Organisation: Der Geschäftsführer Herr Schmidt akquiriert Kunden und kontrolliert die Angebote. Frau Müller ist für Buchhaltung, Personalverwaltung, Anfragenannahme und allgemeine Verwaltung zuständig. Herr Meier erstellt die Angebote, bearbeitet die Aufträge und disponiert die LKWs. Herr Ulrich kalkuliert die Angebotspreise und betreut die Kostenrechnung. Erstellen Sie eine Wertkette für dieses Speditionsunternehmen. Hierzu kann das Grundmodell in geeigneter Form modifiziert werden.

b) Nehmen Sie zur Wertkette des Speditionsunternehmens kritisch Stellung. Welche Verbesserungspotenziale können Sie erkennen?

Aufgabe 3:

a) Vergleichen Sie die Wertkette eines traditionellen Lebensmittelgeschäfts mit der eines Lebensmitteldiscounters. In welche speziellen Wertaktivitäten können die Aktivitäten beider Lebensmittelhändler eingeteilt werden? Wo ergeben sich Unterschiede?

b) Es ist anzunehmen, dass der Wegfall von Beratung durch qualifiziertes Personal im Discounter für den Kunden nicht von Vorteil ist. Trotzdem haben die Discounter in den vergangenen Jahren ihren Marktanteil stetig vergrößern können. Wie ist unter dem Aspekt der Wertkettenanalyse diese Entwicklung zu erklären?

c) Während Ihres Studiums möchten Sie neben der Theorie auch die betriebliche Praxis kennen lernen. Deshalb haben Sie sich für ein Praktikum in einem großen Münsteraner Lebensmittelgeschäft mit langjähriger Tradition entschieden. Allerdings scheinen die rosigen Zeiten für diesen Betrieb vorbei. Doch der Geschäftsführer will nicht kampflos aufgeben und bittet Sie als BWLer, sich des Problems anzunehmen. Welche Untersuchungen müssen Sie im

Zuge einer strategischen Kostenanalyse durchführen? Welche Vorschläge können Sie dem Geschäftsführer zur Rettung des Betriebes unterbreiten?

Aufgabe 4:

„If you can't describe what you are doing as a process, you don't know what you're doing." Zeigen Sie Parallelen zwischen diesem Ansatz und dem Konzept der Wertkettenanalyse nach Michael Porter auf. Problematisieren Sie praktische Grenzen in einer diesem Ansatz entsprechenden detaillierten Betrachtung.

Aufgabe 5:

a) Die Gummi AG ist ein großer deutscher Autoreifenhersteller. Die Autoreifen der Gummi AG sind nur aus folgenden Teilen zusammengesetzt: aus einer innen liegenden luftdichten Gummischicht, einem Unterbau, der aus miteinander verwobenen Fäden aus Metall oder Kunststoff besteht, sowie einem Zwischenbau mit abschließender Lauffläche. Die Gummianteile des Reifens bestehen aus vulkanisiertem Natur- oder Kunstkautschuk, dem Füllstoffe sowie Stabilisatoren beigegeben sind. Bestimmte Zahlen, die seitlich auf jedem Reifen zu finden sind, geben Auskunft über Reifengröße, Belastbarkeit, zulässige Höchstgeschwindigkeit und Produktionsdatum. Die Konzentration der Absatzbemühungen der Gummi AG liegt auf dem Endkundengeschäft. Der Absatz erfolgt durch Absatzmittler. Stellen Sie eine mögliche Prozesshierarchie für die von Porter als besonders relevant für die Wertkettenanalyse eingeschätzten Bereiche Beschaffung, Produktion, Absatz dar.

b) Wie zuvor dargestellt, dient die Wertkettenanalyse auch zur Optimierung oder Umgestaltung der eigenen Wertkette im Hinblick auf eine Anpassung der Organisationsstruktur und den Wechsel von Vertriebskanälen. Sie erhalten den Auftrag, die Vertriebskanalstrategie der Gummi AG zu überarbeiten. Mittelfristiges Ziel der Gummi AG ist eine profitable Steigerung des Marktanteils gegenüber der Konkurrenz bis zum Jahr 2010. Sie nehmen eine Auswahl und Priorisierung möglicher Vertriebskanäle vor, um die Kanäle zu identifizieren, die ein profitables Marktanteilswachstum bis zum Jahr 2010 erlauben würden. Nehmen Sie an, Sie hätten folgende Kanäle mit den zugehörigen Gesamtvertriebsanteilen, Anteilen der Gummi AG an diesen Gesamtvertriebsanteilen und

Wachstumsraten (über die gesamte Zeit kumuliert) identifiziert. Auf Basis Ihrer Analyse der Wertkettenaktivität „Vertrieb": Welche Empfehlung geben Sie der Gummi AG? Welche strategischen Aspekte müssen Sie dabei berücksichtigen?

Vertriebskanal	Anteil am Gesamt-vertrieb	Anteil der Gummi AG an den Gesamt-vertriebsanteilen	Prognostiziertes Wachstum der einzelnen Vertriebskanäle bis 2010 (kumuliert)
Unabhängige Reifenhändler	50%	20%	-40%
Werkstätten	15%	15%	100%
„Fast Fitters" (wie ATU, Pit Stop etc.)	15%	10%	66,6%
Abhängige Reifenhändler	20%	20%	-25%
Summe	100%		

Tabelle A-4-1: *Kennzahlen des Reifenmarktes*

Aufgabe 6:

Bearbeiten Sie die folgenden Teilaufgaben:

a) Welche zwei Fragen sind bei der empirischen Anwendung des Wertkettenkonzeptes hinsichtlich des Ziels, in den einzelnen Segmenten Kundennutzen zu erhöhen und/oder Kosten zu senken, von besonderer Bedeutung?

b) Benennen Sie die einzelnen Schritte der strategischen Kostenanalyse. Skizzieren Sie die Aktivitäten innerhalb der Einzelschritte.

c) Wie lässt sich eine Make-or-buy-Entscheidung quantitativ rechtfertigen?

d) Wann heißen Wertaktivitäten bei Verbundvorteilen subventionsfrei (im Fall von zwei ausgeführten Aktivitäten)? Stellen Sie dar, wie Gemeinkosten mit Verbundproduktion auf die Abtrennbarkeit von Geschäftsschichten wirken.

e) Erläutern Sie den Zusammenhang zwischen der Quersubventionierung etablierter Unternehmen und den Marktchancen spezialisierter Anbieter (Layer Players). Gehen Sie im Zusammenhang mit den Marktchancen auch darauf ein, welche Merkmale die Fähigkeiten eines Unternehmens erfüllen müssen, damit diese Fähigkeiten als Kernkompetenzen betrachtet werden können (vgl. hierzu Tabelle A-4-2).

Datenlage	
Systemkosten mit	
Aktivität G (ohne P)	50
Aktivität P (ohne G)	70
System-Gesamtkosten C_T	100
Preis für G	40
Vollkosten G	35
Preis für P	60
Vollkosten P	65

Tabelle A-4-2: *Ausgangsdaten zu Aufgabe 6e)*

Geben Sie die Höhe der Gemeinkosten des Systems an. Ist die Abschaffung von P und/oder G eine lohnende Handlungsalternative? Begründen Sie die Problematik der Vollkostenbetrachtung bei der Abschaffungsüberlegung.

Aufgabe 7:

Beantworten Sie die folgenden Behauptungen mit richtig oder falsch:

a) Vertikal integrierten Unternehmen („Layer Players") gelingt es trotz größerer Markterfahrung und/oder Kostendegressionsvorteilen nicht immer, ihre einzelnen Wertaktivitäten kostengünstiger auszuführen als spezialisierte Anbieter.

b) Quersubventionierungen sind Markteintrittsbarrieren und damit ein Signal, dass der Markteinstieg für Newcomer in quersubventionierte Segmente kaum rentabel sein wird.

c) Kernkompetenzen werden im Zeitablauf wertvoller, da sie vor dem Hintergrund einer sich wandelnden Umweltsituation zu bewerten sind.

d) Die Angreifbarkeit von Kernkompetenzen eines Unternehmens nimmt mit der Erfahrung dieses Unternehmens in den ausgeführten Wertaktivitäten ab.

e) Orchestrierung, Navigation und Standardisierung sind drei wesentliche Grundtypen de-konstruierter Geschäftsmodelle, die die Boston Consulting Group untersucht hat.

5 Empirische Voraussetzungen für Strategien: Erfahrungskurveneffekte

5.1 Einleitung

„Man kann das Leben nur rückwärts verstehen, doch leben muss man es vorwärts." (S. Kierkegaard)

Wettbewerbsvorteile bestehen in Kostenvorsprüngen oder qualitativen Differenzierungsmöglichkeiten.[1] Kostenvorsprünge wiederum können unterschiedliche Ursachen haben. Technischer Fortschritt sowie Fixkosten- und Betriebsgrößendegressionen können ebenso eine Rolle spielen wie Lerneffekte. Ein Konzept, das die Ermittlung von Kostenvorteilen auf der Basis von Erfahrungen erlaubt, ist die Erfahrungskurvenanalyse. Sie ermöglicht die Ermittlung von Kostenvorteilen im Vergleich der Gegenwart mit der Vergangenheit und auch die Abschätzung zukünftiger Kostenvorteile. Damit gibt sie Hilfestellungen für die strategische Ausrichtung des Unternehmens zur Kosten- oder Qualitätsführerschaft. Nachfolgend werden zuerst kurz die Logik und Relevanz der Erfahrungskurveneffekte (EFK) für die Strategiewahl dargelegt sowie eine einfache Herleitung der EFK gegeben (5.2). Schließlich werden einige Gründe für „richtige" sowie umgekehrte EFK angeführt (5.3). Dem folgen zwei praktische Anwendungen. Zuerst wird anhand der Automobilindustrie auf die Grenzen der EFK hingewiesen (5.4), daran schließt sich die empirische Ermittlung der richtigen EFK bei Dienstleistungen an (5.5). Darauf folgt eine Analyse der Nutzbarkeit der EFK für Preispolitik und Strategiewahl (5.6). Das Kapitel wird von einer Zusammenfassung und einem Ausblick abgeschlossen (5.7).

---

[1] Siehe ausführlich Kapitel 3.

5.2 Herleitung, Logik und Relevanz der EFK

Für die analytische Bestimmung der Erfahrungskostenkurve wird von folgendem empirisch ermittelten Zusammenhang ausgegangen: Die Stückkosten sinken mit jeder Verdopplung der kumulierten Produktionsmenge als Folge von z.B. Lerneffekten um einen bestimmten Anteil. Es sei angenommen, dass die Stückkosten K_n bei einer Verdopplung der Outputmenge q_n um einen Faktor a des vorherigen Niveaus sinken (Lernrate sei damit $(1 - a)$). Bei Ausgangsmenge q_o und Ausgangskosten K_o gilt:

$$q_n = 2^n q_0 \qquad (5.1)$$

und

$$K_n = K_o \cdot (1 - a)^n, a < 1. \qquad (5.2)$$

Die Anzahl der Verdopplungen n ergibt sich aus:

$$2^n = \frac{q_n}{q_0}. \qquad (5.3)$$

Nach Anwendung der Logarithmusgesetze folgt:

$$n \ln 2 = \ln q_n - \ln q_o. \qquad (5.4)$$

Umstellen nach n ergibt:

$$n = \frac{\ln q_n - \ln q_0}{\ln 2}. \qquad (5.5)$$

Durch logarithmieren wird Gl. (5.2) zu:

$$\ln K_n = \ln K_0 + n \ln(1 - a). \qquad (5.6)$$

Setzt man nun n ein, dann ist:

$$\ln K_n = \ln K_0 + \frac{\ln q_n - \ln q_0}{\ln 2} \cdot \ln(1 - a). \qquad (5.7)$$

Mit $b := -\ln(1-a)/(\ln 2)$ – der Ausdruck steht für den Degressionsfaktor
–, lässt sich dann schreiben:

$$\ln K_n = \ln K_0 - b(\ln q_n - \ln q_0). \tag{5.8}$$

Delogarithmiert ergibt sich:

$$K_n = K_0 \cdot (\frac{q_n}{q_0})^{-b}. \tag{5.9}$$

Liegt beispielsweise eine 5%ige Lernkurve vor und beträgt die für die
Lernkurve geltende Start-Produktionsmenge 10.000 Stück, kann folgende
Kostenentwicklung festgestellt werden: Liegen die Stückkosten für das
10.000te Produkt bei 10€, kann das 20.000te Produkt zu Kosten in Höhe
von 9,50€, das 40.000te Produkt für 9,03€ und das 80.000te Produkt für
8,57€ hergestellt werden. Die für die Ermittlung der „Gesamtrentabilität"
relevanten Gesamtkosten der kumulierten Produktionsmenge sind die
Summe aller im Zuge dieser Produktion angefallenen Stückkosten:[2]

$$K = \sum_{i=0}^{n} K_o \cdot \left(\frac{q_i}{q_0}\right)^{-b}. \tag{5.10}$$

Die Gesamtkosten lassen sich wie folgt aus der Fläche unter der Erfahrungskurve bestimmen:[3]

$$K = \int_{q_0}^{q_n} K_o \cdot \left(\frac{q}{q_0}\right)^{-b} dq. \tag{5.11}$$

Damit gilt:

$$K = \frac{K_0}{q_0^{-b}} \left(\frac{q_n^{1-b}}{1-b} - \frac{q_0^{1-b}}{1-b} \right). \tag{5.12}$$

---

[2] Dies gilt, da die jeweiligen Kosten der aktuellen Produktion die Preismöglich-
keiten angeben.
[3] Implizite Annahme: $\Delta q_n \to 0$.

Dementsprechend ergeben sich die durchschnittlichen Stückkosten bis zur kumulierten Produktionsmenge q_n als:

$$\frac{K}{q_n} = \frac{K_0}{q_n q_0^{-b}} \left(\frac{q_n^{1-b}}{1-b} - \frac{q_0^{1-b}}{1-b} \right). \tag{5.13}$$

K/q_n dient dabei als Maß für die (z.B. kurzfristige) kostendeckende Preisuntergrenze über eine bestimmte Produktionsmenge.

Die Ableitung der EFK zeigt den positiven Einfluss einer Zunahme der (kumulierten) Produktionsmenge auf die realen Stückkosten. Dem sollte der für das Unternehmensergebnis positive Einfluss einer Marktanteilser-höhung entsprechen. Eine strategische Anwendung hierfür ist eine First-to-market-Strategie, die sich an Kostenführerzielen orientiert. Damit wird durch die EFK die Möglichkeit geschaffen, im Produktlebenszyklus eine Hochpreispolitik längere Zeit durchhalten zu können. Klassische Voraus-setzungen für das Gelingen der EFK-induzierten Strategiewahl sind homo-gene Produkte und ein hohes Maß an Standardisierung. Nachfolgend wird gezeigt, dass die Gültigkeit der EFK trotz der Abnahme von Standardisie-rungen auf Märkten nicht unbedingt abzulehnen ist. Überraschenderweise wird ebenfalls festzustellen sein, dass es Bereiche gibt, die als klassische Anwendungsgebiete für EFK gelten, in denen allerdings Erfahrungsvortei-le nicht zum Zuge kommen müssen.

5.3 Gründe für mögliche Wirkungsrichtungen von EFK

EFK sind ein Ziel der Produktion. Allerdings lässt sich dieses Ziel natür-lich nur unter bestimmten Voraussetzungen sinnvoll verfolgen. Damit stel-len EFK keine Wirklichkeiten dar, sondern Möglichkeiten. Damit wieder-um gilt: Die EFK müssen nicht das angestrebte Vorzeichen haben, das mit zunehmender Outputmenge auch eine Verringerung der realen Stückkosten bedeutet. Positive EFK liegen vor, wenn $0 < a < 1$, negative EFK treten auf für $a < 0$, und für $a = 0$ existieren keine EFK.

5.3.1 „Richtige" EFK

Als Hauptgründe werden Lerneffekte, technischer Fortschritt sowie die Fixkosten-, Betriebskosten- und Betriebsgrößendegression angegeben. Damit diese Effekte Stückkostenverringerungen bewirken können, bedarf es allerdings einiger Voraussetzungen. Als wesentliche Voraussetzungen seien aufgelistet:

- sparsamer Verbrauch von Einsatzfaktoren,
- Einsatz leistungsfähiger Anlagen bei Wachstum,
- kontinuierliche Rationalisierungsanstrengungen,
- kontinuierliche Verbesserungen im Produktionsbereich,
- Verbesserung der Ausnutzung der Kapazitäten,
- Standardisierung von Produktionsabläufen,
- verbesserte Ablauforganisation,
- Unterstützung von Lernprozessen,
- Reduktion von Ausschuss.

Schon hier wird also deutlich, dass EFK zuerst Potenzial sind. Überoptimale Größen von Unternehmen oder Betriebsstätten, die Demotivation von Mitarbeitern sowie die Verhinderung von Lernprozessen durch falsche Ablauf- und Aufbauorganisation sind Beispiele für Ursachen der Verhinderung von EFK. Allerdings gibt es auch systematische Gründe für umgekehrte EFK. Ein Beispiel für *richtige* EFK ist, mit Bezug auf den aktuellen wirtschaftlichen Kontext, in der Box 5-1 dargestellt.

Die ersten Gespräche zwischen dem Betriebskonsortium Transrapid International (TRI) und der britischen Regierung über eine Nord-Süd-Hauptstrecke seien sehr positiv verlaufen, hieß es bei TRI. In Großbritannien könnte bald eine neue 800 Kilometer lange Transrapidstrecke von London über Birmingham, Manchester, Leeds und Newcastle bis nach Glasgow in Schottland gebaut werden. Die Bauzeit der Strecke soll mehrere Jahre in Anspruch nehmen. Aus diesem Grund schlagen einige Berater den Einsatz bereits transrapiderfahrener chinesischer Arbeiter vor, um das Projekt schneller zu realisieren. „Wenn man tausend chinesische Arbeiter importieren könnte, wäre die Arbeit in einem Jahr getan", zitiert die britische Zeitung „The Guardian" einen britischen Transrapid-Berater.

Box 5-1: *Transrapid bekommt eine neue Chance in Großbritannien*
Quelle: Spiegel Online vom 06.06.2005.

5.3.2 Umgekehrte EFK

Ein Problem der zunehmenden Komplexität ist die Nachfrage nach Spezialprodukten. Daraus resultiert produktionsseitig eine erhöhte Anzahl von Varianten, die allerdings nicht im gleichen Umfang zusätzliche Erlöse generieren (Adam et al. (2004)). Eine erhöhte Anzahl von Varianten bringt zwei Arten zusätzlicher Kosten mit sich. Es handelt sich dabei um direkte und indirekte Kosten. Die direkten Kosten haben mit der Variantenanzahl resp. der Produktionsmenge einzelner Varianten zu tun. Logistikkosten, Transaktionskosten sowie Beschaffungs- und Produktionskosten steigen damit an. Als eigentliche Komplexitätskosten ergeben sich Kosten im indirekten Bereich, die sich mit den durch steigende Variantenzahl zunehmenden Koordinationsengpässen erhöhen. Daraus resultieren Totzeiten (Rüstzeiten, Bezugszeiten) und Opportunitätskosten in verschiedensten Bereichen. Schließlich folgen hieraus Kapazitätsengpässe im Managementbereich, die Anpassungen von Human- und Informationskapazitäten, mithin eine Erhöhung der sprungfixen Kosten, notwendig werden lassen.

All diese Kostenerhöhungen, die sich auch als Verlust von Kostenvorteilen aus der Nutzung von Gemeinkosten durch eine Vielzahl von Produkten darstellen lassen, führen mit zunehmender kumulierter Stückzahl zu realen Stückkostenerhöhungen. Es liegen also umgekehrte EFK vor. Interessant ist dabei, dass die Stückkostenerhöhungen schleichend und zeitlich verzögert zu der Erhöhung der Variantenzahl anfallen. Diese umgekehrten EFK können approximativ als Anstieg der Stückkosten um 20-30% bei einer Verdopplung der Variantenzahl ermittelt werden.

5.3.3 Messung und Ausmaß von EFK

Das Ausmaß der EFK im Bezug auf die gesamten Stückkosten hängt zuerst von der Größe der im eigenen Unternehmen erbrachten Wertschöpfung ab. Definiert ist die Wertschöpfung wie folgt:

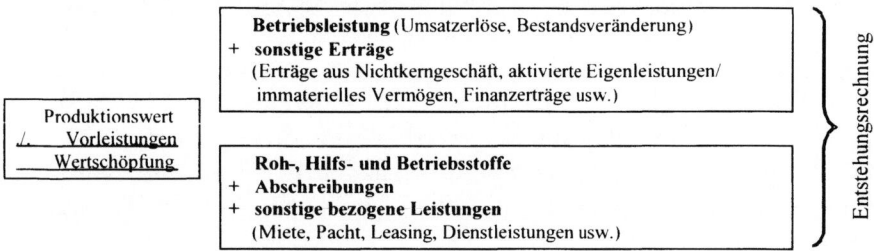

Abb. 5-1: *Definition der Wertschöpfung*

Es handelt sich bei der Wertschöpfung um den um Vorleistungen berei-
nigten Produktionswert. Damit ist die Wertschöpfung als Maß der Unter-
nehmensgröße zu verstehen, die allerdings in verschiedenen Branchen sehr
unterschiedlich ausfällt. So beträgt sie in Handelsunternehmen nur 20-
30%, in der Sachgüterindustrie 40-50%, in Dienstleistungsunternehmen allerdings 70-80%. Da die EFK nur auf die Wertschöpfung angewandt werden können, liegt es auf der Hand, dass die Kosteneinsparmöglichkeiten
sehr sensitiv auf die beeinflussbaren Kosten und damit auf die Fertigungstiefe reagieren. Im Folgenden werden wir uns mit den Ausprägungen von
richtigen und umgekehrten EFK beschäftigen. Dabei ist der Ansatzpunkt
der Fertigungstiefe resp. Wertschöpfung als Indikator für tatsächlich realisierbare EFK-Größen zu bedenken. Nur bei empirisch realistischen EFK,
die groß genug sind, um die Anwendung zu lohnen, macht eine EFK-ba-
sierte Strategiewahl Sinn. Bevor allerdings die Empirie dargestellt wird,
soll auf ein grundsätzliches Problem des Zusammenhangs zwischen Strategiewahl und EFK eingegangen werden.

5.3.4 Folgt die Strategie den EFK oder umgekehrt?

In seinem Buch „Die heimlichen Gewinner" weist Hermann Simon auf das
Problem der schrumpfenden Bewertungsunterschiede zwischen Premium-
und Standardprodukten hin. Er zitiert einen Kunden: *„Ihr Preis ist 2,5
Mio. DM, der Preis einer italienischen Firma ist 1,5 Mio. DM. Ich erkenne
zwar an, dass Ihr Produkt besser ist, es ist jedoch nicht 60% besser. Also
zahle ich keinen 60% höheren Preis."* Selbst wenn also die wesentliche
Grundlage von Wettbewerbsvorteilen die überlegene Qualität sein sollte,
so bleiben Kosten doch von höchster Bedeutung. Die zitierte Kundensicht
zwingt Unternehmen dazu, die Massenmärkte nicht den Massenherstellern
zu überlassen. Wenn also die Standardprodukte in ihren Nutzungsdimensi-

onen mehr und mehr an die Premiumprodukte heran reichen, dann müssen Massenmärkte verteidigt oder vielleicht neu angegriffen werden. Anders formuliert: Nicht die EFK determinieren dann die Strategiewahl. Es sind vielmehr die Erfolge von konkurrierenden Unternehmen, die in ihrer Strategiewahl auf Standardprodukte gesetzt haben, die Premiumproduzenten zwingen, sich mit den Erfolgsvoraussetzungen der Standardhersteller zu beschäftigen. Diese Erfolgsvoraussetzungen bestehen in EFK und sind dementsprechend zur Grundlage eines strategischen Angriffs bzw. einer ergänzenden Strategiewahl zu machen. Die Ausgangsfrage lässt sich diesbezüglich also so beantworten: Wenn der wahrgenommene Kundennutzen von Standardprodukten an den von Premiumprodukten heranrückt, dann muss auch ein Premiumhersteller nach EFK suchen. Diese muss er dann zum Ausgangspunkt einer ergänzenden Strategiewahl machen.

5.4 Anwendungsfall: EFK in der Automobilindustrie

Die Automobilindustrie gilt als klassischer EFK-Anwendungsbereich. Die erste Anwendung des Prinzips, Kosteneinsparungen durch hohe Stückzahlen zu realisieren, war das Modell T von Ford. Die wichtigsten Gründe für Kosteneinsparungen wurden in 5.3.1 aufgezählt. Sie lassen sich auch nach Economies of Scale (wegen Größendegressionen bei Fixkosten und Faktoreinsätzen) und Lerneffekten aufteilen (zu dieser Perspektive siehe Grant (2005)). Das Ziel der Herstellung kostengünstiger Autos wurde bei Ford insbesondere durch Fließbandarbeit und die Konzentration auf genau dieses eine Modell erreicht. Dem entsprach eine hochspezialisierte und fokussierte Organisation. Den Erfolg dieser Ausrichtung gibt die nächste Abbildung wieder.

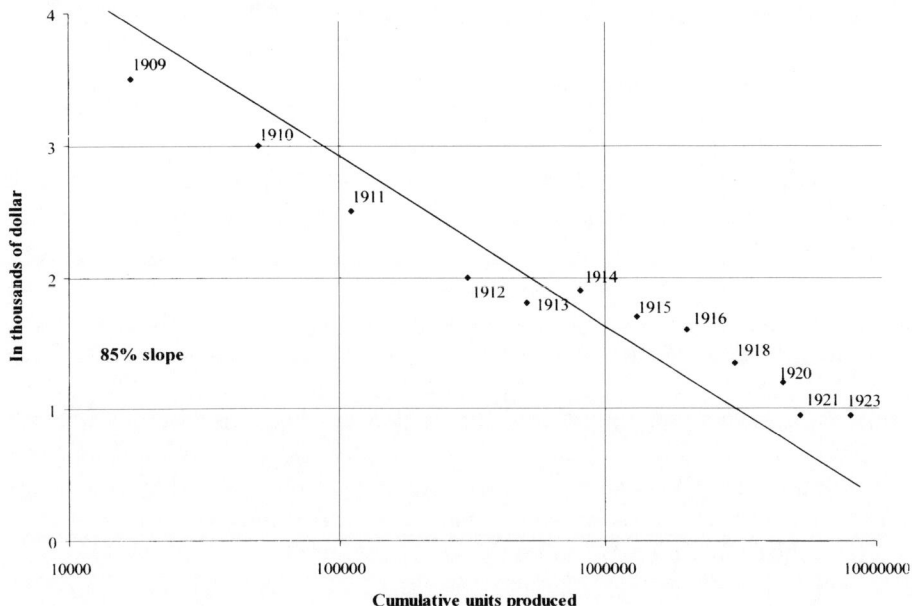

Abb. 5-2: *Preis des Modells T, 1909-1923 (Ø Listenpreis in $-Werten von 1958)*
Quelle: in Anlehnung an Abernathy und Wayne (1974).

Für die ersten Jahre bis zur Mitte der 1920er ist von einer Lernrate von 85% auszugehen. Diese ermöglichte Preissenkungen von 4.000$ pro Modell über 3.000$ bis hin zu 900$ pro Modell. Die Fortsetzung der Erfolgsgeschichte war allerdings nicht möglich. Warum war dies der Fall? Die gesellschaftliche und wirtschaftliche Entwicklung brachte ab Mitte der 1920er Jahre eine Nachfrage nach besseren Autos mit sich. Damit wurden die Qualität unterschiedlicher Ausstattungen und die Bedienung von veränderten Nachfragepräferenzen durch Modellwechsel relevant. Die Konkurrenz zum vormaligen Marktführer Ford kam insbesondere von General Motors (GM). Das Problem für Ford bestand nun darin, auf die GM-Strategie der Qualitäts- und Kundenorientierung durch verbesserte Produkteigenschaften zu reagieren. Schließlich war Ford vormals darauf spezialisiert, ein Produkt sehr effizient herzustellen. Die Fragen, die sich daraus ableiten lassen, sind:

• Gibt es praktische Grenzen für EFK?
• Wie lange lassen sich EFK nutzen? Und:
• Gibt es unerwünschte (z.B. organisatorische) Begleiterscheinungen erfolgreicher EFK-Anwendungen?

Das Problem der Modellwechsel für die auf ein Produkt spezialisierte Organisation zeigt Tabelle 5-1. Die Herstellungskosten betrugen 1926 schon 93% des Listenpreises! Dementsprechend war die Möglichkeit, Gewinne zu erwirtschaften, für Ford ab diesem Zeitpunkt für längere Zeit nicht gegeben. Das Problem der Ford Motor Company bestand im vormaligen Erfolg der spezialisierten Produktion. Die Organisation war inflexibel, es gab kaum Planungs- und Kontrollaktivitäten sowie nur wenige Managementebenen. Das Unternehmen entsprach quasi der Forderung einer „schlanken" Organisation. Deren problematische Seite war, dass Ford nicht darauf eingestellt war, Produktinnovationen effizient durchzuführen und auf Marktanforderungen flexibel zu reagieren. Die vormals erfolgreiche Strategie hatte Ford sozusagen dieser Möglichkeiten beraubt. Damit musste Ford bei einem neuen Modell die Produktionsstrategie neu bestimmen. Ford wählte für das neue Modell wiederum eine spezialisierte Produktion, um EFK zu realisieren. General Motors war dagegen in der Lage, dauernde Modellwechsel mit neuen Features zum Großteil mit existierender (i.e. flexiblerer) Produktion zu realisieren.

Year	Motor vehicles sales (in thousands of units)	% of market share	% of employees salaried	Labor rate (in $ per hour)	Manufacturing cost as % of list price*	Direct labor hours per vehicle*.**	Fixed assets per $ sales	Labor hours per vehicle	Profit (in millions of $)***
1910	32	10,7	6,9	0,25				232	15
1911	70	20,3	3,5	0,23				265	21
1912	170	22,1	5,5	0,23			0,1	95	40
1913	203	39,6	4,9	0,27	41	65	0,11	152	75
1914	306	48	5,7	0,55	40	42	0,15	79	90
1915	501	43,4	4,5	0,55			0,19	72	74
1916	735	38,6	4,4	0,55			0,15	84	178
1917	664	46,1	3,2	0,61	79	47	0,16	106	51
1918	498	43,5	3,5	0,66			0,22	133	95
1919	941	46,9	3	0,76			0,26	100	140
1920	463		2,9	0,84	70	49	0,27	267	64
1921	971	55,4	1,9	0,87			0,22	102	125
1922	1307		1,4	0,82	60	31	0,2	125	237
1923	2019	47,5	1,1	0,85			0,19	125	193
1924	1929		1,2	0,83	62	35	0,25	140	214
1925	1920	41,5	1,2				0,27	160	219
1926	1563		1,4	0,87	93	69	0,33	178	132
1927	424	10,6	1,5	0,87			0,81	475	-65
1928	750		2				0,84	375	-143
1929	1870	32	2,1	0,92	98	80	0,4	182	175
1930	1432		2,8				0,54	210	113
1931	731	26,2	4		69	40	1,06	290	-97

Missing figures are not available.
* For Model T Touring Car 1913-1926. Model A Tudor 1929 and 1931.
** Computed from direct labor cost for models specified above and from Ford labor rates.
*** In constant 1958 $.

Tabelle 5-1: *Ford Vital Statistiken, 1910-1931*
Quelle: Ford Archives (1940).

General Motors setzte also auf eine flexiblere Organisation, die mithin schwächere Möglichkeiten zu EFK bot. Allerdings waren diese EFK-Möglichkeiten besser zu realisieren als bei Ford. Ford hing sozusagen an dem Konzept des einen spezialisierten Produktes, dem eine spezialisierte Fertigung entspricht. Nur mit dieser spezialisierten Fertigung, so Fords Überlegungen, waren EFK wieder nachhaltig zu erzielen. Die Opportunitätskosten für die spezialisierte Fertigung resp. deren Aufbau bestanden z.B. in der Nichtbelieferung des Marktes mit dem neuen Produkt für zwei Jahre. Abernathy und Wayne (1974) beziffern die aus dem Modellwechsel resultierenden Verluste mit 200 Mio. $. Zusätzlich wurden 60.000 Arbeiter in Detroit entlassen und 15.000 Maschinen ersetzt. Die zahlenmäßigen Ergebnisse über die Zeit sind Abb. 5-3 zu entnehmen.

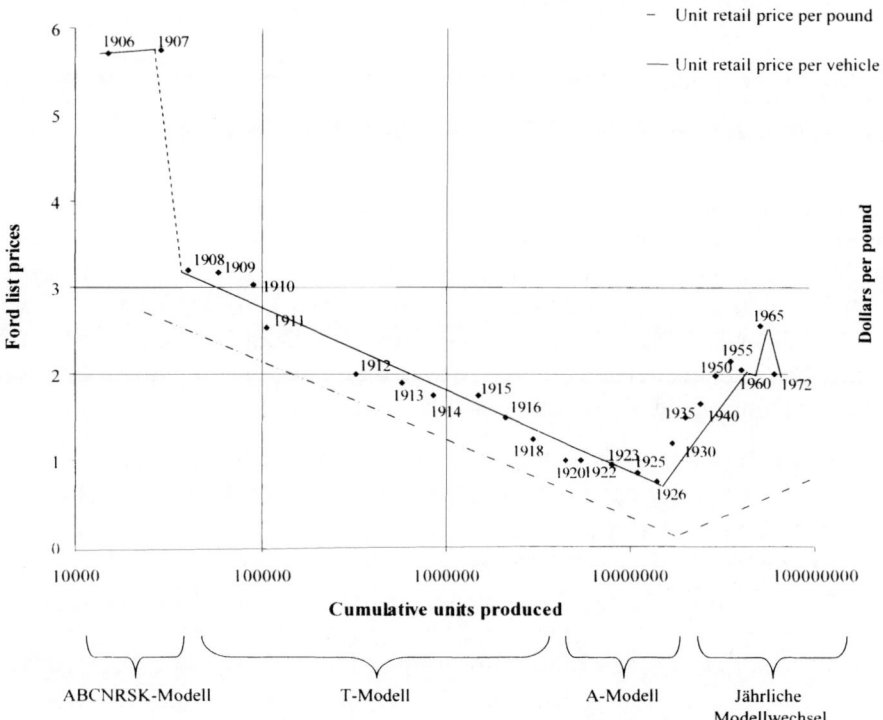

Abb. 5-3: *Fords Erfahrungskurve (in $-Werten von 1958)*
Quelle: in Anlehnung an Abernathy und Wayne (1974).

Welche allgemeinen Schlüsse lassen sich aus dieser Art von EFK-Orientierung ziehen? Allgemein gilt, dass eine spezialisierte Produktion bei Beibehaltung der Standardisierung zu sinkenden Kosten führt. Damit wird aber sowohl was Kapitalgröße als auch die Prozesstechnologie angeht, der Spezialisierungsgrad erhöht, was zu einer Senkung der Flexibilität führt. Alle hier angestrebten Effekte wie Economies of Scale oder die Realisierung weiterer Kosteneinsparungen durch steigenden Fertigungsgrad resp. steigende Fertigungstiefe haben unangenehme Nebenfolgen. Mangelnde Flexibilität, starre Organisation und zu hohe Spezialisierung schränken die Möglichkeit ein, auf Marktänderungen flexibel und erfolgreich zu reagieren. So lässt sich insgesamt festhalten: Gerade die erfolgreiche Realisierung von EFK in den ersten Jahren der Automobilproduktion brachte große Probleme in der Folgezeit mit sich. Der vormalige Erfolg hatte Ford aller organisatorischen Möglichkeiten beraubt, flexibel zu reagieren und dabei eine optimale Austauschrate zwischen EFK und spezieller Kundenorientierung zu finden.

5.5 Anwendungsfall: EFK bei Dienstleistungen

Dienstleistungen sind in allen entwickelten Volkswirtschaften auf dem Vormarsch. Selbst in produktionsnahen Bereichen werden Kunden immer mehr zusätzliche Dienstleistungen angeboten. Deswegen ist die Frage „Lassen sich auch bei Dienstleistungsproduktion EFK erzielen?" für eine große Zahl von Unternehmen sehr wichtig. Allerdings gibt es Gründe, warum EFK in Dienstleistungsbereichen, insbesondere wenn sie mit Kundenkontakt zu tun haben, beschränkt sein könnten:

- mangelnde Standardisierbarkeit oder Wiederholbarkeit der Dienstleistungen wegen unterschiedlichster Kundenanforderungen,
- die hohe Anzahl von Teilzeitmitarbeitern verringert Lernmöglichkeiten,
- die Erhöhung des Empowerment bei der Dienstleistungsproduktion erhöht die Aufgabenvielfalt und vermindert Lernmöglichkeiten,
- das „Design" der Dienstleistung verändert sich im Zeitablauf und macht die Ansatzpunkte für Lerneffekte variabel, und
- Ausbringungsmenge und Produktivität sind schwerer zu messen als in der Produktion (vgl. Chambers und Johnston (2000)).

Nichtsdestotrotz können die Fragen nach EFK im Dienstleistungsbereich empirisch beantwortet werden. Dies soll nachfolgend am Beispiel der Pizzaherstellung illustriert werden. Es wird dabei auf die Arbeit von Darr et al. (1995) zurückgegriffen, die 36 Pizzerien analysierten, welche wiederum im Eigentum von zehn unterschiedlichen Franchisenehmern waren. EFK bei der Pizzaherstellung können sich auf mehrere Ursachen stützen:

- Lernprozesse,
- Standardisierung von Produktionsabläufen,
- sparsamer Einsatz von Inputs, und
- Reduktion von Ausschuss.

Zwei von Darr et al. angegebene Beispiele beziehen sich gerade auf die Standardisierung von Produktionsabläufen, Lernprozesse und den sparsamen Einsatz von Inputs. Das erste Beispiel dazu ist die optimale Anordnung von Salami auf Pfannenpizza. In der Ausgangssituation wurden die Salamischeiben gleichmäßig auf eine Pfannenpizza verteilt, was nach dem Backen zu einer Ungleichverteilung führte. Zur Verhinderung dieser auch ästhetisch nicht befriedigenden Ungleichverteilung wurden dauernde Überwachungen sowie die Korrektur der Salamiverteilung während des Backens durchgeführt. Neu war die in einem Franchisegeschäft erfundene Verteilung der Salamischeiben in Speichen. Mit dem Backprozess verteilten sich dann die Scheiben gleichmäßig über die Pizza. Die Folgen: Verringerte Überwachungskosten, verringerter Ausschuss! Diese Innovation verbreitete sich nun zuerst unter den anderen Franchisen des Franchisenehmers; hier waren insbesondere die persönliche Bekanntschaft sowie regelmäßige Telefonate wichtig. Während des nächsten Vierteljahrestreffens aller regionalen Franchisenehmer wurde die Innovation bekannt gemacht, sodass sie sich innerhalb kurzer Zeit (binnen eines Jahres) bei 90% der Franchisen in den gesamten USA durchsetzen konnte. Für die EFK sind also hier der Wissenstransfer und das organisationale Lernen als Hauptgründe zu nennen.

Die zweite Innovation beschäftigt sich mit dem Workflow. Vor Auslieferung der Pizza muss diese, nach telefonisch aufgenommener Bestellung, in einen Karton verpackt werden. Am Anfang wurden diese Pizzakartons vertikal und geschlossen aufgestellt, sodass der für die Auslieferung Zuständige Schwierigkeiten hatte, die aufgedruckten Bestellungen zu lesen. Folgen: Bei gleichzeitigem verdrehten Lesen sowie einarmiger Öffnung (während in der anderen Hand die Pizza balanciert wurde) kam es des Öfteren zu Pizza-Abstürzen auf den Boden. Eine Verbesserung war die offene horizontale Auslegung der normal beschrifteten Kartons auf einem großen Tisch. Die Pizzen konnten hier einfach verpackt und schnell ausgeliefert werden. Der Ausschuss wurde reduziert. Diese Innovation fand ebenfalls in einer Franchise statt, allerdings wurde sie nur in den Franchisen dieses Franchisenehmers angenommen. Sie schaffte es nicht, sich über die gesamte Organisation zu verbreiten. Die beiden Verbesserungen hängen mit dem Wissenstransfer in Organisationen zusammen. Für dessen Gelingen sind wiederholte Kommunikation, z.T. persönliche Bekanntschaften sowie Treffen zwischen den beteiligten Akteuren wichtig. In dem Maße, in dem der Lernaustausch nicht durch diese Voraussetzungen gefördert wird, wird er nicht stattfinden. Dementsprechend sind EFK aus den geschilderten Verbesserungen nicht zu erwarten. Ein wichtiger Faktor, der EFK beeinträchtigen kann, ist die Entwertung von Wissen. Man kann diese als Abschreibung auf Lerneffekte betrachten. Diese Entwertungen können z.B. bei temporären Schließungen von Produktionsstätten, Streiks und hoher Personalfluktuation stattfinden. Da sie sich gegenläufig zu den (richtigen) EFK auswirken, müssen sie ebenfalls in einer Untersuchung berücksichtigt und ermittelt werden. Darr et al. haben nun für die Überprüfung von EFK im Servicebereich einige Forschungshypothesen formuliert.

H1:[4]   Erfahrungen, gemessen als kumulierter Output von Pizzen, haben einen positiven Einfluss auf die Produktivität.

H2:   Es wird davon ausgegangen, dass es produktivitätsmindernde Entwertungen von Wissen gibt.[5]

H3a: Der Wissenstransfer hat positive Produktivitätseffekte.

H3b: Der Wissenstransfer in Franchisen eines Franchisenehmers ist größer als der Wissenstransfer in den Franchisen unterschiedlicher Franchisenehmer.

H3c: Der Wissenstransfer innerhalb eines Franchisesystems ist deutlich größer als der Wissenstransfer zwischen unterschiedlichen Franchisesystemen.

Die EFK werden nun wie folgt gemessen:

$$K_n = K_0 \cdot q_n^{-b}, \tag{5.14}$$

mit:
K_n = Stückkosten der n-ten Einheit,
K_0 = Stückkosten der 1-ten Einheit,
q_n = kumulativer Output,
b = Degressionsrate.

---

[4] Die nachfolgenden Hypothesen wurden aufgrund der Angaben im Aufsatz zusammengestellt; sie befinden sich so formuliert nicht im Originalaufsatz.
[5] Zur Messung: siehe Darr et al. (1995).

Logarithmiert ergibt sich:

$$\log K_n = \log K_0 - b \cdot \log q_n .$$ (5.15)

Das Grundmodell lautet:

$$\log\left(\frac{c_{nit}}{q_{nit}}\right) = b_0 + b_1 \log(Q_{nit-1}) + b_2 \log(FQ_{nit-1}) +$$

$$b_3 \log(IQ_{nit-1}) + b_{ni}s_{nt} + u_{nit},$$ (5.16)

mit

c_{nit} = Stückkosten des Stores i in Franchise n in der Woche t,
q_{nit} = Anzahl der Pizzen des Stores i in Franchise n in der Woche t,
Q_{nit} = kumulierte Pizzen des Stores i in Franchise n in der Woche t,
FQ_{nit} = kumulierte Pizzen der Franchise n in der Woche t,
IQ_{nit} = kumulierte Pizzen aller Stores und Franchisen in der Woche t,
s_{nt} = Dummy-Variable für jeden Store,
u_{nit} = Störterm.

Das genannte Grundmodell bezieht sich auf die Stückkosten, wobei zusätzliche Lerneffekte innerhalb eines Franchisesystems analysiert werden. Dabei steht b_1 für das storespezifische Lernen, b_2 für den Wissenstransfer zwischen den Stores eines Franchisenehmers und b_3 für den Wissenstransfer zwischen den Stores verschiedener Franchisenehmer. Das Grundmodell (5.16) kann durch die Hinzunahme weiterer Variablen erweitert werden (vgl. Darr et. al. (1995)). Die ermittelten Ergebnisse sind der nachfolgenden Tabelle 5-2 zu entnehmen. Dabei stehen die Koeffizienten b_4 für die Zeit, b_5 für den Pizza-Output, b_6 für den quadrierten Pizza-Output, b_7 für das Quadrat des storespezifischen Lernens, b_8 für den Anteil von Pfannenpizzen und λ für die Wissensentwertung.

	(1)	(2)	(3)	(4)	(5)
Store-specific learning (b1)	-0,117***	-0,098***	-0,097***	-0,104***	-0,106***
	(0,019)	(0,020)	(0,020)	(0,019)	(0,022)
Transfer between commonly owned stores (b2)	-0,104***	-0,066***	-0,064**	-0,059**	-0,094*
	(0,016)	(0,019)	(0,020)	(0,022)	(0,047)
Transfer between differently owned stores (b3)	-0,015*	-0,008	-0,009	-0,004	-0,001
	(0,007)	(0,010)	(0,010)	(0,010)	(0,011)
Calendar time (b4)		0,003**	0,003**	0,004**	0,002**
		(0,001)	(0,001)	(0,002)	(0,0008)
Current pizza count (b5)		-0,0003***	-0,0003***	-0,0003***	-0,0004***
		(0,1E-04)	(0,1E-04)	(0,1E-04)	(0,9E-05)
Square of current pizza count (b6)		0,6E-07***	0,5E-07***	0,5E-07***	09E-07***
		(0,4E-08)	(0,4E-08)	(0,4E-08)	(0,4E-08)
Square of store-specific learning (b7)			0,009	0,009	0,003
			(0,007)	(0,008)	(0,009)
Percentage pan pizza (b8)			0,021	0,022	0,052
			(0,017)	(0,021)	(0,048)
Depreciation of knowlegde (λ)				0,8***	0,83***
				(0,046)	(0,042)
Autocorrelation coefficient	0,569***	0,581***	0,589***	0,512***	0,492***
	(0,017)	(0,014)	(0,015)	(0,022)	(0,024)
R²	0,237	0,557	0,565	0,593	0,653

*$p < 5\%$, **$p < 1\%$, ***$p < 0,1\%$, standard errors are shown in parentheses.

Tabelle 5-2: *Geschätzte Koeffizienten der Stückkosten-Modelle*
Quelle: Darr et al. (1995).

Die Ergebnisse lassen sich im Einzelnen wie folgt zusammenfassen:

- Firmen- und storespezifische Lerneffekte führen zu Produktionskostensenkungen.
- Die Stückkosten der Pizzaherstellung sinken mit abnehmender Rate bei Zunahme des kumulierten Outputs.
- Die Koeffizienten haben zumeist die erwarteten negativen Vorzeichen: EFK und Lerneffekte existieren.
- Die Schätzung der Lernrate $(1 - a)$ ergibt: $(1 - a) = 2^{-b1}$; $(1 - a) = 0,929$. D.h. mit jeder Verdopplung von Q sinken die Kosten einer Pizza um 7% $[(1 - a) = 2^{-0.106} = 0,92916]$.
- Die Wissensentwertung ist sehr hoch! $\lambda = 0,83$ bedeutet eine Halbierung des Wissens nach vier Wochen.

Allgemein lassen sich zwei entscheidende Ergebnisse herausheben:

- Erfahrungsaufbau führt zu Produktionskostensenkungen, aber:
- Erfahrungen (als Wissen) werden sehr schnell entwertet.

Die Lernkurve verdeutlicht die oben genannten Zusammenhänge:

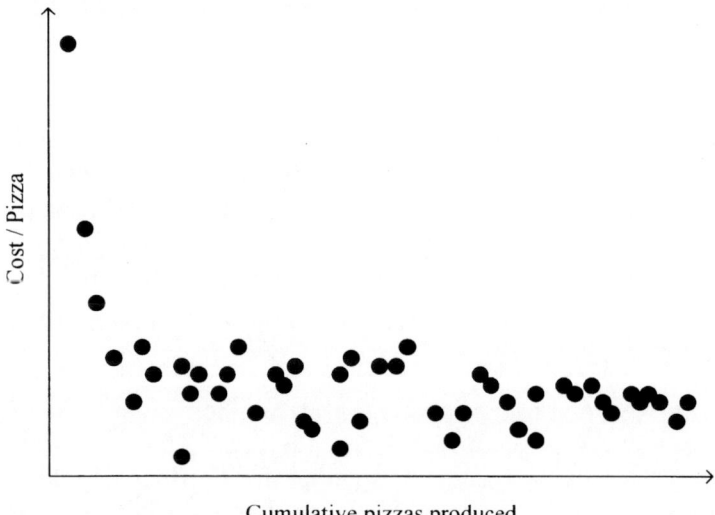

Abb. 5-4: *Beziehung zwischen Stückkosten und kumulierter Pizzamenge*
Quelle: in Anlehnung an Darr et al. (1995).

Die Abbildung zeigt einen charakteristischen Lernkurvenverlauf: Die Stückkosten der Pizzaproduktion nehmen mit abnehmender Rate ab, wenn die kumulierte Produktionszahl von Pizzen zunimmt. Gehen wir noch einmal auf die geschätzte Lernrate in Höhe von $(1 - a) = 0,929$ ein. Diese impliziert, dass die Kosten einer Pizza bei einer Verdopplung der kumulierten Pizzaausbringungsmenge um 7% sinken. Demgegenüber stehen Lernraten in der Industrie von 0,8, mithin Stückkosteneinsparungen bei der gleichen Outputerhöhung um 20%. Die bei der genannten Serviceproduktion erzielbaren EFK sind damit deutlich geringer als die der industriellen Produktion. Zusätzlich muss auf das Problem der Wissensentwertung hingewiesen werden. Die Schätzung der Entwertungsrate ergibt einen Wert von $\lambda = 0,83$. Anders ausgedrückt: Ohne dauernde Durchführung der Produktion, um den Wissensstock zu erhalten und wieder aufzufrischen, würde sich das Wissen in vier Wochen halbieren bzw. nach einem halben Jahr nahezu aufgelöst haben.

Welche wirtschaftlichen Effekte lassen sich aus den EFK direkt abschätzen? Bezugnehmend auf Tabelle 5-2 lassen sich die einzelnen Effekte auf Produktionsmengen anwenden. Gegenüber einem Einzelunternehmen hat eine Franchise innerhalb eines Verbundes von fünf Pizzerien einen Kostenvorteil von 14% innerhalb einer Woche. Als Teil eines Verbundes von zehn Franchisen innerhalb des Eigentums eines Franchisenehmers hätte die Einzelpizzeria einen Kostenvorteil von 20%. Der Effekt des „Intrastore-Lernens" zum Intra-Franchise-Lernen lässt sich wie folgt erläutern: Ein Store, der 3.000 Pizzen pro Woche herstellt, hätte im Vergleich zu drei Franchisen, die jeweils 1.000 Pizzen die Woche herstellen, einen Stückkostenvorteil von 11% pro Woche. Es lässt sich nun auch die optimale Betriebsgröße ermitteln. Bei einem Output von 2.222 Pizzen pro Woche ist diese erreicht. Dieser Output bedeutet einen 6%igen Kostenvorteil gegenüber einem Store, der die durchschnittliche Outputrate von 1.119 Pizzen backt, und einen 17%igen Kostenvorteil gegenüber dem Store, der die höchste Wochenrate an Pizzen erzeugt (3.429!).

Was lässt sich nun bezüglich der Ansatzmöglichkeiten für die Erhaltung und Generierung der Lerneffekte resp. für die Vermeidung der Wissensentwertung sagen? Entscheidend ist, dass die Wissensproduktion hier an Personen gebunden ist.[6] In dem Maße, in dem die Fluktuation der Mitarbeiter steigt bzw. auch die Franchisenehmer wechseln, wird Wissen entwertet (dies wurde von Darr et al. auch in zusätzlichen Analysen bestätigt). Entscheidend für die Erhaltung des Wissenstransfers sind persönliche Bekanntschaften sowie ausgiebige Kommunikation der erreichten Fortschritte (Telefonate, Meetings, etc.). Schließlich scheinen Eigentumsrechte für die Vermeidung der Wissensentwertung und die Durchführung von Wissenstransfers sehr wichtig zu sein. Die EFK waren innerhalb der Franchisen eines Franchisenehmers deutlich ausgeprägter als zwischen den Franchisen unterschiedlicher Franchisenehmer.

5.6 EFK, Preispolitik und strategische Planung

Die z.B. mittels statistischer Analysen gewonnenen Erfahrungskurvenwerte informieren die Geschäftsführung über die erreichbaren Kostensenkungen bei zunehmender Produktionsmenge. Dementsprechend geben sie an, welche strategischen Möglichkeiten ein Unternehmen hat. Hohe EFK legen eine Strategie der Kostenführerschaft nahe. Für jede Umsetzung von EFK ist die erste Anwendung die Preispolitik.[7] Im Folgenden betrachten wir zuerst die beiden generischen Ansätze, die generell mit der Ableitung

---

[6]   Dies bedeutet, dass die Wissensproduktion nicht in der Technologie gebunden ist.

[7]   Zur Analyse der Wirkungen unterschiedlicher Preispolitiken bei unterschiedlichen Branchenspielregeln, siehe Kapitel 3.

der Preispolitik aus EFK verbunden werden. Dem folgt eine strategische Fundierung dieser Preispolitiken. Schließlich bedeutet gerade die Interaktion von Unternehmen auf Märkten, dass die Wahl einer bestimmten Strategie nicht isoliert aus der Perspektive *eines* Unternehmens erfolgen kann, sondern dass vielmehr die rational erwartbaren Reaktionen anderer Unternehmen einbezogen werden müssen. Die Berücksichtigung dieser Interaktion ermöglicht erst eine rationale Wahl der Strategie.

5.6.1 Hochpreis- und Niedrigpreispolitik

Es wurde darauf hingewiesen, dass die EFK ein Verständnis über einen machbaren, i.e. potenziell rentablen Preisverlauf während der Marktphasen vermitteln. Eine Hochpreispolitik (sogenannte Abschöpfungsstrategie) bedeutet, dass der Anfangspreis zunächst ungefähr kostendeckend festgelegt und danach tendenziell stabil gehalten wird. Damit werden bei den anfangs vielleicht wenigen Kunden, die bereit sind, hohe Preise zu bezahlen, die Konsumentenrenten abgeschöpft. Mit der Zeit gäbe es die Möglichkeit, den Preis (leicht) abzusenken. Voraussetzungen für eine solche Strategie werden folgendermaßen benannt:

- Existenz einer genügend großen Anzahl von Käufern mit relativ preisunelastischer Nachfrage,
- geringe Markteintrittswahrscheinlichkeit neuer Konkurrenten,
- Signalwirkung eines hohen Preises (Qualitätssignal[8]),
- kurzfristige Produktvorteile, woraus der Zwang zur schnellen Abschöpfung resultiert.

Die Entwicklung des Preises hängt dem Verhalten von Wettbewerbern ab (siehe unten). In dem Maße, in dem die Stückkosten durch EFK sinken und die Preise hochgehalten werden, wird ein „Preisschirm" aufgespannt, der neue Wettbewerber anlockt. Als Zwischenfazit ergibt sich: Opportunitätskosten der Abschöpfungsmöglichkeiten sind die Attrahierung von Wettbewerbern, der Verzicht auf höhere Absatzzahlen sowie die damit zusammenhängende Unmöglichkeit, große EFK zu realisieren. Demgegenüber setzt eine Niedrigpreispolitik, auch Penetrationsstrategie genannt, anfänglich auf nicht kostendeckende Preise. Ziel dieser Preisstrategie ist der Einsatz des niedrigen Preises, um Marktanteile zu gewinnen. Mittelfristig sollen dann dementsprechend auch die EFK benutzt werden, um trotz nied-

---

[8]   Aktuelles Beispiel: Die Jeans der Marke „Seven".

riger Preise positive Deckungsbeiträge zu generieren.[9] Die verglichen mit der Hochpreisstrategie entgangenen Gewinne zu Beginn der Marktphase werden dann in der Tendenz durch spätere Gewinne, auch aus der Verdrängung von Wettbewerbern, nachgeholt. Als Voraussetzungen für die Vorteilhaftigkeit dieser Strategie werden genannt, dass:

- ein preiselastischer Markt tatsächlich über niedrige Preise zu schnellem Marktwachstum führt,
- die Gewinnung von Marktanteilen wegen späterer EFK tatsächlich zu zukünftigen Gewinnen führt,
- ein niedriger Preis potenzielle Konkurrenten entmutigt und entweder eine effektive Markteintrittsbarriere darstellt oder als strategische Mengenbegrenzungsmethode dient.[10]

Bisher wurden die beiden generischen Preisstrategien kurz erläutert. Unerörtert blieben dabei die Gründe für die Wahl der einen oder der anderen Strategie. Die Folgen der jeweiligen Strategiewahl, und zwar für Konkurrenten und für das eigene Unternehmen, werden im nächsten Abschnitt kurz analysiert; daraus ergibt sich dann die Begründung der Wahl.

5.6.2 Kostenführerschaft im homogenen Wettbewerb

Die nachfolgenden Überlegungen erläutern, mit welcher Strategie die EFK-Wettbewerbsvorteile in einem oligopolistischen Markt durchgesetzt werden; angenommen wird dabei die Zulassung des Markteintritts neuer Wettbewerber. Die zu beantwortenden Fragen sind:

- Wie lassen sich EFK (i.e. Kostenvorteile) einsetzen? Und:
- Welche Effekte hat der Einsatz von EFK?

Unterstellt wird ein Mengenwettbewerb. Hier sei auf den Gleichgewichtsgewinn eines Unternehmens in einem Duopol mit Mengenwettbewerb aus Kapitel 3 hingewiesen:

$$\Pi_i^c = \frac{1}{9b}(a - 2c_i + c_j)^2 \text{ mit } i, j \in \{1,2\}, i \neq j. \tag{5.17}$$

---

[9] Die Idee ist, sich durch Kostensenkung mittels EFK in die Zone positiver Deckungsbeiträge zu entwickeln.

[10] Vgl. zur Markteintrittsabschreckung das Spence-Dixit-Modell in Kapitel 3.

Mit (relativer) Verbesserung der jeweils eigenen Kostenposition eines Unternehmens erhöht sich also auch der eigene Gewinn. Allgemein gilt die reduzierte Gewinngleichung:

$$\prod_1^c(c_1) = \prod_1(c_1, c_2, q_1^c(c_1, c_2), q_2^c(c_1, c_2)). \tag{5.18}$$

Die Ableitung dieser Gewinngleichung nach den eigenen Kostensenkungen ergibt:

$$\frac{d\prod_1^c}{dc_1} = \frac{d\prod_1}{dc_1} + \frac{d\prod_1}{dq_2} \cdot \frac{dq_2^c}{dc_1} + \frac{d\prod_1}{dq_1} \cdot \frac{dq_1^c}{dc_1}. \tag{5.19}$$

Die drei Terme auf der rechten Seite drücken den direkten Effekt resp. die strategischen Effekte der Kostensenkung aus. Der direkte Effekt der Kostensenkung auf den Gewinn im ersten Term hat ein negatives Vorzeichen: Der eigene Deckungsbeitrag steigt, wenn die eigenen Kosten sinken, so dass hier ein partiell positiver Effekt existiert. Dabei sind allerdings die „Kosten der Kostenreduktion" mit zu betrachten. Positionen wie Schulungen, zusätzliche Planungsaufwendungen, Sozialpläne, Kommunikation, Investitionsaufwendungen etc. bedingen, dass Kosteneinsparungen nicht kostenlos möglich sind. Dementsprechend gilt natürlich: Je geringer die Kosten der Kostensenkung sind, desto höher ist auch der positive, gewinnerhöhende direkte Effekt der Kostenreduzierung. Der strategische Effekt des zweiten Terms misst: Wie sind die Auswirkungen der eigenen Kostensenkungen c_1 auf die Angebotsmenge des Unternehmens 2 und damit – via Preisänderungen – auf den eigenen Gewinn π_1? Die beiden isolierten Effekte lassen sich zum einen als

$$\frac{dq_2}{dc_1} > 0 \tag{5.20}$$

analysieren. Dieser Effekt ist positiv, weil Unternehmen 2 auf die Kostensenkungen(erhöhungen) bei Unternehmen 1 mit einer Angebotsverringerung(erhöhung) reagiert. Der zweite Effekt ist negativ, weil wegen des verringerten Angebots durch Unternehmen 2 ein Preisanstieg von Unternehmen 1 durchzusetzen ist, der wiederum zu einer Gewinnerhöhung bei Unternehmen 1 führt:

$$\frac{d\,\Pi_1}{dq_2} < 0. \qquad (5.21)$$

Der dritte Term

$$\frac{d\,\Pi_1}{dq_1} \cdot \frac{dq_1^c}{dc_1} \qquad (5.22)$$

entfällt, da mit der Gleichgewichtsmenge q_1^c die Gewinnmaximierungsbedingung erfüllt ist und $d\Pi/dq_1 = 0$ gilt. Dementsprechend gilt:

$$\frac{d\,\Pi_1^c}{dc_1} < 0. \qquad (5.23)$$

Daraus resultiert für den Fall von linearen Preisabsatzfunktionen: Aus strategischen Gründen sollten Unternehmen, die EFK realisieren, bei ihren Anstrengungen über das durch den direkten Kostensenkungseffekt Gebotene hinausgehen. Anders formuliert: Alle Maßnahmen, die die EFK mit Angebotsausweitungen verbinden, werden wegen des Zurückdrängens der Konkurrenz positiv gesehen.

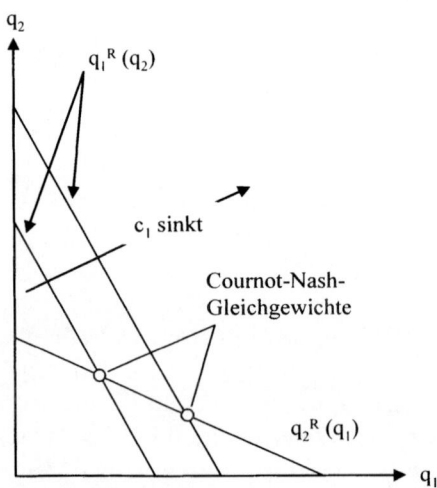

Abb. 5-5: *Direkter Weg zur Kostenführerschaft*
Quelle: in Anlehnung an Pfähler und Wiese (2001).

In der direkten Reaktion erkennt man dies auch aus Abb. 5-5. Daraus er-
sieht man, dass die Kostensenkung von Unternehmen 1 dessen Reaktionsfunktion nach rechts verschiebt. Dies senkt die Angebotsmenge des Konkurrenten und erhöht den Gewinn des Unternehmens 1. Hinzuweisen ist
darauf, dass sich die Preiswahl hier nur als Restgröße der Mengenkonkurrenz ergibt. Nur für die Mengenkonkurrenz lohnt es sich, die aggressive
Strategie der Kostenführerschaft durchzuspielen. Preiseffekte ergeben sich
hierbei indirekt über veränderte Angebotsmengen. Vor dem voreiligen
Schluss, dass sich damit auch die strategischen Fragen für den Fall des
Preiswettbewerbs beantworten ließen, muss allerdings gewarnt werden.
Zur Eintrittsabschreckung ist weiterhin eine aggressive Strategie der Kostenführerschaft angezeigt. Jedoch bedeuten solche aggressiven Strategien
bei Markteintrittszulassung einen negativen strategischen Effekt. Dies liegt
daran, dass die Wahl niedrigerer Preise, die bei Unternehmen 1 kostenin-
duziert sind, im Gleichgewicht auch die Preise von Unternehmen 2 senkt
und damit wiederum den Gewinn von Unternehmen 1 negativ beeinflusst.[11]

5.7 Fazit

Wir haben gesehen, dass EFK zuallererst Potenzial sind. Die Anwendungs-
beispiele haben gezeigt, welche EFK im positiven wie im negativen Sinne
realisiert werden können. Die Vorbedingung, unter der dies geschieht, lässt
sich mit einem Ausspruch von Robert Musil benennen: *„Wenn es Wirk-
lichkeitssinn gibt, muss es auch Möglichkeitssinn geben"* (Musil (1988)).
Der EFK-Realisierung ist also eine Analyse der Möglichkeiten vorausgesetzt. Das Beispiel der Pizzaherstellung hat demonstriert, wie wichtig Pro-
zesskenntnisse für die Realisierung auch kleiner, aber dafür nachhaltiger
EFK sind. Es ist insbesondere deshalb wichtig, die Analyse durchzuführen,
weil es auch umgekehrte EFK gibt, mithin dem erwarteten Ertrag aus dem
Aufbau von Marktanteilen (i.e. erhöhte und abgesetzte Produktion) über-
proportional hohe zusätzliche Kosten entsprechen können. Für die genaue
Ermittlung von EFK ist aber auf die Einschränkung der Fertigungstiefe
hinzuweisen. Da die Fertigungstiefe in modernen Unternehmen tendenziell
abnimmt, nimmt uno actu auch die Möglichkeit zu hohen EFK ab. Die Bestimmung der EFK bedeutet aber die Chance, strategisch wichtige Entscheidungen zu treffen. Je höher die ermittelten Effekte richtiger EFK
sind, desto mehr Argumente sprechen für eine an Kostenführerschaft ori-

---

[11] Zur Logik und den Konsequenzen dieser Interaktionen, siehe Kap. 3.

entierte Strategiewahl. Demgegenüber werden Qualitätsaspekte und maß-
geschneiderte Kundenanfertigungen (siehe Komplexitätskosten) bei Vorliegen hoher EFK tendenziell ungünstiger zu bewerten sein. Sollten aber
individuelle Kundenlösungen die entscheidende Marktdeterminante bilden,
dann muss mit umgekehrten EFK gerechnet werden. Die Verringerung der
daraus resultierenden negativen Effekte kann z.B. durch eine Begrenzung
der Variantenzahl erfolgen.

Für die Nutzung der EFK-Analyse sind, gerade bei Dienstleistungsunternehmen, einige weitere Aktivitäten nützlich. Zum einen ist es wichtig,
dauerhaft die Kostensenkungsrate zu messen. Zusätzlich müssen mittelfris-
tige Ziele für die variablen Kosten ermittelt und innerhalb von Dienstleistungsunternehmen auch effektiv kommuniziert werden. Dazu bedarf es der
Identifikation der kontrollierbaren Kosten von Prozessänderungen und
Lerneffekten. Schließlich lassen sich die Kenntnisse hinsichtlich der EFK
für die Durchführung realistischer Prognosen von Produktivitäts- und Ka-
pazitätsentwicklungen nutzen. Ein Nebenprodukt könnte dabei das Benchmarking der relativen Lernraten unterschiedlicher Bereiche des Unternehmens sein. Abschließend sei daraufhin gewiesen, dass in dem Maße, in
dem Standardprodukte an die Eigenschaften von Premiumprodukten her-
anreichen, der Verzicht auf den Massenmarkt problematisch wird. Dementsprechend heißt es auch für Premiumhersteller, immer die EFK im
Blick zu behalten.

Literatur

William J. Abernathy/Kenneth Wayne (1974): Limits to the Learning Curve. Harvard Business Review, Vol. 52. 109-120.

Dietrich Adam/Klaus Backhaus/Ulrich W. Thonemann/Markus Voeth (2004): Allgemeine Betriebswirtschaftslehre – Koordination betrieblicher Entscheidungen. Berlin.

Stuart Chambers/Robert Johnston (2000): Experience Curves in Services: Macro and Micro Level Approaches. International Journal of Operations and Production Management, Vol. 20. 842-859.

Eric. D. Darr/Linda Argote/Dennis Epple (1995): The Acquisition, Transfer and Depreciation of Knowledge in Serve Organisations. Management Science, Vol. 52. 1750-1762.

Ford Archives – Federal Trade Commission (1940): Report on the Motor Vehicle Industry. 75th Congress, First Session. House Document No. 468.

Robert Musil (1988): Der Mann ohne Eigenschaften. Hamburg.

Wilhelm Pfähler/Harald Wiese (2001): Unternehmensstrategie. In: Peter-J. Jost (Hrsg.): Die Spieltheorie in der Betriebswirtschaftslehre. Stuttgart. 219-254.

Hermann Simon (1998): Die heimlichen Gewinner. Frankfurt.

Aufgaben zum Kapitel 5

Aufgabe 1:

Die Morsche AG produziert zwei Automodelle: Morsche 911 und Morsche Carrera. Aus historischen Daten des Unternehmens konnte folgender Zusammenhang zwischen den Stückkosten K_n und der Outputmenge q_n der beiden Modelle ermittelt werden:

q_n	1	200	400	800
K_n	100	100	110	121

Tabelle A-5-1: *Modell A, Morsche 911*

q_n	1	100	300	900
K_n	100	100	88	77,44

Tabelle A-5-2: *Modell B, Morsche Carrera*

a) Um welche Art des Erfahrungskurveneffektes handelt es sich bei den Modellen A und B?
b) Wie hoch sind die jeweiligen Lernraten, wenn die für die Lernkurve geltenden Startproduktionsmengen für das Modell A bei 200 Mengeneinheiten (ME) und für das Modell B bei 100 ME liegen?
c) Berechnen Sie die Stückkosten bei der Produktion von 1.000 ME des Modells A und 1.200 ME des Modells B.
d) Bestimmen Sie jeweils die Gesamtkosten sowie die kostendeckende Preisuntergrenze für eine kumulierte Produktion von 1.800 ME des Modells A und 2.000 ME des Modells B.

Aufgabe 2:

Bearbeiten Sie bitte die folgenden Aufgabenstellungen:

a) Erläutern Sie die Ursachen für die Existenz richtiger und umgekehrter Erfahrungskurveneffekte.
b) Nehmen Sie zur folgenden Aussage Stellung: „Die Erfahrungskurve stellt keine Wirklichkeit dar, sondern eine Möglichkeit."

c) Benennen Sie Gründe, die bei einer Dienstleistungsproduktion zu einer Einschränkung des Erfahrungskurveneffekts führen können.

d) Nennen und erläutern Sie die Voraussetzungen für eine Abschöpfungs- bzw. eine Niedrigpreispolitik.

Aufgabe 3:

Ein Hersteller von UMTS-Mobiltelefonen plant für Anfang 2005 die Einführung eines neuen Modells. Die Preispolitik soll sich an der Erfahrungskurve orientieren. Der Hersteller geht von folgender Kalkulation aus:

Materialkosten (Fremdmaterial)	200€
Material-Gemeinkosten (60% Lagerabschreibungen, 40% anteilige Lohnkosten/Zinsen)	90€
Fertigungslöhne (Lohneinzelkosten)	150€
Fertigungsgemeinkosten (inkl. 20% kalkulatorischer Miete, sonstigen Löhnen für Wartung und Instandhaltung)	150€
Sondereinzelkosten der Fertigung (Lizenzgebühren)	60€
Verwaltungsgemeinkosten (inkl. 20% kalkulatorischem Unternehmerlohn, sonstigen Zinsen und Löhnen)	25€
Vertriebseinzelkosten (75% Lohnkosten)	30€
Sondereinzelkosten des Vertriebs (Miete für Präsentationsräume)	5€

Im Jahr 2005 sollen 10.000 ME produziert und abgesetzt werden. Die Unternehmensleitung geht davon aus, dass in 2006 30.000 ME, in 2007 40.000, in 2008 60.000 Stück und in 2009 80.000 ME produziert werden.

a) Wie hoch sind die Stückkosten, die dem Erfahrungskosteneffekt unterliegen?

b) Welche Stückkosten sind bei einer 25% Erfahrungskurve im Jahr 2009 zu erwarten?

c) Legen Sie bitte die Hauptgründe für den berechneten möglichen Kostensenkungseffekt dar.

Aufgabe 4:

Welche Aussage über den Erfahrungskurveneffekt ist richtig? Begründen Sie Ihre Antwort.

a) Der Erfahrungskurveneffekt besagt, dass bei steigenden kumulierten Produktionsmengen die Stückkosten des Produkts sinken.
b) Nach dem Erfahrungskurveneffekt führen steigende Produktionsmengen pro Periode zu Kostensenkungen.
c) Technischer Fortschritt ist die ausschließliche Ursache für den Erfahrungskurveneffekt.
d) Die Erfahrungskurve ist nur im Produktionsbereich von Bedeutung, weil sie ein Kostensenkungspotenzial beschreibt.

Aufgabe 5:

Die Pitroen AG hat ein neues Automodell entwickelt, das weniger Benzin verbraucht und von 0 auf 100 km/h in 3 Sekunden beschleunigt. Dieses Modell basiert auf einem Spezialmotor, der selbst gefertigt wird. Die variablen Herstellkosten dieses Motors beliefen sich bei einer Prototypenserie von $x_0 = 500$ ME auf $K_0 = 150$ €/ME. Die Montagezeit des Automobils für die erste Serie betrug 90 Min/ME. Sowohl bei der Montage als auch bei der Motorproduktion wird mit einem Erfahrungskurveneffekt von 25% gerechnet. Die variablen Kosten des Automobils betragen ohne Montage und Motor 1.200€. Das neue Modell soll zu einem Preis von 1.400€ verkauft werden.

a) Bilden Sie den Erfahrungskurveneffekt grafisch ab.
b) Wird anstatt des Kostensatzes K_0 der Produktionskoeffizient in die Erfahrungskurve eingesetzt, so ergibt sich der Erfahrungskurveneffekt für die Produktionszeit. Berechnen Sie den kumulierten Kapazitätsbedarf für die Herstellung von 7.000 ME.

Aufgabe 6:

Der Unternehmer Peter Panik ist verzweifelt. Er fühlt sich den aktuellen Planungsherausforderungen seines Betriebs – der Meergrundel AG – nicht gewachsen und bittet seinen Praktikanten Klaus Klever um einige Hilfestellungen bei der Ermittlung der künftigen Kostenentwicklung in der Produktion. Glücklicherweise hat Klaus im vergangenen Semester die Vorlesung „Planung und Entscheidung" an der WWU Münster belegt. So fühlt er sich bestens gewappnet für die Lösung der folgenden Aufgabenstellungen.

a) *Marktausbau durch die Planlos AG*:
   Klaus, ich komme hier nicht weiter! Unser Konkurrent – die Planlos AG – unterbietet den Preis unseres (leicht differenzierten) Pro-

duktes seit gestern um 10%, d.h. die Planlos AG verkauft nunmehr für 9€ je Mengeneinheit! Zuvor hatten wir identische Preise. Der Konkurrent versucht, seinen eigenen Marktanteil auszubauen, um stärker von Erfahrungskurveneffekten profitieren zu können.

Die derzeitige kumulierte Menge der Planlos AG beträgt laut Marktforschung 1.000 Mengeneinheiten. Die Erfahrungsrate der Planlos AG wird vereinfachend gleich unserer eigenen aktuellen Erfahrungsrate von 15% angenommen. Die Erfahrungsrate beschreibt, um wie viel Prozent sich die Stückkosten bei einer Verdopplung der kumulierten Produktionsmenge reduzieren (von Inflation sei abstrahiert). Die Ausgangskosten des allerersten Produkts nehmen wir bei der Planlos AG vereinfachend als identisch zu den Stückkosten unserer eigenen *ersten* Produkteinheit an, die genau 50€ betrugen.

Laut Marktforschung gilt für die Planlos AG folgende Nachfragekurve, die sich auf die Jahresabsatzmenge bezieht:

$q_1 (p_1, p_2) = 600 - 47{,}74p_1 + 8p_2$

q_1: Jahresabsatzmenge der Planlos AG
p_1: Stückpreis der Planlos AG
p_2: Stückpreis der Meergrundel AG

Meine Fragen lauten nun: Bei welcher kumulierten Menge erreicht unserer Konkurrent die Deckung seiner Stückkosten über den neuen Stückpreis (Break-Even-Punkt)? Wie viele Jahre braucht der Konkurrent, bis er den Break-Even erreicht hat?

Anmerkung: Die für die Erfahrungskurve geltende Startproduktionsmenge beträgt 1 Mengeneinheit!

b) *Auswirkungen des Wettbewerbsverhaltens auf die Meergrundel AG:*
    Klaus, bitte rechne mit den Zahlen, die Du vorher ermittelt hast, noch ein wenig weiter. Gehe davon aus, dass der Mengenzuwachs der Planlos AG vollständig zu Lasten unserer eigenen Jahresabsatzmenge geht. Dies ist vor allem deswegen realistisch, weil wir uns auf einem stagnierenden Markt bewegen, bei dem Wachstum nur noch durch Nachfrageverschiebungen möglich ist. Unsere Jahresabsatzmenge betrug *bisher* stets 200 Mengeneinheiten.

Unsere kumulierte Produktionsmenge beträgt aktuell 1.000 Mengeneinheiten. Unsere Zielstellung war, Stückkosten von 9 € innerhalb der nächsten drei Jahre zu erreichen. Wie stark müssen wir unsere Erfahrungsrate – bisher 15% – zur Realisierung dieses Ziels verbessern, wenn die Planlos AG unsere Jahresabsatzmenge reduziert?

c) *Durchschnittskosten bei Berücksichtigung der veränderten Erfahrungsrate*:
Klaus, durch verbesserte Kommunikationsmaßnahmen zwischen unseren Mitarbeitern und die Anwendung neuer Technologien können wir die neue Erfahrungsrate, die Du in der vorherigen Aufgabe berechnet hast, nun tatsächlich realisieren. Gehe bitte davon aus, dass die neue Erfahrungsrate *sofort,* d.h. direkt *nach* der 1.500sten Mengeneinheit, umgesetzt wird. Mich würde – gerade wegen der veränderten Erfahrungsrate – jetzt interessieren, welche *Durchschnittskosten* wir über die gesamte kumulierte Absatzmenge von 3.000 Einheiten realisieren.
Mit anderen Worten: Für die ersten 1.500 Einheiten gilt die Erfahrungsrate von 15%. Für die nächsten 1.500 Einheiten gilt die in Aufgabenteil b) berechnete Erfahrungsrate. Welche Durchschnittskosten ergeben sich über die kumulierte Gesamtmenge von 3.000 Einheiten?

6 Kombination von Umwelt- und Strategieanalyse: Strategiewahl und Portfoliosteuerung

6.1 Einleitung

„ Most managers have very little incentive to make the intelligent-but-with-some-chance-of-looking-like-an-idiot decision. " (W. Buffett)

Die strategische Planung auf Unternehmensebene muss die Kompetenzen des Unternehmens mit den Chancen und Risiken der Umwelt abgleichen. Dieser Abgleich muss durchgeführt werden, weil weder die strategische Ausrichtung auf externe Marktchancen, noch die sehr starke Betonung der eigenen Kompetenzen eines Unternehmens ausreichend für den Unternehmenserfolg sind. Erstere gibt bspw. nur die Marktpotenziale an, zu deren Ausschöpfung aber interne Kompetenzen des Unternehmens notwendig sind. Letztere wiederum muss immer daraufhin überprüft werden, ob die internen Fähigkeiten tatsächlich auch zur Herstellung marktfähiger Produkte genutzt werden können. Ein wichtiges Instrument zur Formulierung von Unternehmensstrategien ist die Portfoliotechnik. Diese Technik hat zum Hauptziel, Normstrategien zu bestimmen, die vom Topmanagement für die einzelnen Geschäftsbereiche vorgegeben werden. Damit sind Entscheidungen über die Allokation von Ressourcen, Strategieformulierungen, die finanzielle Ausgewogenheit der einzelnen Geschäftsportfolios sowie die Vorgabe von Leistungszielen verbunden.

Das nachfolgende Kapitel erläutert und analysiert die Portfoliotechnik. Dazu wird zuerst auf die Matrix der Boston Consulting Group (BCG-Matrix) zurückgegriffen, die pars pro toto als Basis für die Erklärung der Technik dient. Die Darstellung der BCG-Matrix wird mit einer ausführlichen Erörterung der ihr zugrunde liegenden Annahmen sowie der Kritik einer undifferenzierten Anwendung der BCG-Matrix kombiniert (6.2). Insbesondere wird herausgearbeitet, dass einige der Grundüberlegungen zu Finanzierungsquellen und zur Diversifikation des Portfolios zeitgebunden und durch die rasante Entwicklung externer Kapitalmärkte obsolet geworden sind. Mit Hilfe des Prinzips der Wertadditivität werden Grundlagen für eine Weiterentwicklung der Portfoliotechnik gelegt (6.3). Dieser Darlegung folgt die Erläuterung einer modernen Portfoliomethode, der Rentabilitätsmatrix (6.4). Diesen Erwägungen schließt sich die Analyse einer speziellen Normstrategie, nämlich der Liquidationsentscheidung, an (6.5). Danach werden einige der restriktiven Annahmen der Wertadditivitätsüberlegungen gelockert und die Herangehensweise zur Auswahl von synergiegetriebenen Geschäftsstrategien erläutert (6.6). Abgeschlossen wird das Kapitel von einem praktischen Beispiel zur portfolioorientierten Strategieumsetzung (6.7) sowie einer kurzen Zusammenfassung (6.8).

6.2 BCG-Matrix: Darstellung und Kritik

6.2.1 Was ist die BCG-Matrix?

Zweck der BCG-Matrix ist, das Leistungsangebot eines Unternehmens im Hinblick auf zwei Schlüsselerfolgsfaktoren zu strukturieren. Als solche wurden auf Basis von empirischen Untersuchungen der endogene Faktor Marktanteil (von Unternehmen beeinflussbar) und der exogene Faktor Marktwachstum (nicht von Unternehmen beeinflussbar) identifiziert. Die strategischen Maßnahmen des Managements – so die Grundüberlegung – sind derart zu planen, dass finanzwirtschaftliche Ausgewogenheit im Unternehmen herrscht. Das bedeutet: Zwischen den einzelnen geschäftlichen Aktivitäten soll eine Balance im Bezug auf die Schaffung und Ausschöpfung von Erfolgspotenzialen induziert werden, wobei die Finanzierung aus thesaurierten Gewinnen erfolgen muss.

   Den Schlüsselerfolgsfaktoren sowie den Grundüberlegungen hinsichtlich der Ausgewogenheit des Geschäftsportfolios und der Innenfinanzierung liegen einige Annahmen zugrunde. Ausgangspunkt ist dabei die Gleichheit der essentiellen Erfolgsfaktoren auf sämtlichen Märkten, auf denen das Unternehmen aktiv ist. Da diese Erfolgsfaktoren als Marktwachstum und relativer Marktanteil interpretiert werden, muss – logisch vorgelagert – eine Kostenüberlegung vorhanden sein, die ebenfalls auf ein empirisches Faktum Bezug nimmt. Diese Kostenüberlegung setzt auf erfahrungskurveninduzierte Kostenvorteile mit Erhöhung der kumulierten Ausbringungsmenge (vgl. ausführlich Kapitel 5). Die empirische Beobachtung ist hier die folgende: Mit jeder Verdopplung der kumulierten Ausbringungsmenge sinken die inflationsbereinigten Stückkosten (potenziell) um 20-30% (vgl. Abb. 6-1).

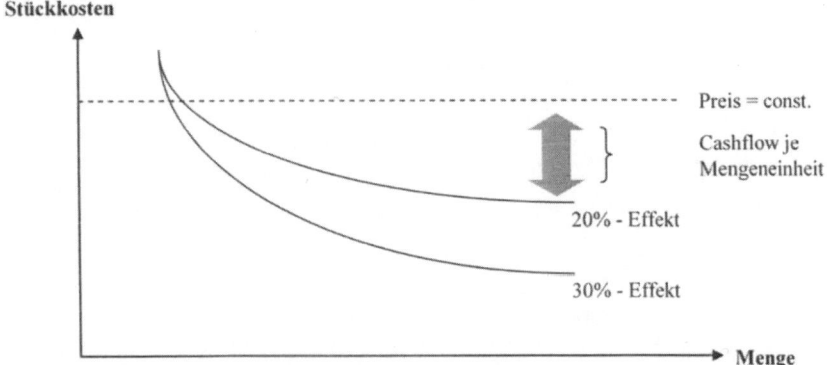

Abb. 6-1: *Beispielhafte Erfahrungskurvenverläufe*

Unterstellt wird dabei, dass sich Stückkostenvorteile direkt positiv auf den Cashflow auswirken. Der Rückgriff auf das Erfahrungskurvenkonzept impliziert, dass die größte kumulierte Ausbringungsmenge zu den günstigsten Stückkosten führt. Daraus folgt der Zwang zu frühen Markteintritten und pionierhaftem Verhalten, um – kostenseitig unterstützt – Marktanteile zu steigern. Das Ausmaß von Erfahrungsvorteilen innerhalb eines Segmentes resp. Geschäftsfeldes lässt sich nach dem BCG-Ansatz als relativer Marktanteil ausdrücken. Dabei ist der relative Marktanteil gleich dem eigenen Marktanteil dividiert durch den Marktanteil des stärksten Konkurrenten. Inhaltlich kann dieser Quotient als ein marktbezogener Ausdruck für die kumulierte Produktionsmenge interpretiert werden. Auch hierin zeigt sich die Erfahrungskostenüberlegung: In einen hohen relativen Marktanteil kann man erst mit sehr hohen kumulierten Stückzahlen hineinwachsen.

Eine weitere Grundlage der Portfolioanalyse ist das Produktlebenszykluskonzept (vgl. dazu Klepper (1996)). Dieses besagt, dass Märkte resp. Geschäftssegmente nicht unbegrenzt leben und in ihrer Umsatz- und Gewinnentwicklung einem idealtypischen Verlauf folgen (Abb. 6-2). Der BCG-Ansatz nimmt auf diese Beobachtung ebenfalls Bezug.

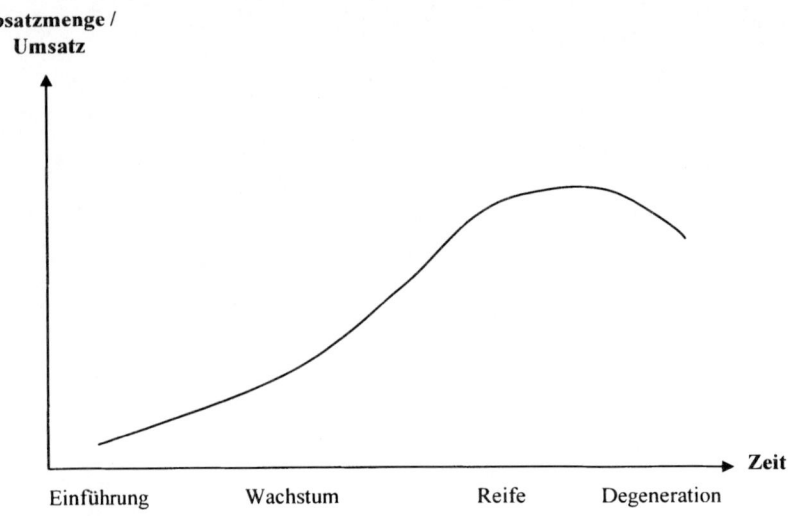

Abb. 6-2: *Beispielhafter Verlauf eines Produktlebenszyklus*

Die in Abb. 6-2 zum Ausdruck kommenden Gesetzmäßigkeiten des Produktlebenszyklus lassen sich wie folgt zusammenbringen:

- Die Attraktivität eines Marktes nimmt im Zeitablauf erst zu und schließlich ab,
- jedes Produkt durchläuft einen typischen Phasenprozess, und
- die Lebenszyklus-Phasen lassen sich voneinander abgrenzen.

Dabei gelten folgende Grundvoraussetzungen:

- Es treten keine Produktinnovationen (durch Innovationen wäre eine Verlängerung des Lebenszyklus möglich) und
- ebenso keine produktergänzenden Dienstleistungen zur Markterhaltung auf.

Die BCG-Matrix versucht nun, eine Wachstumsschwelle im Lebenszyklus zu identifizieren, um festzustellen, in welchen kritischen Wachstums- und Finanzierungsphasen sich ein Markt befindet. Geringes Wachstum steht dabei für schwache Erfolgspotenziale künftiger Investitionen, aber auch für die Möglichkeit, den Markt abzuschöpfen und Finanzierungsüberschüsse zu erwirtschaften. Starkes Wachstum beinhaltet hingegen hohe Cashflow-Potenziale, die aber zunächst Investitionen (bspw. in Produktionsanlagen) erfordern und das Warten auf die sich möglicherweise einstellenden Finanzierungsüberschüsse erzwingen.

Auf Grundlage der Erfolgsfaktoren relativer Marktanteil (Erfahrungs-kurve) und Marktwachstum (Lebenszyklus) wird von der BCG-Matrix ein zweidimensionaler Raum aufgespannt. Ziel dieser so entstandenen Matrix ist, das Portfolio der bearbeiteten Geschäftsfelder so zu strukturieren, dass Erfolgspotenziale identifiziert, geschaffen und ausgeschöpft werden kön-nen und dabei ein Finanzierungsüberschuss erwirtschaftet wird. Es ist zu beachten, dass es sich um ein Innenfinanzierungsmodell handelt. Implizit wird davon ausgegangen, dass die Geschäftseinheiten eindeutig von einan-der abgrenzbar sind. Graphisch ist dies in Abb. 6-3 veranschaulicht:

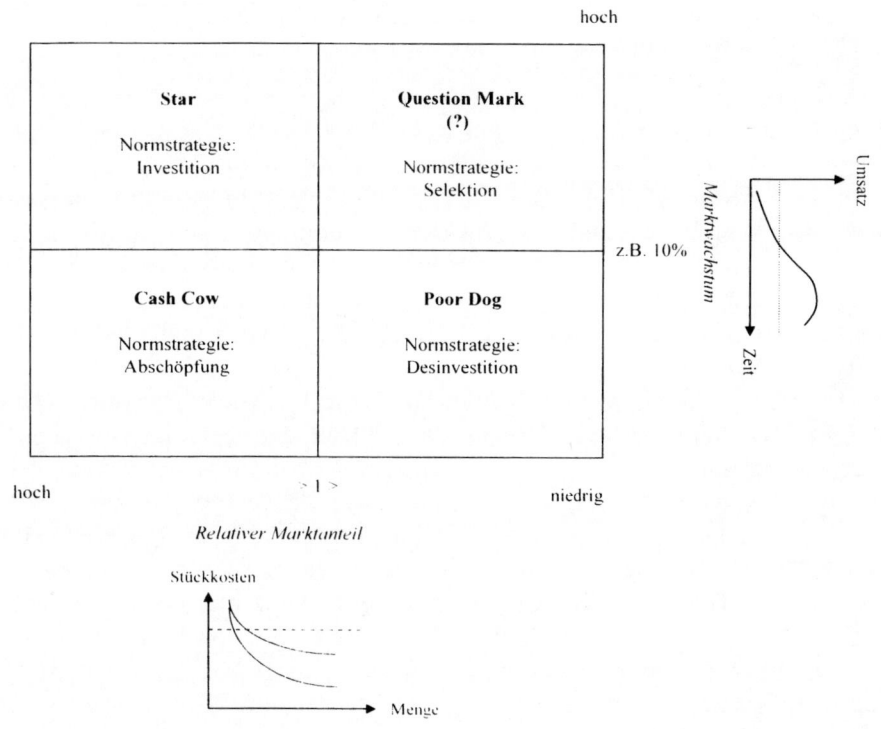

Abb. 6-3: *Die BCG-Matrix*

Wie in Abb. 6-3 zu sehen ist, entstehen mit Hilfe durch Konvention fest-gelegter Trennwerte zum relativen Marktanteil bzw. Marktwachstum vier Cashflow-Quadranten. Üblicherweise wird für den relativen Marktanteil ein Trennwert von 1,0 (stellenweise auch ein Wert von 0,8) und für das Marktwachstum ein Schwellenwert von 10% verwendet. Dabei beschreibt ein relativer Marktanteil von kleiner als eins, dass das betrachtete Unternehmen einen geringeren Marktanteil als der stärkste Konkurrent aufweist. Ein relativer Marktanteil von über eins deutet darauf hin, dass die jeweilige Unternehmung einen größeren Marktanteil als der größte Konkurrent aufweist und mithin als Marktführer gesehen werden kann. Für die Cashflow-Quadranten werden unterschiedliche Normstrategien definiert. Dabei besagen die den Abgrenzungen zugrunde liegenden Überlegungen, dass:

- ein Cashflow-wirksamer Erfahrungsvorteil nur dann möglich ist, wenn der Marktanteil dauerhaft größer ist als der der Konkurrenten, und
- ein hohes Marktwachstum mit hohem Kapitalbedarf zu Beginn eines Lebenszyklus und daher mit niedriger Kapitalfreisetzung einhergeht (und vice versa).

Aus Abb. 6-3 lassen sich nun die Normstrategien ablesen. Für Stars gilt: Relativ hohe Marktanteile in einem schnell wachsenden Markt sind schon erreicht. Dies beinhaltet hohe zukünftige Profitpotenziale, zugleich aber auch einen hohen Cashflow-Bedarf. Dieser kann erst in Zukunft durch den Star selbst gedeckt werden, was auf die notwendigen Wachstumsinvestitionen zurückzuführen ist. Daher resultiert als Normstrategie: Investieren. Dagegen sind Cash Cows Geschäftseinheiten mit einem hohen relativen Marktanteil in einem saturierten, i.e. nicht mehr wachsenden Markt. Da dieser hohe relative Marktanteil impliziert, dass die niedrigsten Stückkosten im Markt erreicht werden, sollen auch die höchsten Überschüsse bei gleichzeitig niedrigen Investitionen realisiert werden. Es folgt ein erheblicher Cashflow-Überschuss, der anderen Geschäftseinheiten mit hohem Investitionsbedarf zugeführt werden kann. Die Normstrategie lautet hier: Abschöpfen. Die Question Marks, auch „Problemkinder" genannt, sind Geschäftseinheiten, deren Umwelt sich positiv darstellt, da sie ein starkes Wachstum aufweist. Allerdings hat das Unternehmen hier nur einen geringen Marktanteil. Um ein Problemkind zum Star zu entwickeln, ist ein hoher Cashflow-Einsatz notwendig, da Marktanteile, bspw. durch Unternehmensakquisitionen, hinzugewonnen werden müssen. Dabei muss aber sichergestellt werden, dass den hohen Investitionen tatsächlich künftige Erfolge nachgelagert sind. Demnach resultiert die (nicht ganz eindeutige) Normstrategie: Selektiv investieren oder desinvestieren. Eindeutig ist dagegen die Normstrategie für die Dogs: Hier handelt es sich um Geschäftseinheiten, die sowohl einen niedrigen Marktanteil als auch ein niedriges Marktwachstum aufweisen. Bedingt durch die ungünstige Kostenposition wird sich der Cashflow wahrscheinlich negativ darstellen. Dogs sind dementsprechend Veräußerungskandidaten. Als Normstrategie folgt: „Braut schön machen und verkaufen" (Desinvestition).

Die letzten Absätze haben die zentralen Vorteile der BCG-Matrix herausgestellt: Einfachheit und Klarheit. Da nur zwei Erfolgsfaktoren benötigt
werden, kann die Portfolioanalyse einfach und ohne großen Aufwand
durchgeführt werden. Sie hilft zugleich dem Topmanagement, kurzfristig
zentrale Positionierungsunterschiede festzustellen, ohne sich zeitaufwän-
dig durch umfangreichste Controllingdaten durcharbeiten zu müssen.[1] Dem
nicht widersprechend sind allerdings einige Kritikpunkte an der BCG-Matrix zu nennen, die nachfolgend erläutert werden.

6.2.2 Kritik an der BCG-Matrix

Die Kritikpunkte lassen sich in zwei Kategorien einteilen. Der erste Bereich soll sich mit generischer Kritik beschäftigen, die auf die Annahmen
resp. die Interpretation der Ergebnisse der BCG-Matrix in „technischer"
Perspektive eingeht. Die zweite Kritiklinie, die wesentlich interessanter
und für die betriebswirtschaftliche Praxis relevanter ist, beschäftigt sich
mit der Zeitgebundenheit der Annahmen, welche der BCG-Matrix zugrunde liegen.

Ein klassischer Kritikpunkt, der sich in manchen BWL-Lehrbüchern
findet, soll hier vorweg als irrelevant ausgeschlossen werden. Es handelt
sich dabei um die Behauptung, dass bestimmte Instrumente (z.B. die BCG-
Matrix) zu wenig komplex seien. Nur Verkomplizierungen (Erweiterungen
der Datenbasis, etc.) könnten demnach das Instrument zu einem hilfreichen
Ansatz für die betriebswirtschaftliche Praxis machen. Au contraire: Im
Zeitalter der technologischen Unterstützung des Managements durch Informationssysteme (wie SAP, etc.), lassen sich beliebige Datenmengen erzeugen. Entscheidend ist nicht die Datengenerierung, sondern die intelligente Verdichtung, Auswertung und Interpretation der gewonnenen Datenmengen. Und eben diese letztgenannten Aktivitäten bedeuten die Konzentration auf das Wesentliche. Der Verzicht auf mögliche Vereinfachung
heißt demnach: Verzicht auf Potenzial für die intelligente Analyse und Interpretation von Daten! Folglich wird die einfache Sicht der BCG-Matrix
an dieser Stelle als sehr positive Seite der Portfoliotechnik betrachtet.

---

[1] Selbst wenn man diese Tätigkeit unterstellte: Sie müsste schon wegen der man-
gelnden Sortierung des Datenmaterials ergebnislos bleiben!

6.2.2.1 Generische Kritik an der BCG-Matrix

Die folgenden Kritikpunkte lassen sich als Auflistung einiger wesentlicher Probleme der BCG-Matrix lesen, wobei die praktische Relevanz dieser Probleme im Einzelfall selbst zu prüfen ist.

- Die Möglichkeit der gemeinsamen Nutzung von Ressourcen durch verschiedene Geschäftseinheiten wird ausgeschlossen. Damit die Marktwachstum-Marktanteil-Matrix ein klares Bild von der Rentabilität und Wettbewerbsstärke jeder Geschäftseinheit gibt, ist es unerlässlich, dass alle dargestellten Einheiten – anders als dies in der Realität zu beobachten ist – unabhängig und autonom sind.
- Marktwachstum und Marktanteil sind nicht die einzigen relevanten Einflussfaktoren auf den Unternehmenserfolg. In der Realität ist u.U. eine Fülle weiterer, auch branchenspezifischer Erfolgsfaktoren zu beachten, wie z.B. Kundenzufriedenheit, Produktqualität oder Entwicklungs-Know-How.
- Problematisch bleibt auch die Definition des eigentlichen Marktes, in dem eine Geschäftseinheit konkurriert. Die Frage, wie ein Geschäftsfeld definiert wird und wie die relevante Konkurrenz abzugrenzen ist, ist nicht trivial und für die Aussagen des Modells entscheidend. Eine eng gefasste Definition der Geschäftsfelder könnte bspw. „automatisch" zu einer Marktführerschaft führen. Eine zu weit gefasste Definition führt ggf. zu einer Unterschätzung der eigenen Positionierung im Wettbewerb.
- Implizit wird angenommen, dass die Strategie der Kostenführerschaft stets vorteilhaft ist. Der größte Marktteilnehmer erzielt die höchsten Stückgewinne auf Grund von Erfahrungsvorteilen. Damit wird von der Möglichkeit der Differenzierung über Leistungsführerschaft (in einer Marktnische) abstrahiert.
- Eine Erhöhung des relativen Marktanteils muss nicht notwendigerweise mit der Steigerung der Produktionsmenge korrespondieren. Dies ist z.B. der Fall, wenn der stärkste Konkurrent aus dem Markt ausscheidet. Der relative Marktanteil wäre in dieser Situation kein guter Indikator für die kumulierte Produktionsmenge; dies gilt insbesondere für junge Märkte, die am Anfang ihrer Entwicklung stehen.
- Marktpräsenzzeit, dadurch bedingte Erfahrungsvorteile und technischer Fortschritt sind weitere Einflussfaktoren auf die Stückkosten, die nicht berücksichtigt werden. Der BCG-Ansatz zieht ausschließlich den relativen Marktanteil als Ausdruck für die kumulierte Produktionsmenge heran. Dabei ist durchaus denkbar, dass

Unternehmen, die erst seit kurzer Zeit im Markt operieren und deswegen am Anfang ihrer Erfahrungskurve stehen, einen hohen relativen Marktanteil aufweisen. Demgegenüber ist es möglich, dass
Unternehmen, die lange am Markt tätig sind und damit auch vermehrt Erfahrungsvorteile aufweisen sollten, einen geringen relativen Marktanteil aufweisen.

- Der Marktpreis wird implizit als konstant angenommen; in der Realität kann und wird er sich aber im Zeitablauf verändern. Dies
  führt dazu, dass eine Senkung der Stückkosten nicht notwendigerweise mit positiven Cashflow-Wirkungen einhergeht.

- Ein grundlegendes Problem besteht schon bei der Festlegung der
  Marktwachstums-Trennungslinie, die Geschäftsfelder mit hohem
  und niedrigem Cashflow-Bedarf trennen soll. Nicht nur wachsende
  Märkte können durch hohen Investitionsbedarf charakterisiert sein.
  Möglich ist auch die Existenz eines stagnierenden Marktes unter
  Verdrängungswettbewerb, der hohe Investitionen erfordert.

- Die generelle Planung von Investitionsentscheidungen sollte darauf ausgerichtet sein, dass Investitionsprojekte mit einem positiven
  Kapitalwert nicht ungenutzt bleiben. Daher sollte die Durchfüh-
  rungsentscheidung auch auf Basis einer Einzelbewertung von Investitionen erfolgen. Für den Wert einer Geschäftseinheit resp. des
  gesamten Unternehmens sollte dann gelten, dass dieser tendenziell
  der Summe der Werte der Investitionsprojekte entspricht (vgl. dazu auch den folgenden Abschnitt über die Wertadditivität).

- Letztlich muss nicht zwangsläufig gelten, dass ein ideales Geschäftsportfolio, gemessen am internen Kapitalfluss, ausgeglichen
  ist. Vielmehr kann ein hoch rentables Portfolio bezüglich des Kapitalflusses unausgewogen sein.

6.2.2.2 Kritik an der Zeitgebundenheit der Annahmen der BCG-Matrix

Die wesentlichen zeitgebundenen Annahmen sollen noch einmal kurz benannt werden. Es handelt sich um die beiden Ausgewogenheitspostulate
hinsichtlich Produktlebenszyklus und Finanzstatus sowie um die Marktanteilsüberlegungen, die auf dem Erfahrungskurveneffekt basieren. Die
Marktanteilsüberlegungen implizieren (siehe auch Kapitel 5 über den Erfahrungskurveneffekt) eine Welt homogener Produkte, in der Stückkosten
der entscheidende Wettbewerbsparameter sind. In dem Maße, in dem auch
umgekehrte Erfahrungskurveneffekte denkbar sind, sind diese Effekte und
damit auch die Zielgröße der BCG-Matrix zu überdenken. Besonders relevant sind allerdings die Ausgewogenheitspostulate, da Stückkostenvorteile

durchaus häufig zentral für die strategische Ausrichtung eines Unternehmens sind. Die Ausgewogenheit der Cashflows impliziert die Möglichkeit
der Innenfinanzierung. Mit anderen Worten: Externe Kapitalmärkte, die
die einzelnen geschäftlichen Aktivitäten (Projekte) unabhängig bewerten,
existieren in dieser Welt nicht. Für Zeiten unterentwickelter externer Kapitalmärkte mag die Innenfinanzierung über ausgewogene Cashflows ein
hilfreiches Instrument sein (dies ist auch ein Grund für die Entwicklung
von erfolgreichen Konglomeraten in Entwicklungsländern mit schwachen
Kapitalmärkten). Für starke externe Kapitalmärkte mit gut ausgebauten
Research- und Beteiligungsabteilungen gilt dies nicht mehr. In dieser Situation sind innenfinanzierte Portfolios kritisch zu sehen, weil sie sich gerade der Bewertung externer Kapitalmärkte entziehen (siehe dazu auch das
E-on-Beispiel am Schluss dieses Kapitels).[2] Ein gutes Beispiel für eine
solche Verteidigungshaltung des Managements ist eine Aussage des ehe-
maligen Veba-Finanzvorstands Kurt Lauk. Dieser erläuterte auf einer Jah-
reshauptversammlung, dass eine Milliarde DM für strategische Investitionen reserviert wären, die allerdings – was ihre Ausrichtung und Aufteilung
auf Geschäftsfelder anginge – noch nicht kommuniziert werden könnten.
Übersetzt bedeutet die Aussage: Der Kapitalmarkt ist nicht in der Lage, eine Bewertung der Portfoliostrukturierung abzugeben und muss deshalb auf
die Mitteilungen des Managements warten.[3] Die Abkehr von einer solchen
Haltung wurde von den institutionellen Anlegern ab Mitte der 1990er Jahre auch in Deutschland durchgesetzt. Periodisch werden mit den Unternehmen deren Strategien en detail diskutiert, sodass Überraschungen zu
„strategischen Investitionen" weitgehend ausgeschlossen sind.

Die Grundüberlegung der Investitionsrechnung besagt, dass eine gute
Planung nur Investitionsprojekte mit einem positiven Kapitalwert finanziert. Damit muss jedes Investitionsprojekt einzeln bewertet werden. Der
Wert des Gesamtunternehmens besteht dann genau in der Summe der Werte der einzelnen Investitionsprojekte.[4] Daraus folgt: Das ideale Geschäfts-
portofolio ist, gemessen am internen Kapitalfluss, nicht unbedingt ausgeglichen. Anders formuliert: Ein hochrentables Geschäftsportfolio – und das

---

[2] Vgl. dazu den Aufsatz von Jensen (1986) zur Free-Cashflow-Theorie.
[3] Dagegen S. Jaschinski, Vorstandschef der LBBW, in der Financial Times
     Deutschland vom 19.07.2005: „Wir sind jetzt adäquat kapitalisiert (...). In dem
     Zusammenhang muss ich mir überlegen, was ich mit dem überschüssigen Kapi-
     tal mache. (...) Wir sind keine internationale Aktienbank, die einfach ihre eige-
     nen Aktien kaufen und ihr Kapital reduzieren kann. Aber das will ich ja auch
     gar nicht – ich will wachsen."
[4] Bei Gültigkeit der Unabhängigkeit von Zahlungsströmen der Projekte.

sollte das Ziel der Unternehmenspolitik sein – muss nicht zwangsläufig bezüglich seines Kapitalflusses ausgeglichen sein. Damit ist zugleich das Urteil über die zu Beginn dieses Kapitels angeführte dritte Annahme, die Ausgeglichenheit der Portfolios hinsichtlich der Marktentwicklung, gesprochen. In dem Maße, in dem Kapitalmärkte Investitionsprojekte sowohl einzeln bewerten als auch individuell finanzieren, bedarf es nicht mehr der ausgeglichenen Strukturierung von geschäftlichen Aktivitäten nach wachsenden oder schrumpfenden Märkten. Zudem eröffnet sich hier die Möglichkeit, auch noch in schrumpfende Märkte zu investieren. Voraussetzung ist wiederum, dass die Investitionsprojekte positive Cashflows generieren und insgesamt einen positiven Kapitalwert aufweisen.

Abschließend soll die eher zugespitzte Zusammenfassung des BCG-Ansatzes im Kommentar nach Walter Kiechel zitiert werden (Zeitschrift Fortune (1981)): *„Nach diesem Schema besteht ein ausgeglichenes Portfolio aus ein paar Sternen, die vor sich hinleuchten und darauf warten, Kühe zu werden, Rindviechern, die Kapital abwerfen, das gelegentlich der Hundehölle zutaumelt, und den vielversprechenden Fragezeichen, die in ihrem Griff nach den Sternen den Kühen das Kapital wegfressen. Das Geld, was sich durch den Verkauf des Zwingers erzielen lässt, sollte zur Anschaffung oder Finanzierung von Fragezeichen verwendet werden"* (zitiert nach Hax und Majluf (1991)).

Positiv lässt sich festhalten, dass der BCG-Ansatz eine klare und einfache Zusammenfassung der strategischen Ausrichtung des Unternehmens zulässt. Insbesondere erlaubt er sinnvolle Tendenzaussagen zu effektiven Strukturierungen der unternehmerischen Geschäftsfelder. Die Prämissenkritik, die sich insbesondere aus Kapitalmarktsicht und in Bezugnahme auf die Entwicklung externer Kapitalmärkte formulieren lässt, kann als Ansatzpunkt für eine Weiterentwicklung dieser Portfolioanalyse genommen werden. Verbesserungen sind insbesondere hinsichtlich der Bewertung einzelner Aktivitäten durchzuführen sowie für die Betrachtung von Aktivitäten, die vom Unternehmen noch nicht in Angriff genommen wurden.

6.3 Portfoliotechnik, Wertadditivität und externe Kapitalmärkte

6.3.1 Wertadditivitätstheorem

Das Wertadditivitätstheorem (nachfolgend kurz: WAT) besagt, dass für eine Menge von n Cashflow-Strömen, Y_i, gilt, dass der Marktwert eines durch Addition entstehenden Cashflow-Stromes demjenigen Marktwert entspricht, der sich durch die Addition der isoliert betrachteten Marktwerte der Zahlungsströme ergibt. Übertragen auf ein oder mehrere Unternehmen impliziert dies, dass die Summe der Marktwerte der Unternehmen, V_T den summierten Marktwerten der einzelnen Unternehmen entsprechen muss:

$$V_T = \sum_{i=1}^{n} V_i, \text{ wenn } V_i = \sum_{j=1}^{n} Y_j. \qquad (6.1)$$

V_i wird dabei als Marktwert des Unternehmens i, also als Summe der Cashflow-Ströme Y_i (mit i = 1, ..., n) definiert. Dabei wird unterstellt, dass die Kapitalmärkte vollkommen sind: frei von Transaktionskosten, ohne Marktzutrittsbeschränkungen, mit beliebig teilbaren Anlagemöglichkeiten, vollkommener Information und ohne diskriminierende Steuern (vgl. dazu Haley und Schall (1979)). In der Formulierung von Haley und Schall (1979) lautet das WAT: *„At equilibrium, the total market value of any set of income streams (cash payments by firms to investors) received by investors in the market is the same regardless of how that set of streams is combined or divided into the debt or equity streams of one or more firms."*

Es besagt also, dass die Aufteilung von Cashflow-Strömen nicht deren Gesamtwert verändert. Der Marktwert von Unternehmen wird – unter gewissen Voraussetzungen[5] – durch deren Aktiva bestimmt und nicht durch die Strukturierung der Passiva.[6] Das WAT ist für die Analyse von Investitionsstrategien insofern sehr geeignet, als dass es eine neoklassische Idealwelt voraussetzt. Ein Verstoß gegen die „Spielregeln dieser neoklassischen Welt" in Industrien, wo diese Annahmen als gegeben unterstellt werden können, mithin: wo Größen- und Verbundvorteile aufgrund bekannter Produktionstechnologien durch Externe überprüfbar sind, wird mit

---

[5] Die wichtigsten Voraussetzungen sind die zuvor im Text hinsichtlich der vollkommenen Kapitalmärkte genannten.

[6] Zur Relevanz von Kapitalstrukturen als Mittel der Entschärfung von Konflikten zwischen Managern und Kapitalgebern bei asymmetrischer Informationsverteilung vgl. Harris und Raviv (1991).

Unternehmenswertminderungen bestraft. Dies soll im folgenden Abschnitt gezeigt werden.

6.3.2 Neue Ausrichtung der Portfoliotechnik

Eine praktische betriebswirtschaftliche Begründung für eine Diversifikation auf Unternehmensebene wird darin gesehen, dass sich dadurch die gesamten Risikoeigenschaften eines Portfolios (z.B. bei gegebenem Ertragswert) verbessern lassen. Aus einer Risikoverringerung bei konstantem Ertragswert wird oft intuitiv geschlossen, dass der gleiche Ertragswert bei geringerem Gesamtrisiko zu einem höheren Portfolio-Gesamtwert führen muss. Eine solche Konstellation ist in Tabelle 6-1 wiedergegeben. Dort werden drei Unternehmen mit unterschiedlichen Werten hinsichtlich Varianz, Diskontfaktor und Cashflow abgebildet.

Firmen	A		B		C
Erwartungswert der Cashflows	$E(Y_A)$	>	$E(Y_B)$	<	$E(Y_C)$
Varianz der Cashflows	$var(Y_A)$	>	$var(Y_B)$	<	$var(Y_C)$
Diskontfaktor[1]	K_a	>	K_b	<	K_c
Unternehmenswert[2]	$V_A = \dfrac{E(Y_A)}{1+K_A}$	>	$V_B = \dfrac{E(Y_B)}{1+K_B}$	=	$V_C = \dfrac{E(Y_C)}{1+K_C}$
Kovarianzen			$cov(Y_A,Y_B)$	>	$cov(Y_A,Y_C)$

[1] Ermittelt nach Capital Asset Pricing Model (vgl. Gl. (6.7)); K = Kapitalkostensatz.
[2] Angenommen wird für die Diskontierung 1 Periode.

Tabelle 6-1: *Ausgangskonstellation vor den Fusionsaktivitäten*

Fusionen der Unternehmen A und B bzw. A und C stellen sich dann wie folgt dar:

$$E(Y_{AB}) < E(Y_{AC}) \text{ wegen } E(Y_B) < E(Y_C). \qquad (6.2)$$

Für die Varianz des fusionierten Unternehmens A+B gilt:

$$\text{var}(Y_{AB}) = \text{var}(Y_A + Y_B) = \text{var}(Y_A) + \text{var}(Y_B) + 2\,\text{cov}(Y_A, Y_B). \qquad (6.3)$$

Es wird angenommen, dass aufgrund von $\text{cov}(Y_A, Y_B) > \text{cov}(Y_A, Y_C)$, und trotz der Varianzeigenschaft $\text{var}(Y_B) < \text{var}(Y_C)$, für den Vergleich der Varianzen von (A+B) und (A+C) folgt, dass $\text{var}(Y_{AB}) > \text{var}(Y_{AC})$ ist.

Als zentrale Erkenntnisse aus Tabelle 6-1 können demnach folgende Ergebnisse festgehalten werden:[7]

- Die Erwartungswerte der Cashflows der Fusion (A+B) sind niedriger als die der Fusion (A+C),
- das Gesamtrisiko des Portfolios (A+C) ist kleiner als das Gesamtrisiko des Portfolios (A+B),
- das fusionierte Unternehmen AC hat also bei geringerem Risiko einen höheren Erwartungswert der Cashflows als AB!

Darf aus den Ergebnissen geschlossen werden, dass der Marktwert (A+C) größer als der Marktwert (A+B) ist? Das WAT beantwortet die Frage mit nein, weil der Wert der beiden Portfolios gleich ist, da aufgrund von $V_B = V_C$ gelten muss: $V_{AC} = V_{AB}$. Dabei sind die stochastischen Eigenschaften zwischen den Cashflow-Strömen Y_A und den Cashflows der zur Fusion mit A zur Verfügung stehenden Unternehmen B und C (Y_B und Y_C) irrelevant.

Im Wesentlichen leitet sich dieses Ergebnis daraus her, dass der Wert einer Unternehmung nur nach den Aktiva bemessen wird, welche die Cashflows generieren. Bei der Annahme konstanter Cashflows pro Aktivum vor und nach der Fusion (also: ohne Größen- und Verbundvorteile) kann sich der *eine Marktpreis* eines Aktivums nicht alleine deswegen ändern, weil es in ein anderes Unternehmen eingebracht wird. Anders formuliert: Bei konstantem Cashflow, den ein Aktivum generiert, ändert sich dessen Wert nicht, nur weil ein externer Betrachter sich dieses Aktivum in

---

[7] Für die Diskontfaktoren wird angenommen, dass sie sich durch die Fusion nicht ändern.

unendlich vielen Kombinationen mit anderen Aktiva vorstellen kann.[8]

Das Fehlen einer positiven Prämie für eine Diversifikation (durch die Fusion A+C gegenüber A+B), die dem Gesamtunternehmen keine Größen- oder Verbundvorteile beschert, liegt darin, dass ein Investor keinen Aufpreis für diese Risikoverringerung bezahlen wird, wenn er sie a) will und b) selbst kostengünstig realisieren kann. Da die Fusionen A+C und A+B die gleichen Marktwerte – mit unterschiedlicher Varianz der Gesamterträge – generieren, hätte ein Investor, der *vor der Fusion* Aktien der Unternehmen A+C (oder A+B) in seinem Portfolio halten wollte, dies auch tun können. Dies wäre insbesondere in einer seiner Risikoeinstellung entsprechenden Menge möglich gewesen.

Die diversifizierende Fusion A+C wäre aus Sicht eines solchen Investors redundant. Die Fusion würde sich für diejenigen Investoren nicht positiv auswirken, die diese Risikoverringerungen nicht wollten, und deshalb in andere Titel investiert haben. Es ist Gemeingut der Kapitalmarkttheorie, dass risikoscheue Anleger, die ihre Portfolios nach den Parametern Erwartungswert und Varianz der Renditen bewerten, ihr diversifizierbares (i.e. unsystematisches) Risiko eliminieren werden (vgl. Schmidt und Terberger (1997)). Der Portfoliostrukturierung privater Investoren sind aber in unserer Betrachtung zwei Entscheidungen vorgelagert: die Entscheidung der Unternehmen, aus Diversifikationsgründen zu fusionieren, *und* die Entscheidung institutioneller Anleger, ihre Aktienmischung für oder gegen das fusionierte Unternehmen auszurichten. Unterstellt, dass die beiden o.g. Akteure im Interesse ihrer Aktionäre ihren Marktwert maximieren, dann sollten sich sowohl die Unternehmen A und C als auch die institutionellen Investoren nicht am unsystematischen Risiko ausrichten, weil „spätestens" ihre privaten Anleger dieses Risiko eliminieren werden (vgl. Schmidt und Terberger (1997)). Die aus dem WAT abgeleitete Überlegung zu konglomeraten Diversifikationen kritisiert also nicht, dass sie überhaupt vorgenommen,[9] sondern dass sie an der falschen Stelle durchgeführt werden – nämlich von Unternehmen und nicht von privaten Anlegern. Es liegt auf

---

[8] Angenommen, der Wert des Aktivums würde sich jeweils mit der Perspektive des Betrachters ändern. Dann träte an die Stelle eines Marktpreises ein Kontinuum „beobachtungsabhängiger" Preise. Rein rechnerisch ergibt sich das Ergebnis durch Benutzung des CAPM bei der Ermittlung der Kapitalkosten, da im individuellen β_i abgebildet ist, wie hoch die durchschnittliche Kovarianz der Rendite einer Aktie mit den Renditen des Marktportfolios ist.

[9] Hier wird Marktwertmaximierung der Manager unterstellt und von „Empire Building" wie auch von weiteren Gründen für Diversifikation abstrahiert.

der Hand, dass etwaige Präferenzen für bestimmte Aufteilungen der Cash-flow-Ströme auf entwickelten Kapitalmärkten Arbitrageure auf den Plan rufen, die die Gültigkeit der Bedingung: $V_{AC} = V_A + V_C$ herstellen. Dieser Aspekt gilt sowohl für alle an Kapitalmärkten gehandelten Aktien als auch für diversifizierende Unternehmensfusionen.

Welche Implikationen resultieren aus den Wertadditivitätsüberlegungen bezüglich der Portfoliostrukturierung eines Unternehmens? Die Allokation ist unabhängig von Risikomischungseffekten! Eine schon erwähnte Risi-koverminderung durch eine Fusion führt eben nicht zur Werterhöhung. Allerdings ist darauf hinzuweisen, dass die Wertadditivität nur dann in allen Konsequenzen eintritt, wenn die Zahlungen der Investitionsprojekte nicht zusammenhängen und nicht verändert werden. Eine Abstimmung von Investitionsaktivitäten (klassische Synergien) könnte zu einer Veränderung der Zahlungsströme führen und würde dann das Ergebnis gegenüber der Wertadditivität verändern. Darauf werden wir später noch eingehen. Zentral für die Beurteilung unterschiedlicher Aktivitäten ist die Frage: Erhöht ein Projekt den Marktwert einer Unternehmung oder ist dies nicht der Fall? Wichtig ist, dass jedem Projekt einzelne Zahlungen zugeordnet werden müssen und dass diese Zahlungen stochastisch unabhängig sind.

Folgende Fragen gilt es bei einer Entscheidung über die Aufnahme von Investitionsprojekten in das Portfolio zu klären:

- Ist eine voneinander unabhängige Durchführung der Investitions-projekte möglich?
- Hat ein Investitionsprojekt einen negativen Marktwert oder einen Marktwert von Null?
- Existieren Projekte, die sich gegenseitig ausschließen?
- Welches Projekt sollte in einem solchem Fall realisiert werden?

Wichtig ist der Hinweis, dass die Finanzierungsweise für die Markt-wertbetrachtung der Unternehmung irrelevant ist. Hier wird auf die allge-meinen Erwägungen des Irrelevanztheorems von Miller und Modigliani Rückgriff genommen. Einen Beleg für die Marktwert erhöhende Funktion externer Kapitalmärkte kann man insbesondere bei den Börsengängen von Tochterunternehmen konglomerater Unternehmen feststellen (vgl. dazu Bennet und Glassmann (1993)). Diese Börsengänge erzwingen eine Markt-bewertung von bisher nur innerhalb eines Konzerns als wertschaffend oder wertvernichtend wahrgenommenen Aktivitäten und führen in der Regel auch zu Marktwertsteigerungen der Mutterunternehmen.

Die bisherigen Erwägungen dienten dazu, der Porfolioanalyse eine neue Ausrichtung zu geben. In dem Maße, in dem die Marktbewertung von Unternehmensaktivitäten durch externe Kapitalmärkte möglich wird, sowie das Wirken des Erfahrungskostenvorteiles nicht mehr angenommen werden kann, verschiebt sich das Ziel von Portfoliostrukturierungen hin zu finanzwirtschaftlichen Kennzahlen wie Return on Equity (ROE) oder Return on Assets (ROA). Diese neue Ausrichtung der Portfoliotechnik wird im nächsten Kapitel erläutert.

6.4 Rentabilitätsmatrix

Ziel der Rentabilitätsmatrix ist die Abbildung des Deckungsbeitrages jeder einzelnen Geschäftseinheit eines Unternehmens. Dazu wird die Eigenkapitalrendite einer Geschäftseinheit gegenüber dem entsprechenden Wachstum des jeweiligen Unternehmensbereiches, mit Bezug auf das Marktwachstum, abgetragen. Eine Maßzahl zur Messung des Erfolges einer Unternehmensdivison ist die Eigenkapitalrendite (Return on Equity, ROE). Diese berechnet sich als Quotient aus Nettoeinkommen und Buchwert des Eigenkapitals:

$$ROE = \frac{\text{Gewinn nach Abzug der Zins - und Steuerlast}}{\text{Buchwert des Eigenkapitals}}. \qquad (6.4)$$

Bei der Berechnung der ROE-Maßzahl und der damit verbundenen Beurteilung der Profitabilität wird die Sichtweise der Eigenkapitalgeber eingenommen. Deshalb sollte bei der Rentabilitätsbeurteilung ebenfalls dieser Standpunkt gewählt werden.

Die Eigenkapitalrendite wird häufig mit den Eigenkapitalkosten (K_e) verglichen. Demnach sollte eine Unternehmung, die „gute" Investitionsprojekte durchführt, eine Eigenkapitalrendite aufweisen, die die Kosten des Eigenkapitals (aus Aktionärssicht) übersteigt. Somit erlaubt uns dieser Vergleich eine Einteilung der Geschäftseinheiten in rentable und unrentable Bereiche, die eine positive resp. eine negative Gewinnspanne aufweisen. Allerdings werden auch hier wieder einige Annahmen zugrunde gelegt. Zum einen wird unterstellt, dass der Buchwert des Eigenkapitals eine gute Approximation seines Marktwertes darstellt. Zum anderen wird davon ausgegangen, dass die realisierten Gewinne der betrachteten Periode einen guten Maßstab für die künftigen Gewinne der Investitionsprojekte darstellen. Graphisch kann dies wie in der Abb. 6-4 dargestellt werden:

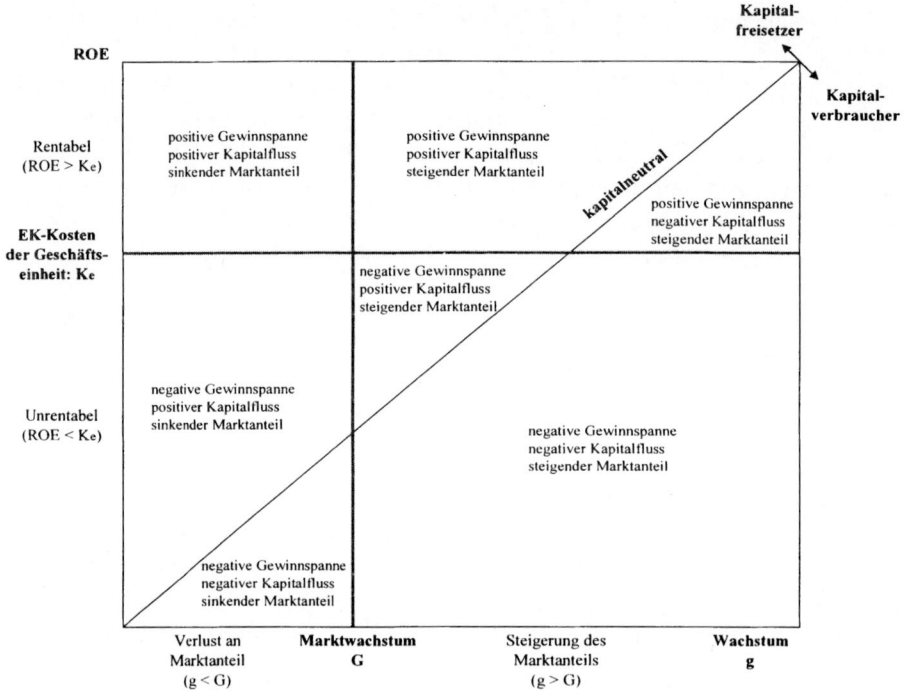

Abb. 6-4: *Beispiel einer Rentabilitätsmatrix*
Quelle: in Anlehnung an Hax und Majluf (1991).

Wie aus Abb. 6-4 ersichtlich ist, gibt es in der Rentabiltitätsmatrix zwei Trennlinien:

- Auf der ROE-Achse werden die Geschäftseinheiten auf Basis der Kosten des Eigenkapitals, K_e, in rentable ($K_e > ROE$) und unrentable ($K_e < ROE$) Geschäftseinheiten zerlegt.
- Auf der Wachstumsachse, g, werden Geschäftseinheiten getrennt, die stärker ($g > G$) bzw. schwächer ($g < G$) als der Markt, G, wachsen.

Die Diagonale aus dem Ursprung trennt nun die kapitalverbrauchenden von den kapitalfreisetzenden Geschäftseinheiten.[10] Eine Geschäftseinheit, die auf dieser Diagonale angesiedelt ist, hat folglich eine Rentabilität in Höhe ihrer Wachstumsrate. Daher werden in diesem Bereich alle erzielten Gewinne wieder reinvestiert. Eine vollständige Reinvestition der Gewinne wiederum impliziert, dass diese Geschäftseinheit im Bezug auf den Kapi-

---

[10] Die Ermittlung der nötigen Inputparameter erfolgt später.

talbedarf neutral ist. Unterstellt wird hierbei, dass die Wachstumsrate einer Geschäftseinheit g nur von der Reinvestitionsquote, δ, der Gewinne abhängt: g = δ*ROE.

Aus der obigen Matrix lassen sich demnach folgende Implikationen für die Normstrategien ableiten:

- Rentabilität und Wachstum sind die wichtigsten Ziele strategischer Überlegungen,
- die Kapitalfreisetzung allein macht noch keine attraktive Geschäftseinheit aus, und
- weil jede Geschäftseinheit an ihrer Eigenkapitalrendite gemessen wird, gilt: Ein Portfolio sollte gerade *nicht* bezüglich der Cashflows ausgeglichen sein.

Wie Abb. 6-4 zu entnehmen ist, werden einige Geschäftseinheiten auch dann Kapitalverbraucher sein, wenn sie eine positive Gewinnspanne aufwiesen. Dies gilt für Geschäftseinheiten, deren Wachstum über dem des Marktes liegt und deren Gewinnspanne nach Deckung der eigenen Kapitalkosten nicht ausreicht, um das Wachstum zu finanzieren. Bei der Betrachtung der Vorteilhaftigkeit der geschäftlichen Aktivitäten wird allerdings unterstellt, dass das Finanzierungsproblem durch eine interne oder externe Finanzierung lösbar ist.

Die Beurteilung einer Geschäftseinheit auf Basis der Eigenkapitalrendite und des Marktwachstums setzt eine Aufschlüsselung des Eigen- und Fremdkapitals des Gesamtkonzerns voraus. Allerdings wird diese Aufschlüsselung in vielen Fällen nur auf Gesamtkonzernebene vorgenommen. In der Rentabilitätsmatrix kann die Eigenkapitalrendite daher auch durch die Gesamtkapitalrendite (Return on Assets, ROA) substituiert werden. Diese berechnet sich als Quotient von Nettogewinn und Gesamtkapital einer Geschäftseinheit:

$$ROA = \frac{\text{Gewinn vor Abzug der Zinsen und nach Steuerlast}}{\text{Gesamtkapital}}. \qquad (6.5)$$

Auch die Gesamtkapitalrendite kann durch den Vergleich mit den Kapitalkosten dazu verwendet werden, um eine Maßzahl für die realisierten Gewinne der Investitionsprojekte zu erhalten. Eine Unternehmenseinheit kann ihre Gesamtkapitalrendite steigern, indem sie ihre Gewinnmargen erhöht, oder noch effizienter, indem sie die vorhandenen Vermögensgegenstände dazu verwendet, um höhere Umsatzerlöse zu generieren.

Zudem erscheint es intuitiv logisch, dem ROA-Ansatz gegenüber der ROE-Variante den Vorzug zu geben. In diesem Fall werden die Geschäftseinheiten an den ihr zur Verfügung stehenden Vermögensgegenständen gemessen, und zwar unabhängig von der Finanzierungsweise des Konzerns. Dies ist insbesondere dann relevant, wenn man sich überlegt, dass die Finanzierung und Besteuerung in der Regel auf der Gesamtkonzernebene erfolgt und die einzelnen Geschäftseinheiten nicht autonom und unabhängig voneinander operieren. Für den Konzern hingegen ist eine Betrachtung des Nettoertrages, den das Unternehmen an seine Anteilseigner ausschütten kann, von Bedeutung. Daher wird auch das Verhältnis der Endergebnisse nach Abzug von Steuern und Zinsen im Verhältnis zum eingesetzten Eigenkapital gebildet und für die Einschätzung der Konzernrentabilität die ROE-Quote herangezogen.

Der wesentliche Unterschied dieser beiden Vorgehensweisen liegt in der Verwendung der ROA-Maßzahl anstatt der Eigenkapitalrendite zur Positionierung aller Geschäftseinheiten. Dies impliziert nun für die Gestaltung der Rentabilitätsmatrix eine Verlegung der Trennlinie K_e nach K_a. Letztere stellen die Kapitalkosten für die gesamten Aktiva der Unternehmenseinheit dar. Schließlich bleibt zu klären, wie die beiden Kapitalkostensätze ermittelt werden können.

In einem ersten Schritt ist zu vermuten, dass sich die Kapitalkosten auf Basis eines gewichteten Durchschnitts aus den Kosten verschiedener Finanzierungsformen ermitteln lassen. Diese Herangehensweise impliziert die Ermittlung der Fremd- und Eigenkapitalgewichte und der jeweiligen Kosten, die diese Finanzierungsformen mit sich bringen. Formal stellt sich die Ermittlung der gewichteten Kapitalkosten (Weighted Average Cost of Capital, WACC) gemäß der Gl. (6.6) dar:

$$K_{GK} = \frac{EK}{(EK + FK)} \cdot K_e + \frac{FK}{(EK + FK)} \cdot K_f. \qquad (6.6)$$

EK bezeichnet das Eigenkapital und FK das Fremdkapital, jeweils zu Marktwerten. K_e und K_f stellen die Eigen- bzw. Fremdkapitalkosten dar.

Entscheidend dabei ist, dass bei der Berechnung der gewichteten Kapitalkosten die Marktwerte des Fremd- und Eigenkapitals anstatt der Buchwerte verwendet werden. Die Logik dieser Herangehensweise liegt darin begründet, dass eine Unternehmung Wertpapiere (Aktien und Anleihen) zu Marktpreisen emittiert und die Kapitalkosten eben die Höhe der Emissionskosten ermitteln. Mit anderen Worten: Eine Unternehmung, die einen bestimmten Finanzierungsbedarf für anstehende Projekte hat und diesen durch eine Kapitalerhöhung finanzieren möchte, erfährt dann höhere Kapitalkosten, wenn der Kapitalmarkt die Aktie gering bewertet. In diesem Fall muss die Gesellschaft mehr Aktien am Markt platzieren. Im Gegensatz zur Marktbewertung scheinen Buchwerte weniger volatil und leicht ermittelbar zu sein. Da sich Firmenwerte aber im Zeitablauf ändern, reflektieren die Marktwerte mit einer größeren Genauigkeit den „wahren" Wert.

Die Kosten für das Fremdkapital ergeben sich aus den Aufwendungen, die einer Unternehmung für die Aufnahme von Fremdkapital entstehen. Die Kosten für das Eigenkapital lassen sich hingegen auf Basis des Capital Asset Pricing Model (CAPM) ermitteln. Sie ergeben sich aus dem Zinssatz für eine risikolose Geldanlage zuzüglich eines Marktpreises für die Risikoübernahme (Risikoprämie), der wiederum mit dem Ausmaß übernommenen Risikos multipliziert wird. Formal ergibt sich dann Gl. (6.7):

$$K_e = R_f + \beta \cdot (R_m - R_f).$$ (6.7)

In dieser Gleichung beschreibt R_f die Verzinsung einer risikolosen Anlage, R_m die Rendite des Kapitalmarktes und β das Eigenkapitalbeta der Unternehmung. Weil Beta eine Größe darstellt, die das Unternehmensrisiko relativ zu dem des Marktes misst, steigt es mit zunehmender Marktsensitivität der Unternehmensaktivitäten an. Außerdem erhöht sich der Betawert mit zunehmendem Fremdkapitalanteil. Dies ist damit zu begründen, dass hohe Fremdkapitalanteile mit relativ hohen Fixkosten einhergehen, die wiederum zu einer höheren Variabilität des Unternehmensgewinnes führen. Eine höhere Varianz der Gewinne impliziert c.p. einen größeren Kovarianzausdruck und somit letztlich einen größeren Wert des Eigenkapitalbetas, was auch in Tabelle 6-2 zum Ausdruck kommt:

Marktwert (Assets)	Marktwert (Verbindlichkeiten)
	Eigenkapital
Assets = Investitionsprojekte	β_{EK}
β_A	Verbindlichkeiten
	β_{FK}

Tabelle 6-2: *Marktwertbilanz einer Unternehmung*

Bei Konstanz der übrigen Parameter führt eine Erhöhung des Verschuldungsgrades zur Erhöhung des Eigenkapitalbetas. Betrachten wir zunächst eine Unternehmung, die vollständig aus eigenen Mitteln finanziert ist. Hier resultiert die Varianz der Unternehmensgewinne – und somit über den Kovarianzausdruck die Höhe des Eigenkapitalbetas – nur aus den Zahlungsströmen der Investitionsprojekte. Folglich können wir den Betawert des Eigenkapitals aus der Regression der Unternehmensrendite auf die Marktrendite ermitteln. In einer solchen Regressionsgleichung entspricht der Steigungskoeffizient dem gesuchten Betaparameter. Im Falle einer verschuldeten Unternehmung ergibt sich aus der Regression ein aus Fremd- und Eigenkapitalbetawerten gewichteter Koeffizient (vgl. Gl. (6.8)):

$$\beta_{Asset} = \frac{EK}{(EK + FK)} \cdot \beta_{EK} + \frac{FK}{(EK + FK)} \cdot \beta_{FK}. \qquad (6.8)$$

Folglich muss der so geschätzte Betawert um den Verschuldungsgrad (also um das Risiko des Fremdkapitals) bereinigt werden. Wird davon ausgegangen, dass das gesamte Unternehmensrisiko von den Aktionären getragen wird, dann kann für das Fremdkapitalbeta, β_{FK}, angenommen werden, dass es einen Wert von Null hat. Eingesetzt in Gl. (6.8) ergibt sich der gesuchte Ausdruck für das Eigenkapitalbeta der Unternehmung:

$$\beta_{EK} = \beta_{Asset} \cdot (1 + \frac{FK}{EK}). \qquad (6.9)$$

Wie aber wird der obige unverschuldete Betawert ermittelt, wenn der Konzern nicht an der Börse notiert ist? Dieses Problem lässt sich durch die Verwendung von Branchenwerten oder der Werte von Vergleichsunternehmen lösen. Diese Vorgehensweise ist natürlich auch auf die Unternehmenseinheiten übertragbar.

Für die Rentabilitätsmatrix, wie sie oben vorgestellt wurde, ergibt sich allerdings dann ein Problem, wenn ein Konzern verschiedene Geschäftseinheiten besitzt. Diese operieren meist in unterschiedlichen Geschäftsfeldern und weisen i.d.R. auch unterschiedliche Wachstumsraten und Kapitalkosten auf. Somit ist es nicht mehr möglich, eine einzige gültige Trendlinie anzugeben. Eine Möglichkeit, diese Problematik zu umgehen, besteht in einer Modifikation der Achseneinteilung. Auf der Ordinate wird nicht mehr die ROE-Rate abgetragen, sondern die Gewinnspanne (ROE – K_e) bzw. (ROA – K_a). Auf der Abszisse wird zudem das relative Wachstum

(Geschäftswachstum/Branchenwachstum = g/G) abgebildet. Somit entsteht eine modifizierte Rentabilitätsmatrix entsprechend Abb. 6-5.

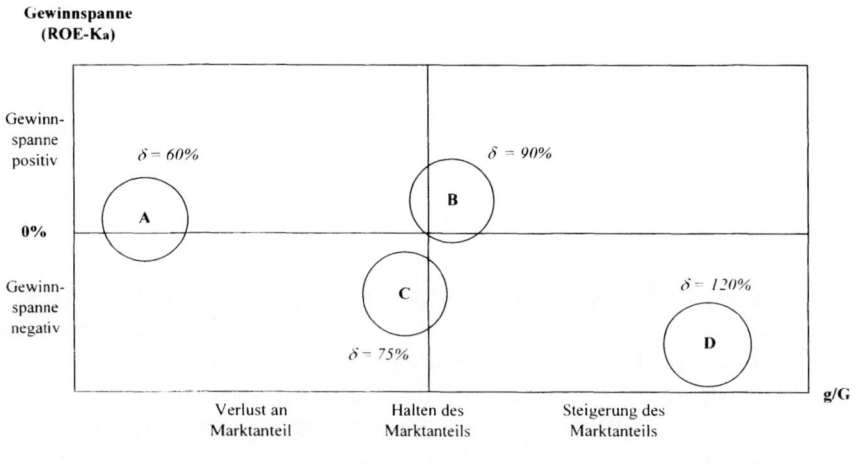

Abb. 6-5: *Alternative Rentabilitätsmatrix*
Quelle: in Anlehnung an Hax und Majluf (1991).

Gemäß der obigen Abbildung kann eine Geschäftseinheit wiederum als rentabel bzw. unrentabel klassifiziert werden, wenn die Differenz zwischen Eigenkapitalrentabilität und Eigenkapitalkosten positiv bzw. negativ ist. Als kapitalverbrauchende Divisionen werden solche identifiziert, die Reinvestitionsquoten von über 100% aufweisen. Diese Einheiten benötigen mehr Kapital als sie an Gewinnen erwirtschaften. Eine Unternehmenseinheit mit einer Reinvestitionsquote von unter 100% gilt dementsprechend als eine kapitalfreisetzende Einheit.

Alle Variationen der Rentabilitätsmatrix orientierten sich an dem Ziel der Maximierung des Unternehmenswertes. Im Gegensatz dazu betrachten die folgenden Ausführungen den Deckungsbeitrag einer Geschäftseinheit. Dabei steht im Zentrum der Untersuchung, wie sich der Unternehmenswert verändert, wenn verschiedene strategische Alternativen vorliegen, die die zukünftige Entwicklung der betrachteten Einheit beeinflussen können. Oft werden die strategischen Alternativen auf mittleren Managementebenen aufgestellt und ggf. schon dort verworfen. Problematisch ist dabei, dass nur wenige Wahlmöglichkeiten die „Spitze" des Konzerns erreichen. Somit gestaltet sich das Problem in einer zugespitzten Form derart, dass es auf Konzernebene keine Entscheidungsprobleme mehr zu lösen gibt, da alle strategischen Entscheidungen bereits getroffen wurden. Dies kann aber nur zu einer weniger effizienten Lösung führen, da die Interaktion einzelner Geschäftseinheiten bei den Entscheidungen auf der mittleren Ebene nicht berücksichtigt wird. Daher besteht eine denkbare Forderung der Konzernleitung darin, dass vier Optionen beurteilt werden, die die Wettbewerbsstrategie der Geschäftseinheiten zusammenfassen: Aufbauen – Halten – Abschöpfen – Liquidieren. Für jede dieser Möglichkeiten wird das jeweilige Marktwert/Buchwert-Verhältnis ermittelt. Die Normstrategie ist somit: Wähle diejenige Option, die das höchste Marktwert/Buchwert-Verhältnis aufweist.

Der Markwert einer Geschäftseinheit reflektiert die Ertragskraft und die erwarteten zukünftigen Zahlungsströme, die generiert werden können. Im Gegensatz dazu gibt der Buchwert einer Geschäftseinheit die ursprünglichen Ausgaben dieser Einheit an. Letztlich können eine Effizienzsteigerung oder -reduktion bzw. allgemein eine Änderung der Ertragskraft zu einer großen Divergenz zwischen Marktwert und Buchwert führen. Wie aber können Marktwerte ermittelt werden? Für börsennotierte Unternehmen ist der Marktwert durch die Multiplikation des Aktienkurses mit der Anzahl ausgegebener Aktien zu ermitteln. Dieser Ansatz ist allerdings nur für Gesellschaften möglich, die an der Börse notiert sind. Da dies häufig nicht für Geschäftseinheiten zutrifft, muss man sich anderer Methoden bedienen. Eine Möglichkeit besteht darin, Vergleichsunternehmen zu finden und deren Finanzkennzahlen, wie Verschuldungsgrad etc., entsprechend anzugleichen. Darüber hinaus ist die Verwendung von Multiplikatoren, wie bspw. von Price-Sales-Multiplikatoren oder Branchen-Multiplikatoren für das EBIT, zur Ermittlung des Marktwertes geeignet. Letztlich besteht immer die Option, die erwarteten Zahlungsströme risikoadjustiert zu diskontieren.

6.5 Liquidation

Ziel der vorangegangenen Diskussion war, die Positionierung einzelner Geschäftsbereiche und deren Rentabilität zu analysieren. Der Grundgedanke lautete: Maximierung des Marktwertes des Unternehmens. Was aber geschieht mit einzelnen Geschäftseinheiten, die den Marktwert des Konzerns schmälern und eine geringe Rendite aufweisen? Die unterschiedlichen strategischen Optionen wurden oben bereits erläutert. Die für Manager und Beschäftigte unangenehmste Variante ist die Liquidation einer Division. Dies liegt daran, dass Entlassungen und Aufgaben von Betriebsstätten für Beschäftigte und Kommunen schmerzhaft sind. Zudem lassen sich auch in wirtschaftlich schwierigen Zeiten Hoffnungen auf einen Wiederaufstieg der Geschäftseinheit hegen und dementsprechend Gründe für die Erhaltung dieser Einheit generieren. Zuerst ist zu fragen: Woran erkennt man solche den Marktwert mindernde Geschäftsbereiche? Häufig weisen sie einen negativen Cashflow aus. Dies mindert den Cashflow anderer Geschäftseinheiten. Die Frage lautet daher: Wie soll mit der entsprechenden Unternehmenseinheit verfahren werden? Zur Klärung des ökonomisch adäquaten Vorgehens müssen folgende Fragen beantwortet werden: Wann sollte eine Geschäftseinheit aus wirtschaftlichen Gründen liquidiert werden? Kann es vorteilhaft sein, eine unrentable Geschäftseinheit zu halten? Müssen Geschäftseinheiten mit negativen Cashflows liquidiert werden? Das Marktwert/Buchwert-Modell (M/B-Modell) ermöglicht eine Klärung dieser Fragen.

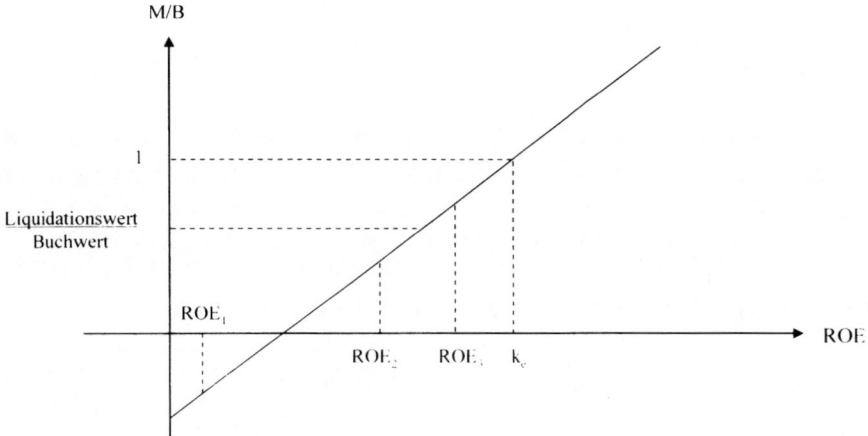

Abb. 6-6: *Funktionaler Zusammenhang zwischen ROE und M/B*
Quelle: in Anlehnung an Hax und Majluf (1991).

Abb. 6-6 illustriert den Zusammenhang zwischen M/B und ROE. Die Funktion M/B zu ROE ist eine echte Gerade und lässt auch negative Werte für M/B zu. Die Interpretation dieser Abbildung ist wie folgt: Ein Konzernbereich mit einem ROE_1 verringert den Wert des Unternehmens. Also lautet die Konsequenz: Auflösung dieser Geschäftseinheit! Dementsprechend sind solche Einheiten, die auch für die Zukunft permanent negative

Cashflows erwarten lassen, aufzulösen. Eine Unternehmenseinheit mit einem ROE_2 trägt zum Wert des Unternehmens bei, da ihr ROE positiv ist. Allerdings ist der Liquidationswert des Bereiches höher. Daher lautet der Verfahrensvorschlag für diesen Bereich: Verkauf der Geschäftseinheit! Eine Einheit mit einem ROE_3 ist zwar im Vergleich zu k_e unrentabel, da die Eigenkapitalkosten nicht erwirtschaftet werden, aber sie trägt zum Wert oberhalb ihres Liquidationswertes bei. Deshalb: Beibehalten dieser Geschäftseinheit!

Zusammenfassend lässt sich festhalten: In dem Maße, in dem Geschäftseinheiten von anderen Bereichen alimentiert werden müssen, ohne reale Hoffnung darauf, zukünftig die eigenen Kapitalkosten zu verdienen, bietet sich deren Liquidation als marktwerterhöhende Maßnahme an und entlastet dadurch quersubventionierende Unternehmensbereiche.

6.6 Synergiegetriebene Geschäftsstrategien

Die vorangegangenen Abschnitte konzentrierten sich auf die Auswahl strategischer Aktivitäten sowie auf deren Auswirkungen auf den Unternehmenswert. Dabei lag stets das Ziel vor: Maximiere den Unternehmenswert. Unterstellt wurde zudem, dass die Werte der strategischen Aktivitäten voneinander unabhängig sind. Am einfachen Zweigüterfall sei dies erläutert: Bisher wurde unterstellt, dass die Kosten der Produktion zweier Güter in einem Unternehmen genauso hoch sind wie die Kosten, die sich bei ausschließlicher Produktion von Gut 1 in Unternehmen 1 und von Gut 2 in Unternehmen 2 ergeben. In Kurzschreibweise:[11]

$$C(q_1, q_2) = C(q_1, 0) + C(0, q_2). \tag{6.10}$$

Anders formuliert: Es gab bisher weder Verbundvor- noch -nachteile. In Unternehmen gibt es – Stichwort: Gemeinkosten! – aber immer wieder positive und negative Verbundvorteile:

$$C(q_1, q_2) < C(q_1, 0) + C(0, q_2) \text{ und } C(q_1, q_2) > C(q_1, 0) + C(0, q_2). \tag{6.11}$$

Positive Verbundvorteile werden dabei etwas salopp und unpräzise als Synergien beschrieben. Diese Verbundvorteile haben, worauf in Kapitel 4

---

[11] q_1 und q_2 bezeichnen die Gütermengen der Produkte 1 und 2.

ausführlich eingegangen wurde, damit zu tun, dass ein Unternehmen bestimmte Aktivitäten besser durchführen kann als ein anderes. Damit sind aber die unterschiedlichen Investitions- oder Geschäftsaktivitäten nicht mehr voneinander unabhängig bewertbar, wenn sich für sie, je nach Vorhandensein benachbarter Aktivitäten, andere Kosten- und möglicherweise Erlösstrukturen ergeben. Für eine Bewertung der Wettbewerbsstrategie einer Geschäftseinheit ist es deshalb, insbesondere für das Topmanagement, wichtig, *alle relevanten alternativen Möglichkeiten* im Zusammenspiel zu bewerten. Hinsichtlich der Strategiewahl für die Geschäftseinheiten bedeutet dies den Vergleich der Optionen: Aufbauen, Halten, Abschöpfen oder Liquidieren. Wir haben schon die dafür zur Verfügung stehenden Analyseinstrumente kennen gelernt. Für die Bewertung der einzelnen Optionen greifen wir auf das schon erwähnte Marktwert/Buchwert-Verhältnis zurück. Dabei reflektiert der Marktwert risikoadjustiert und diskontiert die künftig erwarteten Zahlungen eines Geschäftsbereichs oder einer Geschäftseinheit, während der Buchwert die bislang aufgewendeten Zahlungen zum Ausdruck bringt. Hohe M/B-Verhältnisse, die über eins liegen, signalisieren: Der Markt honoriert die Aktivitäten höher als den zu ihrer Sicherung notwendigen Ressourcenverzehr. Dementsprechend ist jeweils die Strategie zu wählen, die den höchsten M/B aufweist. Ein Beispiel findet sich in der nachstehenden Tabelle 6-3.

Geschäfts-einheit	Aufbauen	Halten	Abschöpfen	Liquidieren
1	1,0	1,6	1,4	1,2
2	2,1	1,5	0,9	1,8
3	0,8	1,2	1,4	1,1
4	0,3	0,5	0,7	0,8
5	2,2	2,5	1,8	1,9
6	0,5	0,7	0,6	0,5

Tabelle 6-3: *M/B-Verhältnisse einzelner Geschäftseinheiten nach Strategieoption* Quelle: Hax und Majluf (1991).

Diese Auflistung ist insbesondere deshalb wichtig, weil strategische Optionen auf mittleren Managementebenen aufgestellt und zum Teil vorab verworfen werden. Als Möglichkeit einer eingeschränkten Alternativenpräsentation wäre für die Geschäftseinheit 4 (vgl. Tabelle 6-3) der Vergleich zwischen Aufbauen und Halten zu nennen. Obwohl Halten günstiger als Ausbauen ist, würde das Topmanagement durch Präsentation *nur* dieser Alternative in die Irre geführt. Schließlich gibt es noch die Varianten Abschöpfen und Auflösen, wobei sich beim Vergleich über alle vier

Optionen die strategische Handlungsalternative Auflösen als optimal her-
ausstellt. Sicherzustellen ist dementsprechend, dass die Berechnungen
samt ihrer Ergebnisse für alle vier Varianten die Spitze des Unternehmens
erreichen. Dort müssen vergleichbare Werte für die unterschiedlichen Strategien vorliegen, die als Basis für weitere Nachfragen dienen können. Dabei ist auch darauf zu achten, ob Kostenkomplementaritäten (Verbundvorteile) tatsächlich existieren oder nur als „Vision" erdacht worden sind, was
am nachfolgenden Beispiel verdeutlicht werden soll: In Lehrbüchern wird
die Nutzung von identischen Softwarepaketen in einem Unternehmen als
klassischer Ansatzpunkt für Verbundvorteile behandelt. Dies muss in der
betriebswirtschaftlichen Praxis allerdings nicht so sein. So berichten IT-
Fachleute, dass in einzelnen Tochterunternehmen vorgenommene spezifische Konfigurationen oft so unterschiedlich sind, dass die eigentlich identischen Softwarepakete gar nicht miteinander „sprechen" können. Anstelle
von Verbundvorteilen generiert das jeweilige Softwarepaket ungewollt
Verbundnachteile, weil es eine aufwendige (und oft ergebnislose) Suche
nach den vermuteten Vorteilen auslöst.

Abschließend betrachten wir noch einmal die verschiedenen Typen von
Wachstums- und Diversifikationsstrategien. Die logischen Möglichkeiten
sind in Abb. 6-7 aufgelistet.

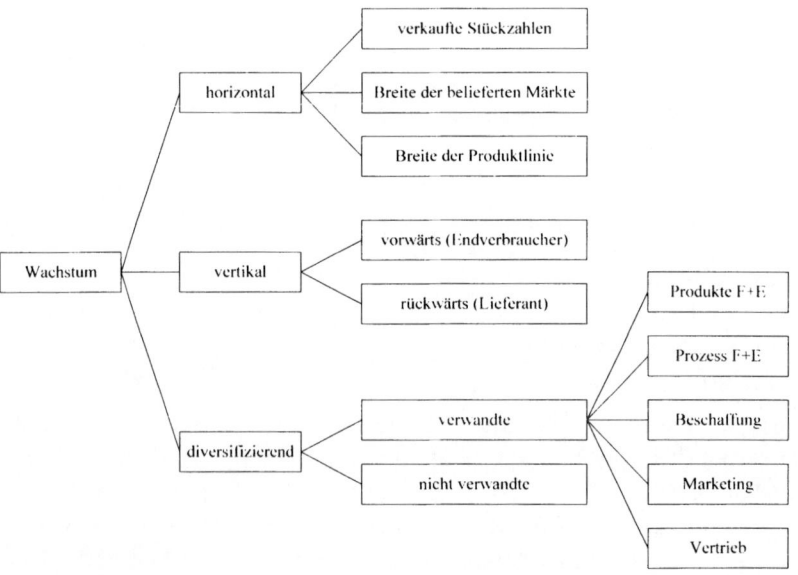

Abb. 6-7: *Arten der Wachstums- und Diversifikationsstrategien*
Quelle: in Anlehnung an Hax und Majluf (1991).

Als wirtschaftliche Basis für Wachstumsstrategien gibt es im Wesentlichen klassische Größenvorteile mit der Option von Verbundvorteilen (horizontales Wachstum). Für das vertikale Wachstum werden üblicherweise Möglichkeiten der Kostenreduzierung aus Verhinderung von Double-Marginalisationen zwischen unabhängigen Unternehmen angeführt. Anders formuliert: Für ein Unternehmen, das über zwei Wertschöpfungsstufen aktiv ist, kann es vorteilhafter sein, die Halbfabrikate innerhalb des Unternehmens (i.e. zu Grenzkosten) zu beziehen als zwischen Unternehmen zu handeln. Damit sind ggf. bessere Gelegenheiten für günstige Endkundenpreise (und damit Umsätze und Gewinne) zu sichern.

Als Diversifikationsstrategien werden verwandte und nicht verwandte Strategien genannt. Bei den verwandten Diversifikationen sollten wiederum Kostenkomplementaritäten eine wichtige Rolle spielen, da der Verwandtschaftsgrad suggeriert, dass das Unternehmen versucht, vorhandene Vorteile aus bestehenden auf die neu gewählten Aktivitäten zu übertragen. Die Bereiche, in denen diese Kostenkomplementaritäten alias Kernkompetenzen eine Rolle spielen könnten, sind von F&E über Produktion bis zum Vertrieb aufgelistet. Nichtverwandte Diversifikationen stehen unter dem Vorbehalt der Wertadditivitätsüberlegungen. Daran sollten auch einschlägige „Begründungen" wie „Wir kaufen uns Wachstum" oder „Wir müssen am Marktwachstum durch Akquisition teilhaben" nichts ändern. Wenn nämlich Unabhängigkeit von Zahlungsströmen zwischen Investitionsprojekten vorliegt, dann wird üblicherweise die Kapitalmarktbewertung eines solchen diversifizierten Unternehmens ungünstiger ausfallen als die Summe der Bewertungen der einzelnen Tochterunternehmungen des Konzerns. Anders formuliert: Der Kapitalmarkt bezahlt eine Prämie für die Akquisition, allerdings eine negative!

Many managers were apparently over-exposed in impressionable childhood years to the story in which the imprisoned, handsome prince is released from the toad's body by a kiss from a beautiful princess. Consequently, they are certain that the managerial kiss will do wonders for the profitability of the target company. Such optimism is essential. Absent that rosy view, why else should shareholders of company A want to own an interest in B at a takeover cost that is two times the market price they'd pay if they made direct purchase on their own? In other words investors can always buy toads at the going price for toads. If investors instead bankroll princesses who wish to pay double for the right to kiss the toad, those kisses better pack some real dynamite. We've observed many kisses, but very few miracles. Nevertheless, many managerial princesses remain serenely confident about the future potency of their kisses, even after their corporate backyards are knee-deep in unresponsive toads.

Box 6-1: *Warren Buffet über Firmenübernahmen*
Quelle: Buffet (1981) nach Brealey und Myers (2003).

Auf ein solches Problem aus nichtverwandter Diversifikation in einem realen Portfolio wird im nächsten Abschnitt eingegangen. Zuvor wollen wir uns an den Anfang dieses Kapitels erinnern. Ausgangspunkt der Überlegungen war die BCG-Matrix. Diese bewertete *nichtverwandte* Diversifikationen als positiv, wenn das Portfolio hinsichtlich Liquidität und Produktlebenszyklen ausgewogen war. Ob diese BCG-Matrix-Einschätzung für ein solches Portfolio auch einer Kapitalmarktbewertung Stand gehalten hat, betrachten wir nun am Beispiel E-on.

6.7 Entwicklung der Portfoliostruktur der Veba AG

Die Veba AG war bis in die 1990er Jahre hinein ein sehr stark diversifiziertes Konglomerat. Die Portfolioentwicklung wechselte zwischen Erweiterung und Reduzierung. Das Ziel der Veba AG war, wie es bei diversen Konglomeraten sein sollte, die Suche nach neuen Wertquellen. Der Deutschlandchef von BCG, Dieter Heuskel, begründete den Vorteil von Konglomeraten wie folgt: *„Unter instabilen Wettbewerbsbedingungen verfügen sie über viele Hebel, die selten zum gleichen Zeitpunkt gravierenden Veränderungen ausgesetzt sind. Wertschaffende Bereiche fungieren als ‚Inseln der Stabilität', um Neuorientierungen in anderen Bereichen vornehmen zu können"* (Heuskel (1999)).

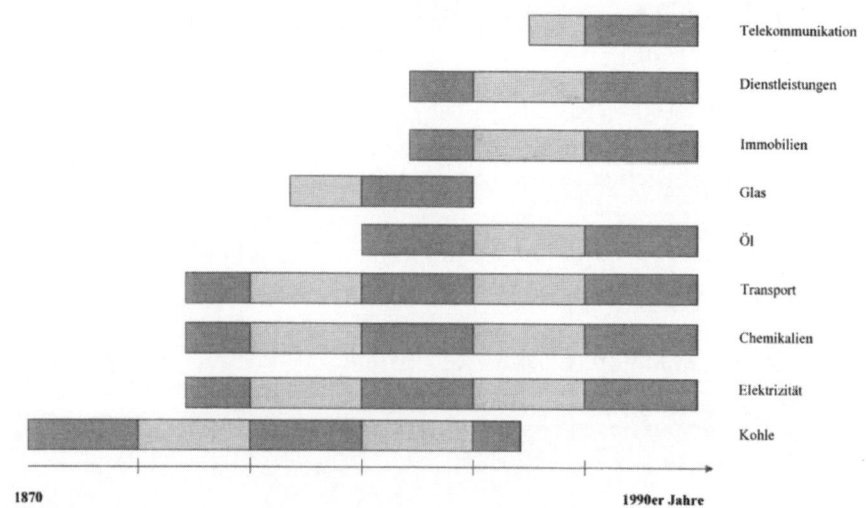

Abb. 6-8: *Zeitliche Entwicklung des Geschäftsportfolios der Veba AG*
Quelle: in Anlehnung an Heuskel (1999).

Der Äußerung ist deutlich die Herkunft aus der Portfoliowelt der BCG-Matrix zu entnehmen. Nachfolgend zeichnen wir den Entwicklungsweg des Veba-Portfolios nach. Ausgangspunkt war Anfang der 1990er Jahre die Zugehörigkeit von 840 (!) selbstständigen Tochterunternehmen zum Veba-Konzern (vgl. Abb. 6-8).

Die große Zahl der Tochterunternehmen bringt Unübersichtlichkeit und damit große Probleme für die gesamtunternehmerische Führung mit sich. Daraus resultierte eine fehlende Gewinndynamik. Entscheidend ist allerdings, ob es zwischen dem Marktwert des Konglomerates und dem Marktwert der Summe der einzelnen Unternehmen eine Differenz gab. Mit anderen Worten: Resultiert aus dem Versuch, Risiken zu umgehen, ein Diversification-Discount?[12] Hierbei ist wieder die Überlegung aufzugreifen, dass Risiken kostengünstiger von privaten Investoren am Kapitalmarkt eliminiert werden könnten. Die Frage wurde Anfang der 1990er Jahre durch eine Studie der Investmentbank MM Warburg hinsichtlich der Veba AG mit einem klaren Ja beantwortet. MM Warburg hat damals eine 50%ige (!) Unterbewertung des Veba-Gesamtkonzerns gegenüber der Summe seiner Einzelteile ermittelt. Ziel des Veba-Managements war nun eine Schließung dieser Lücke, um eine feindliche Übernahme zu verhindern. Eine Übernahme hätte sich durch den Erwerb des Vebakonzern und die anschließen-

---

[12] Wir erinnern uns an das Wertadditivitätstheorem.

de Zerschlagung selbst finanzieren lassen. Daher bestand der eingeschlagene Lösungsweg aus:

- einer aktiven Portfolioumstrukturierung,
- einer Erschließung neuer Geschäftsfelder und
- (vor allem) einem strikt wertorientierten Geschäftsgebaren.

Gerade der letzte Punkt führte zu einer klaren Festlegung der Kapitalkosten einzelner Geschäftsfelder sowie zu der strikten Maßgabe der Erwirtschaftung der Kapitalkosten. Diese Orientierung ermöglichte es, die im Vebakonzern vereinten, aber auch divergenten Unternehmensaktivitäten wie Telekommunikation, Chemie und Kohle vergleichbar zu machen. Als Ergebnis resultierte daraus: Mit der Hinorientierung auf den Shareholder-Value sowie einer konsequenten Wertorientierung in jeder Division stieg der Aktienkurs um mehr als 170% in vier Jahren (vgl. Abb. 6-9).

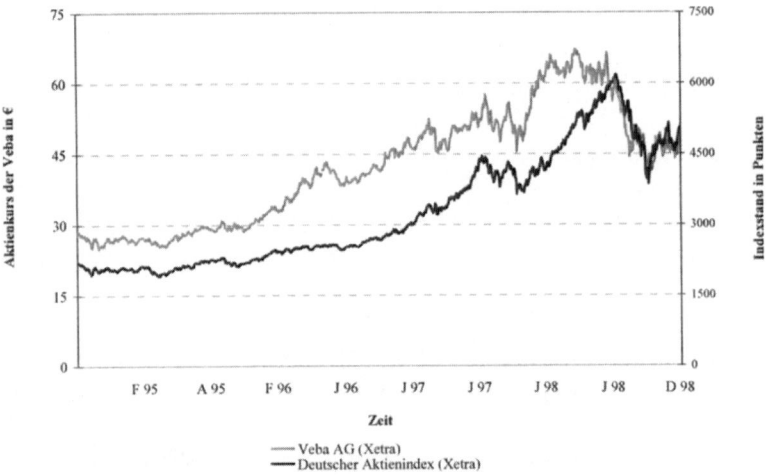

Abb. 6-9: *Verlauf des Aktienkurses der Veba AG im Vergleich zum DAX*
Quelle: Datastream.

Was aber genau ist der Diversification-Discount? Er stellt einen Abschlag auf den Marktwert eines Unternehmens dar, der aus einer Diversifizierung des Unternehmensportfolios entsteht. Nach Berger und Ofek (1995) existiert für eine durchschnittlich diversifizierte Unternehmung eine mittlere Wertminderung von 15% im Vergleich zur Summe der jeweiligen Marktwerte der Einzeldivisionen. Dieser Discount wird damit begründet, dass Diversifikation eine suboptimale Managementstrategie darstellt, die – wegen der definitionsgemäß fehlenden Fokussierung (i.e. Konzentration auf beherrschte Aktivitäten) – ungenügende interne Kontrollen mit sich bringt. Dies führt dazu, dass Manager nicht an der Durchführung wertvernichtender Aktivitäten gehindert werden können. Darunter werden auch Überinvestition oder Quersubventionierung von wenig profitablen Unternehmensbereichen subsumiert.

Betrachten wir die Konzernstruktur der Veba AG im Jahre 1999 (Abb. 6-8), so sehen wir drei Hauptsäulen: Energie, Chemie und Immobilienmanagement, sowie darüber hinaus eine Vielzahl weiterer Aktivitäten. Letztere reichen von Logistik und Transportdienstleistungen über die Wafer-Produktion bis hin zu Telekommunikationsaktivitäten. Zum 16.06.2000 wurde die Verschmelzung von Veba und VIAG zu E-on ins Handelsregister eingetragen. Die resultierende Konzernstruktur findet sich in Abb. 6-10.

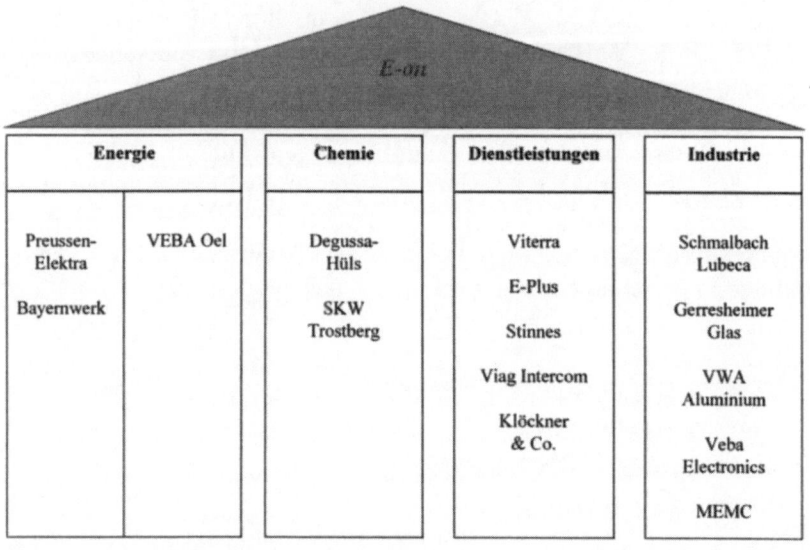

Abb. 6-10: *Konzernstruktur der E-on AG*

Wie hat sich dieses Konzernportfolio der E-on AG entwickelt? Die Abfolge von Käufen und Verkäufen finden wir in der Abb. 6-11. Die Kurzzusammenfassung der Entwicklung lässt sich als eine Abkehr vom Gedanken des diversifizierten Unternehmens lesen. Alle Aktivitäten, die außerhalb der Energiedienstleistung lagen, wurden durch Verkäufe[13] herausgelöst.

---

[13] Wie im Bereich der Telekommunikation: extrem profitable Verkäufe.

Ein Teil der Verkaufserlöse wurde in Unternehmen und Beteiligungen im Energiesektor reinvestiert: Südkraft, Powergen und Distrigaz-Nord.

Der Kapitalmarkt hat nun das von MM Warburg 1990 vorgegebene Thema aufgenommen und die Fokussierungsstrategie des Unternehmens vollständig durch hohe Kursgewinne belohnt. Umso bemerkenswerter ist natürlich der auch im Vergleich zum Dax sehr erfreuliche Kursverlauf der Veba AG, d.h. ihres Rechtsnachfolgers E-on AG. Auch hier lässt sich erkennen, dass das alte Ausgewogenheitspostulat der konglomeraten Diversifikation für Zeiten, in denen externe Kapitalmärkte sehr wichtig werden, nicht mehr gilt. Aus der Interaktion zwischen wertorientierter Unternehmensführung, Straffung der bestrittenen Geschäftsfelder sowie Fokussierung durch Konzentration auf ein Geschäftsfeld resultiert eine weniger komplexe Wahrnehmung der Aktivitäten der E-on AG auf den Märkten, insbesondere auf den Kapitalmärkten. Zugleich erfolgt die Aufgabe des hinsichtlich der Marktphasen ausgeglichenen Portfolios. Interessant wäre die Frage, ob die Vorläuferunternehmung, die Veba AG, diesen Weg der kompletten Fokussierung auf Energiedienstleistung schon früher angestrebt hätte. In Konzernkreisen wurde diskutiert, dass erst die später erfolgenden Liberalisierungen in Energiemärkten anderer Länder der Veba die Chance für kernkompetenzorientierte Investitionen geboten haben. Dementsprechend waren die Aktivitäten im Telekommunikationsbereich Übergangsinvestitionen, die mit den neu entstandenen Einstiegsmöglichkeiten der Energiemärkte anderer Länder aufgegeben werden konnten.

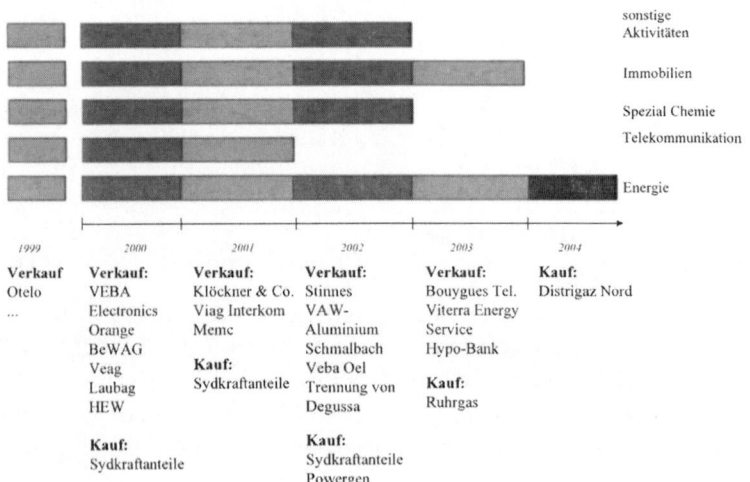

Abb. 6-11: *Zeitliche Entwicklung des Geschäftsportfolios der E-on AG*

6.8 Fazit

Ausgangspunkt der Portfoliobetrachtungen war die BCG-Matrix. Auf der Grundlage der Erfolgsfaktoren relativer Marktanteil (Erfahrungskurve) und Marktwachstum (Lebenszyklus) wird von der BCG-Matrix ein zweidimensionaler Raum aufgespannt. Ziel dieser Matrix ist die Strukturierung des Portfolios der bearbeiteten Geschäftsfelder, und zwar derart, dass Erfolgspotenziale identifiziert, geschaffen und ausgeschöpft werden können und dabei ein (Innen-)Finanzierungsüberschuss erreicht wird. Die zentralen Vorteile der BCG-Matrix liegen in ihrer Einfachheit und Klarheit. Da nur zwei Faktoren benötigt werden, kann die Portfolioanalyse mit relativ wenig Aufwand ausgearbeitet werden. Dem Topmanagement hilft sie, kurzfristig zentrale Positionierungsunterschiede festzustellen, ohne sich in Einzelheiten zu verlieren. Die Hauptkritikpunkte an der BCG-Matrix sind die beiden Ausgewogenheitspostulate hinsichtlich Produktlebenszyklus und Finanzstatus sowie die Marktanteilsüberlegungen, die auf dem Erfahrungskurveneffekt basieren. Die Marktanteilsüberlegungen setzen eine Welt homogener Produkte voraus, in denen Stückkosten der entscheidende Wettbewerbsparameter sind. In dem Maße, in dem wegen abnehmender Standardisierung auch umgekehrte Erfahrungskurveneffekte denkbar sind, sind sowohl dieser Effekt als auch die Zielgröße der BCG-Matrix zu überdenken. Die Prämissenkritik, die sich auf die Entwicklung externer Kapitalmärkte stützt, kann als Ansatzpunkt für eine Weiterentwicklung dieser Portfolioanalyse zur Rentabilitätsmatrix genommen werden.

Für externe Kapitalmarktakteure gilt die Grundüberlegung der Investitionsrechnung, dass nur Investitionsprojekte mit einem positiven Kapitalwert finanziert werden sollen. Damit muss jedes Investitionsprojekt (i.e. jede einzelne Aktivität eines Unternehmens) für sich bewertet werden, und der Wert des Gesamtunternehmens besteht dann genau in der Summe der Werte einzelner Investitionsprojekte. Das ideale, i.e. profitable Geschäftsportfolio ist dann aber, gemessen am internen Kapitalfluss, nicht unbedingt ausgeglichen. Grundsätzliche Erwägungen führten zum Wertadditivitätstheorem, das zeigt, warum es keine positive Prämie für Diversifikationen geben kann, die dem Gesamtunternehmen *keine* Größen- oder Verbundvorteile verschaffen. Dies liegt daran, dass ein Investor keinen Aufpreis für diese Risikoverringerung bezahlen wird, auch wenn er sie präferiert, wenn er sie selbst kostengünstiger als ein Unternehmen realisieren kann. Welche Implikationen resultieren aus den Wertadditivitätsüberlegungen bezüglich der Portfoliostrukturierung? Die Allokation ist unabhängig von etwaigen Risikomischungseffekten, allerdings nur solange die Zahlungen der Investitionsprojekte nicht zusammenhängen und nicht verändert werden. Eine Abstimmung von Investitionsaktivitäten könnte zur Veränderung der Zahlungsströme führen und würde dann das Ergebnis gegenüber der Wertadditivität verändern.

Die Anwendung der Rentabilitätsmatrix führt zu neuen Implikationen für die Normstrategien: Zum einen werden Rentabilität und Wachstum zu den wichtigsten Ziele strategischer Überlegungen. Zum anderen ist die Kapitalfreisetzung allein kein attraktives Attribut einer Geschäftseinheit mehr, weil jede Geschäftseinheit an ihrer Eigenkapitalrendite gemessen wird. Die Umsetzung von WAT und Rentabilitätsmatrix basiert bei diversifizierten Unternehmen darauf, ob es zwischen dem Marktwert des Konglomerates und dem Marktwert der Summe der einzelnen Unternehmen eine hohe Differenz gibt. Anfang der 1990er Jahre hatte die Investmentbank MM Warburg hinsichtlich der Veba AG eine 50%ige Unterbewertung des Veba-Gesamtkonzerns gegenüber der Summe seiner Einzelteile ermittelt. Ziel des Veba-Managements war die Schließung dieser Lücke, um eine feindliche Übernahme zu verhindern. Die dadurch in Gang gesetzte strategische Entwicklung muss als eine Abkehr vom Gedanken des diversifizierten Unternehmens interpretiert werden. Alle Veba- resp. E-on-Aktivitäten außerhalb der Energiedienstleistung wurden nach und nach verkauft.

Welche Konsequenzen haben nun die bisherigen Erwägungen für die Portfoliostrukturierung? Zum einen dürfte der Diversifikationsgrad vieler Unternehmen, zumal in Deutschland, wegen der Unverbundenheit (i.e. Fehlen von Kostenkomplementaritäten) der einzelnen Geschäftsfelder aus Kapitalmarktsicht noch überoptimal sein. Zum anderen steigen bei externen Kapitalmärkten zunehmend die Qualität der Bewertungstechnologien und auch die Bereitschaft, Unternehmen zu kaufen und zu restrukturieren. Aus beiden Gründen resultieren für das Unternehmensmanagement sehr hohe Anforderungen an die argumentative Rechtfertigung eines hohen Diversifikationsgrades. In dem Maße, in dem keine Kostenkomplementaritäten nachgewiesen werden können, geraten diversifizierte Unternehmen – bei Geltung eines Diversifikationsabschlages – unter harten externen Restrukturierungsdruck. Die hier vorgestellten Methoden können sowohl das Unternehmensmanagement als auch externe Kapitalmärkte bei der Ermittlung des optimalen Diversifikationsgrades unterstützen.

Literatur

Philip G. Berger/Eli Ofek (1995): Diversification's Effect on Firm Value. Journal of Financial Economics, Vol. 37. 39-65.

Richard A. Brealey/Stewart C. Myers (2003): Principles of Corporate Finance. McGraw-Hill.

Aswath Damodaran (2002): Investment Valuation. New York.

Financial Times Deutschland vom 19.07.2005.

Charles W. Haley/Lawrence D. Schall (1979): The Theory of Financial Decisions. New York.

Milton Harris/Artur Raviv (1991): The Theory of Capital Structure. Journal of Finance, Vol. 46. 297-355.

Arnoldo C. Hax/Nicolas S. Majluf (1991): Strategisches Management. New York.

Dieter Heuskel (1999): Wettbewerb jenseits von Industriegrenzen. Frankfurt/New York.

Michael Jensen (1986): Agency Costs of Free Cash Flow, Corporate Finance, and Takeovers. American Economic Review, Vol. 76. 323-329.

Steven Klepper (1996): Entry, Exit, Growth, and Innovations over the Product Life Cycle. American Economic Review, Vol. 86. 562-583.

Reinhard H. Schmidt/Eva Terberger (1997): Grundzüge der Investitions- und Finanzierungstheorie. Wiesbaden.

Bennett G. Stewart/David M. Glassman (1993): The Motives and Methods of Corporate Restructuring. In: Donald Chew (Hrsg.): The New Corporate Finance. New York. 584-599.

Aufgaben zum Kapitel 6

Aufgabe 1:

Geben Sie an, ob folgende Aussagen richtig oder falsch sind.

a) Falls Synergien zwischen zwei Unternehmen bestehen, sollte der Wert einer gemeinsamen Unternehmung größer sein als der Wert der Firmen, wenn sie unabhängig voneinander operieren.

b) Fusionieren zwei Unternehmen mit unterschiedlich riskanten (volatilen) Zahlungsströmen miteinander, wird der Unternehmenswert insgesamt steigen. Dies kann darauf zurückgeführt werden, dass die erwarteten zukünftigen Zahlungen sicherer werden, weil sich entgegen gesetzte Risiken ausgleichen können.

c) Wenn zwei oder mehrere Firmen miteinander fusionieren, werden sie generell profitabler im Vergleich zur Industrie in der sie operieren.

Aufgabe 2:

a) Erläutern Sie das Konzept der Wertadditivität.

b) Bei einer Diskussion mit einem alten Schulfreund über die Fusion der Müller AG mit der Schulz AG zur MS AG kommt Ihr Freund zu dem Schluss, dass der Wert der MS AG nicht gleich der Summe der einzelnen Unternehmen sein kann. Er begründet dies damit, dass die Informationsverteilung bezüglich der beiden Unternehmen nicht symmetrisch ist. Nehmen Sie dazu Stellung und begründen bzw. widerlegen Sie sein Argument.

Aufgabe 3:

Begründen Sie kurz hinsichtlich der Aussagekraft der BCG-Matrix:

a) Bedeutet eine Erhöhung des Marktanteils immer eine Steigerung der Produktionsmenge?

b) Muss ein ideales Geschäftsportfolio, am internen Kapitalfluss gemessen, ausgeglichen sein?

c) Ist bei stagnierten Märkten positiver Investitionsbedarf ausgeschlossen?

d) Gibt es eine Möglichkeit, Leistungsführerschaft in der BCG-Matrix abzubilden?

Aufgabe 4:

Box 6-1 gibt einige von Warren Buffett beschriebene Probleme mit Firmenübernahmen wieder.

a) Erklären Sie, unter welchen Voraussetzungen ein Aktionär einer Unternehmung A einen Anteil an der Unternehmung B zu einem Preis kaufen soll, der doppelt so hoch ist wie der Aktienkurs.

b) Erklären Sie, was Investoren aus fehlgeschlagenen Akquisitionen lernen können und welche Lehren sie für zukünftige Akquisitionen ziehen können.

Aufgabe 5:

a) Nehmen Sie Stellung zu der Äußerung: Der Diversifikationsgrad vieler Unternehmen, zumal in Deutschland, ist wegen der Unverbundenheit der einzelnen Geschäftsfelder noch zu hoch.

b) Wie würde aus der Sicht von Private-Equity-Investoren der Diversifikationsgrad – verglichen mit dem heutigen – optimal sein: höher oder niedriger?

c) Von diversen Managern wird darauf hingewiesen, dass Private-Equity-Investoren durch Zahlung zu hoher Preise für Unternehmensübernahmen andere Unternehmen an einer Bereinigung der Märkte (i.e. an der Verringerung der Anzahl der Unternehmen) hindern. Nehmen Sie Stellung zu dieser These!

Aufgabe 6:

a) Erklären Sie die Kostengrundlage für wertschaffende, synergiegetriebene Geschäftsstrategien.

b) Erläutern Sie diese Kostengrundlage am Beispiel der gemeinsamen Fahrplanerstellung und Schienennetzunterhaltung bei einem Eisenbahnunternehmen für Güter- und Personenverkehr.

Aufgabe 7:

Als Leiter der Strategieabteilung der GC AG wurden Sie von der Konzernleitung damit beauftragt, eine strategische Empfehlung für die drei Segmente des Konzerns abzugeben. Für Ihre Analyse stehen Ihnen neben den Segmentdaten auch die Absatzmengen von drei Konkurrenten (K1 bis K3) zur Verfügung (vgl. Tabelle A-6-4).

Marktanteilsentwicklung in 2002 und 2003:

		Segment		
	Jahr	A	B	C
GC AG	2002	20	6	12
	2003	24	10	14
K1	2002	16	2	26
	2003	18	4	24
K2	2002	12	4	10
	2003	16	6	10
K3	2002	6	8	0
	2003	8	10	0

Tabelle A-6-1: *Markt- und Segmententwicklung für 2002 und 2003*

a) Stellen Sie den BCG-Ansatz auf.
b) Leiten Sie die strategischen Empfehlungen für die einzelnen Geschäftssegmente aus der BCG-Matrix ab.

7 Strategieimplementierung: Balanced Scorecard

7.1 Einleitung

„For an organization's strategy to be implemented effectively, each person in the organization must clearly understand what he or she has to do, how their performance measures will be constructed, and how their rewards and punishments are related to those measures." (Michael C. Jensen)

Unternehmen stehen seit Mitte der 1990er Jahre in engem Zusammenhang mit den globalen Finanzmärkten. Zum einen hat die weltweite Verfügbarkeit von Fremd- und Eigenkapital die Relevanz von Realaktiva gegenüber Humankapital, das Wissen erzeugt und verkörpert, sinken lassen. Zum anderen hat die Verflechtung mit den Kapitalmärkten die Anforderungen an das Management erhöht, ein ganzheitliches Wertmanagement (z.B. Shareholder Value) zu implementieren, um Vertrauensentzug zu vermeiden (vgl. Kapitel 6). Zusätzlich erhöhen kundenseitige Anforderungen den Druck auf das Management, umfassende Steuerungs- und Führungskonzepte zu verwenden, die über einfache Kennzahlensysteme hinaus relevante Vorgänge im Unternehmen messen und zur Steuerung nutzen. Sie dienen der Implementierung von Strategien und sind somit für die Unternehmenspolitik relevant. Ein Instrument, das immer häufiger in der Strategieimplementierung angewandt wird, ist die Balanced Scorecard (BSC).

Nachfolgend wird zuerst herausgearbeitet, welche Probleme traditioneller Kennzahlensysteme die Nachfrage nach einem neuen Strategieimplementierungskonzept erzeugt haben (7.2). Danach wird das Grundkonzept der BSC, das als integratives und multidimensionales Instrument propagiert wird, erläutert (7.3). So wie dieses Grundkonzept der BSC einige der mit einfachen, eindimensionalen Kennzahlensystemen verbundenen Probleme löst, schafft es aber zugleich wieder neue Probleme; diese werden exemplarisch im folgenden Abschnitt aufgegriffen (7.4). Die praktische Relevanz dieser theoretisch-orientierten Kritik wird anhand von empirischen Untersuchungen genauer dargestellt (7.5). Die Ergebnisse dieser Untersuchungen zeigen nun – unter Berücksichtigung der in (7.4) angesprochenen theoretischen Erwägungen – wie eine praktisch implementierbare BSC aussehen könnte. Die Überlegungen zu einer solchen BSC werden in (7.6) dargelegt. Dem schließt sich ein Praxisbeispiel an, das die angesprochenen Themen aufnimmt (7.7). Abschließend wird insbesondere erläutert, welche Probleme eine BSC lösen kann, mithin wozu sie im Unternehmen dient, und welche sie nicht lösen kann (7.8).

7.2 Kritik an traditionellen Kennzahlen

Die Nachfrage nach einem integrativen Kennzahlensystem begann mit der Kritik an der ausschließlichen Verwendung vergangenheitsorientierter, finanzieller Kennzahlen (wie z.B. Eigenkapitalrendite oder Cashflow) in der Unternehmensplanung. Kaplan und Norton (1996a) stellten fest, dass sich einfache, rechnungswesenbasierte Zielgrößen nur bedingt (isoliert) zur Unternehmenssteuerung eignen: *„They are lagging indicators that fail to capture much of the value that has been created or destroyed by managers' actions in the most recent accounting period. The financial measures tell some, but not all, of the story about past actions, and they fail to provide adequate guidance for the actions to be taken today and the day after to create future financial value."*

Traditionelles, auf Finanzkennzahlen fokussiertes Management ist somit nicht für die heutigen, im Informationszeitalter gültigen Anforderungen von Unternehmen an effektive Planungswerkzeuge ausgelegt. Dies ist auf die Vernachlässigung wichtiger anderer Perspektiven zurückzuführen. Als solche werden genannt:

- Finanz- bzw. Kapitalmarktperspektive (noch am ehesten traditionell berücksichtigt): Wie sehen uns unsere Aktionäre?
- Kundenperspektive: Wie sehen uns unsere Kunden?
- Prozessperspektive: In welchen Prozessen müssen wir uns auszeichnen, um Erfolg zu haben?
- Lern- und Innovationsperspektive: Wie stärken wir unsere Fähigkeit, uns zu verändern und zu verbessern?

Kaplan und Norton führten diese verschiedenen Perspektiven mit ihrer BSC ein und zielten darauf ab, die Strategieimplementierung gegenüber dem Ausgangszustand zu komplettieren. Wie bereits angedeutet, stand dabei die Erkenntnis im Vordergrund, dass die ausschließliche Steuerung anhand von Finanzkennzahlen grundsätzlich nur ein Reagieren auf vorherige

Entwicklungen und kein proaktives Handeln erlaubt. Erfolgreiche Unternehmen sind entsprechend nicht (allein) durch stichtagsbezogene und zumeist auch manipulierbare Ergebnisdaten gekennzeichnet, sondern vor allem durch die Prozesse und Erfolgsfaktoren, die das Unternehmensergebnis „treiben".

Dies impliziert die Notwendigkeit, nichtmonetäre (Unter-)Ziele in die Betrachtung zu integrieren. Der Vorteil nichtmonetärer Messgrößen besteht darin, dass diese zumeist Frühindikatoren für den künftigen Erfolg darstellen (bspw. Kundenzufriedenheit, „time to market" neuer Produkte oder Produktionsdurchlaufzeit). Aber auch wenn die Unternehmenssteuerung auf nichtmonetäre Größen ausgerichtet ist, besteht eine zu beachtende Gefahr darin, dass auf Grund von Komplexität und der fehlenden Möglichkeit, die Steuerungsgrößen im Falle von Zielkonflikten gegeneinander aufzuwiegen, zu viele ungewichtete Kennzahlen nebeneinander stehen und der Gesamtzusammenhang aus den Augen verloren wird. Hierauf wird im weiteren Verlauf des Kapitels noch genauer eingegangen.

7.3 Grundkonzept der BSC

Die BSC ist ein Konzept zur Umsetzung der Unternehmensstrategie. Sie beginnt bei der Vision und der Strategie des Unternehmens und definiert auf dieser Basis zentrale Erfolgsfaktoren. Der Aufbau der Kennzahlen ist daran orientiert, die Zielsetzung und Leistungsfähigkeit in kritischen Bereichen der Strategie zu fördern. Nach Ansicht ihrer Proponenten ist die BSC daher ein aus Vision und Strategie abgeleitetes Management-System, das die wichtigsten Aspekte eines Unternehmens abbildet. Daher wird gefolgert, dass das BSC-Konzept strategische Planung und Implementierung unterstützt. Dies geschieht durch eine Bündelung der Maßnahmen aller Einheiten eines Unternehmens auf Basis eines gemeinsamen Verständnisses seiner Ziele und durch einen erleichterten Zugang zur Bewertung und Fortschreibung der Strategie.

Wie zuvor erwähnt, stützt sich die Idee der BSC auf vier Perspektiven der Unternehmung. Die Einzelziele, Kennzahlen und Maßnahmenpakete der Perspektiven sollen in einem Ursache-Wirkungszusammenhang zum übergeordneten Finanzziel stehen (siehe Abb. 7-1). Die Umwandlung und Konkretisierung der strategischen Zielsetzungen als operativ umzusetzende Vorgaben ist dabei Grundprinzip der Scorecard. Die vier Perspektiven sollen anschließend kurz erläutert werden.

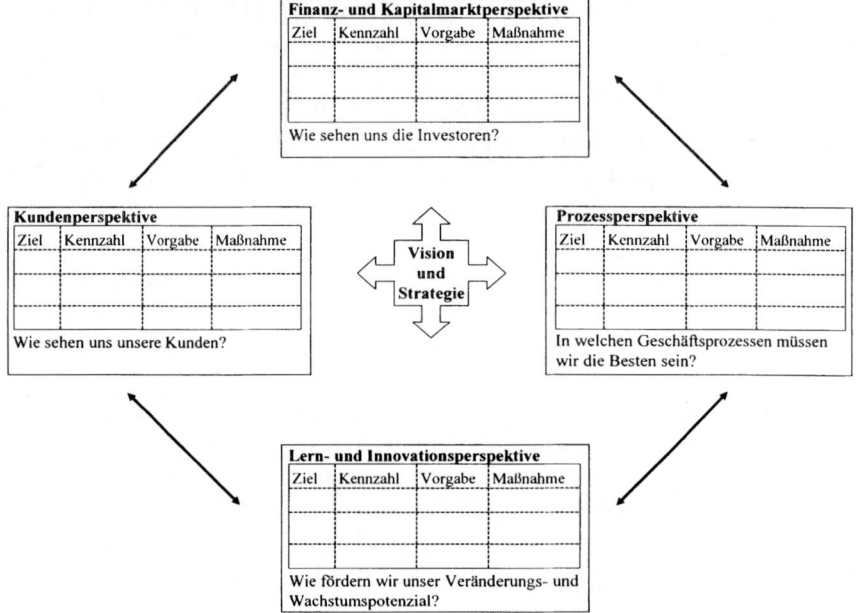

Abb. 7-1: *Die vier klassischen Perspektiven der BSC*
Quelle: in Anlehnung an Kaplan und Norton (1996a).

Finanzielle Perspektive:
Diese Perspektive zeigt, inwiefern die Anwendung der Strategie zur Ergebnisverbesserung beigetragen hat. Die Finanzperspektive dient zudem als übergeordnete Ebene. Sie definiert nicht nur die von der gewählten Strategie erwartete finanzielle Leistung, sondern dominiert auch in ihrer Zielsetzung die nachfolgenden Perspektiven.

Kundenperspektive:
Diese Perspektive befasst sich mit den strategischen Zielen in den Kunden- und Marktsegmenten, in denen das Unternehmen tätig ist. Wesentliche Kennzahlen hierbei sind bspw. die Kundenzufriedenheit und die Akquirierung von Neukunden.

Interne Prozessperspektive:
In dieser Perspektive geht es darum, jene Prozesse zu erfassen, die eine
Optimierung der beiden vorangegangenen Perspektiven fördern und deren
Zielerreichung ermöglichen. Betrachtet werden bspw. die Durchlaufzeit
und die Fehlerquote im Produktionsprozess oder auch die Geschwindigkeit
der Inputbeschaffung.

Lern- und Innovationsperspektive:
In der vierten Perspektive erfolgt eine Auseinandersetzung mit Zukunfts-
investitionen insbesondere im Bereich der Mitarbeiterentwicklung. Drei
Hauptkriterien zeichnen diese Perspektive aus: die Qualifizierung von Mitarbeitern, die Leistungsfähigkeit der Informationssysteme sowie die Motivation und Zielausrichtung der Arbeitskräfte.

Welche Schritte umfasst nun die Entwicklung einer BSC?

1. Zunächst gilt es, eine Vision zu identifizieren: Wohin soll sich das
    Unternehmen entwickeln?
2. Mit der Definition einer Strategie wird dann festgelegt, wie dieses
    Ziel erreicht werden soll.
3. Im nächsten Schritt werden Perspektiven und kritische Erfolgsfak-
    toren definiert, indem die Ziele der einzelnen Perspektiven be-
    stimmt werden.
4. Daran anschließend wird ermittelt, wie die Erreichung dieser Ziele
    gemessen werden kann. Zur Auswertung der Scorecard ist in
    Feedback-Schleifen (d.h. revolvierend) sicherzustellen, dass tat-
    sächlich das Richtige gemessen wird.
5. Auf dieser Basis sind Maßnahmenpläne, also konkrete Aktivitäten
    zur Zielerreichung, zu definieren sowie Management und Betrieb
    der Scorecard zu planen.
6. Schließlich ist zu entscheiden, an wen berichtet werden soll und
    wie diese Berichte auszugestalten sind.

Abb. 7-2 gibt für die ersten vier der skizzierten Entwicklungsschritte ein
Beispiel.

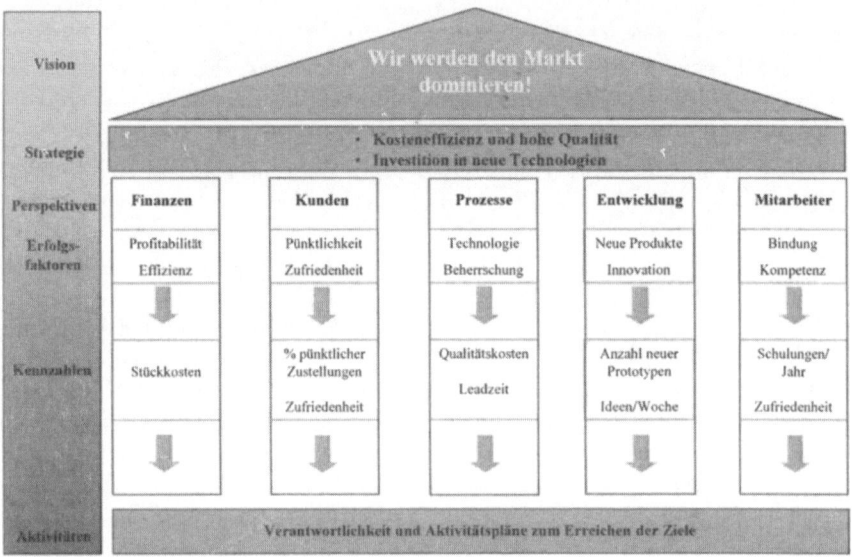

Abb. 7-2: *Beispiel eines BSC-Entwicklungsprozesses*

Der Nutzen der Einführung einer BSC kann aus Sicht ihrer Verfechter wie folgt zusammengefasst werden:

- Eine BSC hilft, kritische Erfolgsfaktoren an einer Strategie auszurichten, und zwar auf allen Ebenen des Unternehmens.
- Die BSC modernisiert das bisherige Management, indem sie verstärkt auch nichtmonetäre Ziele als Frühindikatoren in die Entscheidungsfindung einbezieht. Eine isolierte Ausrichtung an vergangenheitsbezogenen Finanzkennzahlen wird vermieden.
- Eine BSC vermittelt dem Management ein umfassendes Bild der Geschäftstätigkeit.
- Die Methode der BSC vereinfacht die Kommunikation sowie das Verständnis von Geschäftszielen und Strategien auf allen Ebenen einer Organisation.
- Das BSC-Konzept erlaubt strategisches Feedback und Lernen.

Schließlich ermöglicht eine BSC, durch Fokus auf das Wesentliche, die Einordnung und Verdichtung der gewaltigen Informationsmengen, die von den IT-Systemen zur Verfügung gestellt werden.

7.4 Theoretische Probleme

(Ein Kapitel mit dennoch großem praktischem Nutzwert)

Wir haben festgehalten, wie das Grundkonzept der BSC aussieht. Gezeigt wurde auch, wie durch die Aufspannung unterschiedlicher Perspektiven einige der Nachteile der einfachen und eindimensionalen Kennzahlensysteme überwunden werden können. Eine einfache betriebswirtschaftliche Erkenntnis besagt, dass jeder zusätzliche Gewinn bezahlt werden muss. Im Falle der BSC bedeutet zusätzlicher Gewinn die Überwindung von Nachteilen anderer Instrumente. Die dabei anfallenden Kosten stehen für die durch die Problemlösung zusätzlich erzeugten Probleme. Diese lassen sich in fünf Aspekten zusammenfassen, deren Handhabung Voraussetzung für eine sinnvolle Nutzung der BSC ist. Es handelt sich dabei um:

1. die Messbarkeit von Kennzahlen samt benachbarter Probleme,
2. die Berücksichtigung der unterschiedlichsten Interessen von Stakeholdern,
3. die Vorteilhaftigkeit von Mehrinformationen gegenüber der Lockerung von Verantwortlichkeiten,
4. die Problematik der Mehrzielmaximierung und
5. fehlende Kausalketten (Ursache-Wirkungszusammenhänge).

Wie noch herausgestellt wird, hängen diese Aspekte zum Teil direkt, zum Teil indirekt zusammen. Zu ihrer Überwindung bedarf es letztlich der Aufstellung von Kausalketten zu den Wirkungszusammenhängen im Unternehmen (dies wird im Folgenden erläutert).

(1.) Messbarkeit
Damit Kennzahlen – z.B. aus den vier Bereichen, die die BSC aufspannen – sinnvoll für die Unternehmenspolitik und die Implementierung von Strategien genutzt werden können, bedarf es der:

- objektiven Messbarkeit der Zielerreichung (auch qualitativer Werte wie z.B. Zufriedenheit),
- Abgrenzbarkeit des Beitrags von Akteuren zu dieser Zielerreichung von anderen (z.B. exogenen) Einflüssen, und
- Sicherstellung, dass die Zielerreichung tatsächlich im Einflussbereich der Akteure liegt (nicht gegeben z.B. im Falle der Nichtlieferung relevanter Inputs aus anderen Bereichen).

Es liegt auf der Hand, welche Schwierigkeiten das Fehlen einer oder mehrerer der genannten Voraussetzungen für die Implementierung einer

BSC bedeutet oder bedeuten kann: Akteure im Unternehmen an unerreichbaren Zielen zu messen resp. sie zu sanktionieren, auch wenn die Ziele ihres Einflussbereiches wegen externer Einflüsse nicht durch sie erreicht werden konnten, führt zu Fehlsteuerungen. Beispiele hierfür sind die Nutzung des Umsatzes für die Gehaltsbestimmung und die Planung von Karrieren im Vertrieb *ohne* Berücksichtigung von Brancheneinflüssen. Wer aufgrund positiver Brancheneinflüsse, wie z.B. Stahl- oder Ölknappheit, hohe Umsätze erzielt, wird belohnt. Wer aufgrund gegenläufiger Knappheiten nicht reüssiert, wird bestraft. Die Anreizwirkungen der Entlohnung sind in beiden Fällen negativ.

Das Hauptproblem der Messung tatsächlich interessierender Vorgänge wurde in dem von Steven Kerr 1975 publizierten Aufsatz *„On the folly of rewarding A, while hoping for B"* herausgearbeitet. An einer Vielzahl von Beispielen führte er vor, wie oft das einfach Messbare als Ausgangspunkt für Anreize und Entlohnung genommen wird. Das bekannteste Beispiel für Probleme dieser Art war die Entlohnung von Mechanikern bei Sears nach den Umsätzen in Reparaturen; dadurch wurden Anreize für die „dienstliche Erzeugung" von Reparaturen geschaffen. Dies zog wiederum Gerichtsverfahren mit hohen Schadensersatzzahlungen nach sich. Handelt es sich hier um definitiv beeinflussbare Faktoren, so gibt es aber auch sehr viele Größen, die außerhalb des Einflussbereiches der kontrollierten und mit Anreizen versehenen Akteure liegen. Ein einfaches Beispiel wäre die Entlohnung von Bereichen der Produktion nach Output und die von Bereichen des Kundendienstes nach Kundenzufriedenheit. Während eine starke Outputorientierung in der Tendenz Qualitätsprobleme mit sich bringt, wird die Kundenzufriedenheit genau durch diese Qualitätsprobleme verringert. In Konsequenz müssen die Kundendienstmitarbeiter, die nicht ursächlich für die Qualitätsprobleme verantwortlich sind, Einkommenseinbußen hinnehmen. Die objektive Messbarkeit von Zielerreichungsgraden ist zwar die einfachste Voraussetzung für eine sinnvolle Implementierung und Nutzung der BSC, sie wird aber in der Praxis am häufigsten verletzt. Für eine tatsächliche Implementierung noch entscheidender sind die unterschiedlichen Interessen der Stakeholder.

(2.) Stakeholderinteressen

„We cannot maximize the long-term market value of an organization if we ignore or mistreat any important constituency." (Michael C. Jensen)

Allgemein gilt, dass eine Unternehmung der Wirtschaft Ressourcen entnimmt, diese als Inputs für ihre Outputerstellung nutzt und dabei langfristig sicherstellen muss, dass der Grenzertrag des Outputs über den Grenz-kosten der Ressourcen liegt. Mit diesen – direkten oder indirekten – Inputs sind unterschiedliche Stakeholder verbunden. Die Interessen dieser Stake-holder lassen sich nun, sehr vereinfacht, wie folgt benennen:

- Konsumenten haben Interesse an hoher Qualität, gutem Service und dabei sehr niedrigen Preisen,
- Mitarbeiter sind für hohe Löhne, viel Freizeit sowie angenehme Arbeitsbedingungen zu begeistern,
- Kommunen und andere (Gebiets-)Körperschaften achten auf hohe Beschäftigung, hohe Steuereinnahmen sowie eventuell Spenden, und schließlich:
- Kapitalgeber interessieren sich für eine hohe Verzinsung resp. er-warten die Rückzahlung von gegen Fixanspruch zur Verfügung gestellten Beträgen.

Schon diese einfache Aufzählung macht deutlich, dass zwischen unter-schiedlichen Stakeholdern Interessenskonflikte bestehen, die sich bei einer Umsetzung in eine BSC in Zielkonflikten niederschlagen. So werden die Interessen von Kapitalgebern und Mitarbeitern unter bestimmten Voraus-setzungen nicht immer deckungsgleich sein. Dies ist z.B. dann der Fall, wenn sich zusätzliche Löhne oder die Verbesserung von Arbeitsbedingun-gen nur durch den Verzicht auf eine alternative Kapitalverwendung resp. den Verzicht auf Rückzahlung von Krediten realisieren lassen. Dement-sprechend sind die Beschäftigungsinteressen von Kommunen (Stichwort: Standortsicherung) ebenfalls nicht immer kompatibel mit den Interessen von Kapitalgebern oder auch Konsumenten, wenn etwa die Kosten eines Standorts die Lieferung der Waren zu niedrigen Preisen nicht sicherstellen können. Klassische Stakeholderprobleme treten auch dann auf, wenn sich z.B. Anwohnerinteressen bezüglich einer Sicherung der Nachtruhe durch Nachtflugverbote, Verkürzungen von Startbahnen sowie durch das Verbot besonders großer Flugzeuge gegen die wirtschaftlichen Interessen von Un-ternehmen durchsetzen.

Entscheidend ist also, dass letzten Endes eine klare Vorstellung der Tra-de-offs zwischen den einzelnen Interessen von Stakeholdern gegeben sein muss, damit ein operationales Entscheidungskriterium für die Strategieim-plementierung vorliegt.

(3.) Informationsumfang

Mit den Punkten (1.) und (2.) steht die Nutzung von mehr oder weniger Informationen bei der Formulierung von Zielen und der Messung von Zielerreichungen in engem Zusammenhang. Schließlich spricht gegen die Nutzung zusätzlicher Information immer das Problem, dass Informationen erhoben und gemessen (siehe (1.)) sowie den einzelnen Akteuren, die für die Lieferung sowie die Zielerreichung zuständig sind, auch zugeordnet werden müssen. Die Zuordnung von Mehrinformation bzw. von unterschiedlichen Zielen auf einen Akteur führt dann zu einer Problematik bei der Verteilung von Verantwortlichkeit. Bezüglich der Nutzung von mehr oder weniger Information lassen sich vereinfacht zwei Schulen ausmachen. Die eine Schule stützt sich auf ein „mehr hilft mehr", die andere Schule argumentiert mit dem alten Ausspruch von Mies van der Rohe: „Less is more". Während die erste Schule (Holmström) davon ausgeht, dass zwischen Management (und Mitarbeitern) und anderen Stakeholdern eine asymmetrische Verteilung von Informationen existiert, die sich nur durch eine Verbesserung und erhöhte Nutzung von Informationen aufteilen lässt, wird dies von der „less is more"-Fraktion anders gesehen. Michael C. Jensen argumentiert, dass die Verwendung von mehr Kennzahlen (aus Sicht der BSC: mehr Perspektiven) geringere Verantwortlichkeit mit sich bringt und die Anreize für die gemessenen Akteure senkt. Zudem werden durch Vorgabe von widersprüchlichen Zielen Zielkonflikte ausgelöst, die einer Klärung: was ist ein relevantes, was ist ein weniger relevantes Ziel, bedürften und dem Akteur die Interpretation des Zielsystems überlassen. Auf einer individuellen Ebene ist dieses Problem uns allen bekannt, wenn wir neue Bewegungsabläufe in Sportarten wie z.B. dem Golf einüben. Die gleichzeitige Berücksichtigung von fünf Unterzielen zur Haltung von Kopf, Armen und Beinen soll dazu führen, dass wir alles richtig machen. Nur: Der Ball bleibt ungetroffen liegen! Nach einer Studie von Towers Perrin (aufgeführt bei Jensen (2001)) waren 70% der im Jahr 1996 befragten Unternehmen dabei, eine BSC als Grundlage für die Entlohnung heranzuziehen. Wiederum 40% der antwortenden Unternehmen führten an, dass die große Anzahl von Zielen die Effektivität des gesamten Messsystems deutlich geschwächt hätte. Demgegenüber ist die „mehr hilft mehr"- Schule der Auffassung, dass jede Kennzahl, die zusätzliche Informationen z.B. über den Arbeitseinsatz enthält, auch verwendet werden sollte. Danach sollten all jene, die wie die Kapitalgeber mit zu wenigen Informationen ausgestattet sind, die Vorgabe von weiteren Performancezielen begrüßen. Eine empirische Untersuchung wird im Weiteren zeigen, wie die Börsenwerte auf die Vorgabe von mehr oder weniger Unternehmenszielen reagieren, sodass das Problem hier einstweilen vertagt werden kann.

(4.) Mehrzielmaximierung

Einige der vorgenannten Probleme – z.B. hinsichtlich der Interessenskonflikte unterschiedlicher Stakeholder oder der Zuordnung mehrerer Ziele zu einem Akteur im Unternehmen – hängen entscheidend mit dem Problem von Zielkonflikten und damit dem Problem der Maximierung unterschiedlicher Ziele zusammen. Innerhalb des Unternehmens werden schon allein zwischen den Bereichen Vertrieb und Controlling (als Vertreter des übergeordneten Unternehmensinteresses) Zielkonflikte deutlich. Primäre übergeordnete Ziele sind z.B. langfristige Gewinnmaximierung, Wertmaximierung oder Kundenbindung und Marktanteile. Im Vertrieb ist die Erzielung von Umsätzen primäres Ziel. Staffelrabatte für besonders umsatzstarke Kunden führen zu Gutschriften und damit zu Zahlungsminderungen. Werden Gutschriften (weil umsatzverringernd) als Ansatzpunkt zur Provisionsverringerung eingesetzt, so „steigt" – isoliert betrachtet – der Deckungsbeitrag. Allerdings sinken die Anreize des Vertriebs zur am Erfolg des Gesamtunternehmens ausgerichteten Kundenorientierung dramatisch.

Wie sich zeigen lässt, ist es logisch unmöglich, mehrere Zielgrößen zu maximieren, wenn diese konfligieren (Hax (1974); Klein und Scholl (2004)). Dementsprechend müssen Lösungsverfahren für die adäquate Berücksichtigung unterschiedlicher Ziele bei der Strategieimplementierung angewandt werden (siehe dazu ausführlich Klein und Scholl (2004) und Abschnitt 7.6). Die für den Fall Vertrieb und Controlling genannten Zielkonflikte sind auch für das Verhältnis von Managern der Holdingebene und operativ tätigen Managern kennzeichnend. Konflikte gehen dahin, wie die Trade-offs zwischen den einzelnen Dimensionen der Performance sein werden. Dementsprechend müssen die unterschiedlichen Gruppen divergierende Vorstellungen über diese Trade-offs haben, und es muss deshalb zu Konflikten kommen.

Eine klassische Lösung besteht in der Hierarchisierung der unterschiedlichen Ziele, wobei einem Oberziel Vorrang zuerkannt und den Unterzielen die Stellung von Nebenbedingungen eingeräumt wird. Damit kann man z.B. Nebenzielen bestimmte Werte zuweisen, die minimal erreicht werden müssen. Sicherzustellen ist dann weiterhin, dass die zu realisierenden Werte der Nebenbedingungen nicht zu hoch sind. Eine bekannte Lösungsmethode für lineare Zusammenhänge ist das Simplexverfahren. Für die hier vorgestellten unterschiedlichen Perspektiven, in denen sich divergierende Stakeholderinteressen ausdrücken, lässt sich also festhalten, dass es zuerst einmal darum geht, eine Sichtweise als bevorrechtigt einzuführen. Im Normalfall wird es sich hier um die der Kapitalgeber handeln. Als wichtige Unterziele, die die Interessen von Konsumenten und z.B. Mitarbeitern berücksichtigen, sind dann bestimmte Löhne oder Arbeitsbedingungen einzusetzen, die sich auf der Seite der Konsumenten in einem geforderten Level an Produktqualität und -preisen niederschlagen. Zur Formulierung dieser unterschiedlichen Zusammenhänge bedarf es allerdings der Aufklärung von Kausalketten. Darauf wird jetzt eingegangen.

(5.) Kausalketten
Die bisherigen Kritikpunkte lassen sich in folgenden Fragen bündeln:

- Sind Ursache- und Wirkungszusammenhänge bekannt?
- Sind die entscheidenden Leistungstreiber identifiziert?
- Sind Interdependenzen zwischen Leistungstreibern identifiziert?
- Sind Zielhierarchien zwischen Ober- und Unterzielen geklärt?

Die bisherigen Aussagen machten deutlich, dass diese Fragen in den eingangs geschilderten, vereinfachten Versionen der BSC nicht beantwortet werden. Die Anforderungen an eine in der betrieblichen Praxis sinnvoll implementierbare BSC, wie sie auch von Kaplan und Norton in ihren Aufsätzen benannt wurden, lassen sich als die Aufstellung von Kausalketten zusammenfassen. In diesen Kausalketten geht es darum, die in den Antworten zu den oben genannten Fragen enthaltenen Hypothesen zu detaillieren (in (7.6) wird auf dieses Problem genauer eingegangen). Vereinfacht wird z.B. vermutet, dass es direkte Beziehungen zwischen den einzelnen Perspektiven gibt, die sich dann letztendlich auf die Finanzperspektive auswirken und sich dort als Kennzahlen messen lassen. Ausgegangen wird z.B. von der Erhöhung der Mitarbeitermotivation, die sich im Prozessbereich in verringerten Durchlaufzeiten auswirkt. Daraus resultiert eine Verbesserung der Kundenbetreuung mit wiederum positiven Auswirkungen auf Rendite und Kostenhöhe.

7.5 Empirische Untersuchungen

Die oben formulierten Anforderungen an eine betriebswirtschaftlich sinnvolle Implementierung der BSC wurden bisher noch nicht direkt empirisch überprüft. Ein erster, eher indirekter Versuch ist der Ansatz von Cools und van Praag (2003) (im Folgenden CUP). Die beiden Autoren haben letztlich untersucht, ob die Hinzunahme zusätzlicher Unternehmensziele den als Shareholder-Value gemessenen Zielerreichungsgrad erhöht oder senkt.

Dabei stellten sie zwei Beziehungen auf den Prüfstand ihrer statistischen Untersuchung:

1. die Beziehung zwischen der Anzahl der nach außen (in den Geschäftsberichten) kommunizierten Ziele und der Wertschaffung (Unternehmenswert), und
2. die Beziehung zwischen den tatsächlich verfolgten und auch den einzelnen Geschäftseinheiten operational vorgegebenen Zielen und dem Unternehmenswert.

Dazu haben CUP auf eine Datenbasis holländischer Unternehmen zurückgegriffen. Die deskriptiven Statistiken zur Stichprobe der Untersuchung sind in Tabelle 7-1 aufgeführt. Aus Tabelle 7-1 ist ersichtlich, dass die Anzahl der in den Geschäftsberichten erwähnten, qualitativen Zielsetzungen im Jahre 1997 durchschnittlich 21 betrug. Weniger als 10% der Ziele waren quantitativ unterlegt (2,0). Die Anzahl quantitativer Ziele hatte sich allerdings zwischen 1993 und 1997 mehr als verdreifacht. Bemerkenswert ist auch, dass die Unternehmen mit relativ niedriger Performance tendenziell mehr quantitative Ziele heranzogen als die erfolgreichsten 50%: 2,4 versus 1,6 in 1997 (0,7 versus 0,6 in 1993).

Target characteristic	Total		TSR* < median		TSR > median		No quant. targets		One quant. target		More quant. targets	
Year	97	93	97	93	97	93	97	93	97	93	97	93
Number of companies	80	74	40	36	40	37	26	45	20	17	34	12
# qualitative targets	21	15	17	16	25	14	20	11	21	20	23	21
# quantified targets	2.0	0.6	2.4	0.7	1.6	0.6	0	0	1	1	4.1	2.5
% one target	25	23	18	17	33	30	0	0	100	100	0	0
% accounting	66	44	59	35	74	51	-	-	85	47	55	39
% value	2	0	0	0	4	0	-	-	5	0	0	0
% growth	22	42	25	60	19	27	-	-	5	35	32	51
% efficiency	5	7	8	5	3	9	-	-	0	6	8	10
% stakeholder	5	7	8	0	0	12	-	-	5	12	4	0

* TSR - Total Shareholder Return.

Tabelle 7-1: *Deskriptive Statistiken zur Untersuchung von Cools und van Praag* Quelle: Cools und van Praag (2003).

Die Untersuchung ist deshalb besonders interessant und für die hier bezeichneten Fragen einschlägig, weil viele der Proponenten der BSC ihre

Behauptungen nie mit harten Fakten (insbesondere dem Unternehmenswert) empirisch belegt haben. Da sich die genannten Problemfelder – wie
z.B. objektive Messbarkeit, konfligierende Interessen bei der Hereinnahme
weiterer Ziele sowie das Problem der Mehrzielmaximierung – letztlich auf
eine Überprüfung der Beziehung zwischen der Anzahl von intern und extern vertretenen Zielen und dem Unternehmenswert reduzieren lassen,
wird die empirische Untersuchung einige der aufgeworfenen Fragen beantworten. Insbesondere untersuchten CUP drei Hypothesen:

H1:   Es gibt eine signifikante und negative Beziehung zwischen der
        Anzahl der extern kommunizierten Ziele und der Wertschaffung.

H2:   Die Veröffentlichung nur eines Geschäftsziels hat eine signifi-
        kante und positive Auswirkung auf die Wertschaffung.

H3:   Der Gebrauch nur eines Unternehmensziels intern hat eine signi-
        fikante und positive Auswirkung auf die Wertschaffung.

Die einzelnen Hypothesen wurden nun mit Hilfe von OLS-Regressionen
genauer geprüft. Die Schätzgleichung und ihre Ergebnisse sind Tabelle 7-2
und Tabelle 7-3 zu entnehmen. Aus Tabelle 7-2 ist ersichtlich, dass die
Verfolgung nur eines Zieles einen positiven und statistisch signifikanten
Einfluss auf den Unternehmenswert hat, während die Anzahl von Zielen,
z.T. statistisch signifikant, mit einem negativen Vorzeichen in die Unter-
nehmenswertdetermination eingeht; also: je mehr Ziele, desto geringer der
Unternehmenswert. Bezüglich der Einflüsse von intern kommunizierten
Zielen ist ebenfalls ein statistisch signifikant positiver Einfluss von nur einem Ziel auf den Unternehmenswert zu sehen. Dies gilt sowohl für das
Ziel, das im Geschäftsbericht jährlich nach außen kommuniziert wird, als
auch für dessen Weitergabe (wenn es sich um nur ein Ziel handelt) auf die
nächstniedrigere organisatorische Ebene (Tabelle 7-3).

Determinants of Value	TSR	TSR 1997	TSR 1993	TSR97-TSR93
Creation single target	0.085**	0.082*	0.095**	0.090*
	(2.4)	(1.7)	(2.0)	(1.7)
Number of targets	-0.012*	-0.009	-0.017	-0.018*
	(1.7)	(1.2)	(0.7)	(1.7)
Dummy 1993=1	0.167***			
	(5.0)			
Market beta	0.045	0.002	0.121**	0.014
	(1.5)	(0.1)	(2.1)	(0.9)
Ln(sales); sales in	0.008	0.027**	-0.005	0.06
1000 Dfl	(0.8)	(2.0)	(0.4)	(0.9)
Ln(BVE/MVE)	-0.067***	-0.078***	0.004	-0.066
	(3.1)	(2.8)	(0.1)	(1.2)
Constant	-0.338**	-0.808***	-0.013	-0.197***
	(2.2)	(2.9)	(0.5)	(4.6)
N	136	73	60	59
Adjusted R^2	0.23	0.16	0.09	0.07

*p < 10%. **p < 5%. ***p < 1%. Absolute t-values are given in parentheses.
TSR = Total Shareholder Return.
Dfl = Netherlands Guilder.
BVE = Book Value of Equity. MVE = Market Value of Equity.

Tabelle 7-2: *Ergebnisse der statistischen Auswertungen für die Jahre 1993, 1997*
Quelle: Cools und van Praag (2003).

Determinants of Value Creation		TSR 1999		
Constant	-0.68	-1.19*	-0.70	-1.14*
Single target rolled out to next organizational layer		.46***		0.40**
Single target communicated in annual report			0.27**	0.21*
Market beta	0.00	0.01	-0.02	-0.02
Ln(sales); sales in 1000 Dfl	0.04	0.07*	0.04	0.06*
Ln(BVE/MVE); BVE= book value of equity in 1000Dfl. MVE= market value of equity in 1000 Dfl	0.02	-0.02	0.04	-0.00
N	33	33	33	33
Adjusted R^2	0.00	0.14	0.04	0.18

*p < 10%. **p < 5%. ***p < 1%.
TSR = Total Shareholder Return.
Dfl = Netherlands Guilder.

Tabelle 7-3: *Ergebnisse der statistischen Auswertungen für das Jahr 1999*
Quelle: Cools und van Praag (2003).

Die Untersuchungsergebnisse unterstützen die Vermutung von Michael C. Jensen, dass nur die Bündelung der Aktivitäten auf ein Ziel hin tatsächlich Unternehmenswert schafft. Allerdings müssen die Ergebnisse mit einer gewissen Vorsicht betrachtet werden. So besteht ein methodisches Problem, auf das die Autoren hinweisen. Dieses methodische Problem heißt „reversed causality" und bedeutet: Nicht nur die Leistung hat einen direkten Einfluss auf ein tatsächlich veröffentlichtes Ziel, sondern es kann auch sein, dass wegen der sicheren Erwartung der Leistungserbringung in der Zukunft gerade das zugehörige Ziel freimütig kommuniziert wird.

Aber dennoch kann das Ergebnis so gelesen werden, dass die verstärkte Konzentration auf eine geringere Anzahl von Zielen eine positive Auswirkung auf die Unternehmenswertschaffung hat. Die Begründung, die Michael Jensen für die negative Wirkung von Mehrzielen angibt, hängt damit zusammen, dass Manager nicht mehr zwischen der Maximierung von z.B. kurzfristigem und langfristigem Gewinn, Umsatzwachstum und Mitarbeiterzufriedenheit entscheiden können, wenn zu viele Ziele vorgegeben sind. Das bedeutet, dass eine Erhöhung der Zielanzahl die Manager in der Tendenz ohne jegliches Ziel zurücklässt, sie damit in eine gewisse Konfusion stürzt und die Firmen daran hindert, sich an klaren Zielen auszurichten.

Ist die BSC mit diesen Ergebnissen als nicht-hilfreiches Instrument entlarvt? Es liegt auf der Hand, dass eine Überwindung von einfachen Kennzahlensystemen in der Wirtschaftspraxis immer hilfreich ist. Allerdings muss sich das Planungsinstrument natürlich dem in den theoretischen Erwägungen und der empirischen Untersuchung zum Ausdruck gebrachten Umsetzungsproblem stellen. Im nächsten Abschnitt wird der Ansatz einer Konkretisierung der BSC zur praktikablen Anwendung vorgenommen.

7.6 Überlegungen zur praktischen Implementierbarkeit

„Wir haben getan, was wir getan haben, damit Polen Polen bleibt."
(Lech Walesa)

Bisher wurden die konstruktiven Aspekte der BSC bei der Überwindung der Probleme einfacher Kennzahlensysteme herausgearbeitet. Danach wurden einige zentrale theoretische Kritikpunkte benannt, die sich durch eine empirische Untersuchung bestätigen ließen. Im Folgenden soll nun erläutert werden, wie eine praktisch implementierbare BSC aussehen kann. Auf die praktische Implementierbarkeit wird insbesondere deshalb hingewiesen, weil sich die vorgelagerten theoretischen Erwägungen in der teilweise ablehnenden Haltung von Praktikern gegenüber der BSC widerspiegeln. So wurde im Gespräch mit Praktikern immer wieder der Einwand erhoben, dass es sich bei zumeist mehrfarbig aufgebauten BSC um *„Layoutkunst-werke ohne praktischen Mehrwert"* handele, die BSC *„nicht mit irgendei-ner Art von extern kommunizierbarem Rechenwerk verbunden sei"*, die *„BSC sei da und würde von einem BSC-Spezialisten administriert, der sei-ne Red-flag- und Green-flag-Auswertungen ungelesen im Unternehmen herumschicke"*. Kurzum: Es gibt insgesamt keine direkte Steuerung mittels dieser Kennzahlen. Der Hinweis auf eine *praktisch implementierbare* BSC deutet schon darauf hin, dass hier keine Fundamentalkritik geübt werden soll. Es geht vielmehr um die tatsächliche Nutzung von positiven Aspekten der BSC.

Um diese Überlegungen zu synthetisieren, sind einige Inputs notwendig. Benötigt werden:

1. die Klärung der Zielfrage: Was wird unter welchen Nebenbedin-gungen maximiert?,
2. eine klare Vorstellung in Form von Kausalketten zu Ursache- und Wirkungszusammenhängen im Unternehmen.

(1.) Zielfunktion
Die theoretischen Erwägungen und der empirische Befund empfehlen ein-deutig die Bevorzugung nur eines Unternehmensziels. In der einfachsten Definition gibt ein Ziel an, welche Aktivitäten und Outcomes als besser oder schlechter eingeschätzt werden. Wie schon betont wurde, wird eine Unternehmung nur dann überleben, wenn Konsumenten die Produkte oder Dienstleistungen dieser Unternehmung höher schätzen (in Wertgrößen) als die Wertbeträge der zur Produktion notwendigen Inputs sind. Der Unter-nehmenswert ist dann einfach der langfristige Marktwert der erwarteten Differenz der Werte von Outputs und Inputs. In dieser einfachen Form lässt sich kein Unterschied von Unternehmenswertmaximierung und Sta-keholderüberlegungen konstruieren. In gewisser Weise handelt es sich bei dieser Betrachtung um eine aufgeklärte Stakeholdersichtweise. Das lässt sich leicht an folgender Überlegung verdeutlichen: Ist die langfristige Marktwertmaximierung eines Unternehmens überhaupt denkbar, wenn in spürbarer Weise gegen die Interessen von wichtigen Stakeholdern gehan-delt wird? Die nachfolgenden Beispiele illustrieren das Gegenteil. Bei Nichtbeachtung von Kapitalgebern kommunizieren diese das Verhalten des Unternehmens an potenzielle zukünftige Kapitalgeber, sodass hier Fi-nanzierungsprobleme auftreten werden. Die schlechte Behandlung von Mitarbeitern wirkt motivationszerstörend und senkt die Chancen eines Un-ternehmens auf dem Arbeitsmarkt und damit sein Potenzial, eine hohe Ar-

beitsproduktivität und gute Produktqualitäten zu erreichen. Die Herstellung von Gütern, die keinen Kundennutzen (im Bereich zahlungskräftiger Nachfrage) befriedigen, führt zu Liquiditäts- und Ertragsproblemen. Schließlich impliziert auch die Nichtbeachtung von Ansprüchen anderer Stakeholder, wie z.B. von Regulierungs- und Kartellbehörden oder Kommunen, Probleme mit Genehmigungen und Gerichten, was sich wiederum in erhöhten Auszahlungen niederschlagen wird. Allerdings bedeutet die Berücksichtigung dieser Interessen nicht, dass die jeweiligen Stakeholder „zu ihrer vollen Zufriedenheit" von der Unternehmung bedacht werden. Vielmehr geht es im Zusammenhang mit dem übergeordneten Ziel darum, die – je nach Wichtigkeit der Stakeholder – höher oder niedriger anzusetzenden Schwellenwerte der zur erfolgreichen Unternehmensführung notwendigen Zufriedenheiten zu erreichen. Nicht volle Zufriedenheit jeder einzelnen Stakeholdergruppe ist angestrebt, sondern die Sicherstellung, dass bestimmte Schwellenwerte erreicht werden (vgl. Kaplan und Norton (1993, 1996b)).

(2.) Kausalketten
Mit Punkt (1.) verbunden sind die klare Hierarchisierung von Ober- und Unterzielen (in Nebenbedingungen) sowie deren quantitative Verknüpfungen. Angesprochen sind die Ursache- und Wirkungszusammenhänge im Unternehmen, mithin die Identifikation entscheidender Leistungstreiber und ihrer Interdependenzen. Unterstellen wir, dass Mitarbeiter- und Konsumentenzufriedenheit in bestimmter Höhe positiv auf das Unternehmensergebnis wirken. Unterhalb einer gewissen Grenze der Zufriedenheit wird das Unternehmensergebnis im Vergleich zu den Möglichkeiten gering ausfallen, weil die Konsumenten für die angebotenen Produkte und Dienstleistungen – wegen mangelnder Zufriedenheit – zu wenig Zahlungsbereitschaft aufbringen oder die Mitarbeiter wegen mangelhafter Arbeitsbedingungen und Bezahlung zu schwach motiviert sind und damit unter ihren Produktionsmöglichkeiten bleiben. Allerdings wird die Überschreitung von bestimmten Werten der Konsumenten- und Arbeitszufriedenheit nicht kostenlos sein, da sie negative Auswirkungen auf das Unternehmensergebnis hat: Im ersten Falle wird sozusagen Unternehmenswert an die Konsumenten transferiert, im zweiten Falle fließen zuviel Zahlungen – in Bezug auf ihre Produktivität – an die Mitarbeiter.

Die zumindest überschlägige Einschätzung der Zusammenhänge zwischen den einzelnen Perspektiven und ihrer Auswirkungen auf die Finanzperspektive ist für eine sinnvolle Handhabung der BSC unabdingbar. Das im Absatz zuvor skizzierte Beispiel hat gezeigt, wie hohe Werte von Konsumenten- und Arbeitszufriedenheit mit unbefriedigenden finanziellen Ergebnissen einhergehen können. Die BSC kann ihre Steuerungsmöglichkeiten nur dann entfalten, wenn die Interdependenzen zwischen den Leistungstreibern und die daraus resultierenden Folgen für die Perspektiven quantitativ abgeschätzt werden können. Ohne diese quantitative Abschätzung wären Steuerungsmöglichkeiten nicht klar zu begründen. Ein Mehr oder Weniger an Aktivitäten zur Erhöhung von Konsumenten- und Arbeitszufriedenheit hätte anderenfalls unvorhersehbare Auswirkungen auf die finanzielle Perspektive.

Die Betrachtung der Kausalketten wirft zumindest zwei Fragen auf:

- Wer (welches hierarchische Level) bestimmt die Kausalketten?
- Wer hat die Macht, sie zu implementieren und gegebenenfalls mit Anreizen zu koppeln?

Die Beantwortung der ersten Frage hängt an der Verteilung zwischen spezifischem, also nur lokal verfügbarem Wissen, das nicht in der Zentrale vorhanden ist, und generellem Wissen, das prinzipiell zentralisierbar ist (siehe Jensen und Meckling (1998)). In dem Maße, in dem spezifisches Wissen für die Erzeugung von Produkten und Dienstleistungen wichtig ist, sind Zentralen (i.e. die Unternehmensleitung) gut beraten, den nachgelagerten organisatorischen Ebenen Freiheiten bei der Bestimmung von Leistungstreibern einzuräumen. Andernfalls würden sie (in ehemals sozialistischer Manier) durch Anmaßung dieses spezifischen Wissens zentralistische Fehlentscheidungen treffen. Allerdings gibt es auch Wissen, das einfach zentralisierbar ist und dementsprechend zur Definition von Kausalketten durch die Zentrale führen sollte.

Die zweite Frage ist, wie diese Kausalketten (bzw. die Vermutungen über die Interdependenzen der Leistungstreiber) implementiert und an Anreizsysteme angekoppelt werden. Um es mit den Worten des BSC-Experten Jürgen Weber zu sagen: „"Scharfgeschaltet' wird die BSC erst mit der Kopplung ans Anreizsystem". Der Normalfall sieht vor, dass die Zentrale diese Implementierung und Ankoppelung an Anreizsysteme vornimmt. Dementsprechend bedarf es aber der Festlegung zumindest einer Leistungskennzahl, die wiederum an Kennzahlen angebunden wird, welche Leistungstreiber für diese Zielgröße sind.

In der Realität wird diese Festlegung von Leistungstreibern und Leistungskennzahlen sowie deren Verkoppelung durch Anreizsysteme in einem Mischsystem zwischen zentralen Vorgaben und dezentraler Partizipation durchgeführt. Die Verkoppelung ist insbesondere deshalb wichtig, weil durch die Klarstellung der Leistungstreiber und ihrer Wirkungen auf die Leistungskennzahl deutlich wird, was Wert im Unternehmen „treibt". Die Verdichtung der Zusammenhänge in einer Kennzahl folgt der Logik dieses Kapitels: Durchgeführt wird die Hierarchisierung von Zielen und Nebenbedingungen. Dabei erlaubt die Aufstellung von Input-Output-Relationen, Leistungsverbesserungen oder -verschlechterungen auch auf unterschiedliches Inputverhalten zurückführen zu können. Diese Überlegung entspricht genau den Intentionen von Kaplan und Norton, den Erfindern der BSC, die formulierten: „*A business strategy can be viewed as a set of hypotheses about cause-and-effect relationships. A strategic feedback system should be able to test, validate and modify the hypotheses embedded in a business unit's strategy*" (Kaplan und Norton (1996b)).

7.7 Anwendungsfall: Die Vertriebs-BSC

Nachfolgend werden einige der Probleme der BSC-Implementierung anhand eines praktischen Beispiels erläutert. Fallkonstellation und Datenlage sind dem Aufsatz von Malina und Selto (2001) entnommen worden.

Firma Müller hat einen Strategiewandel vollzogen: War bisher operative Effizienz höchstes Ziel, so steht nun das Management langfristiger Kundenbeziehungen im Fokus. Dementsprechend verändert sich auch die Bewertungsfunktion der Leistungseinheiten. Bisher wurden die Vertriebsstellen nur auf Basis von finanzieller Performance und erreichtem Marktanteil bewertet. Jetzt soll eine BSC eingeführt werden, die es erlaubt:

- Vertriebsgebiete mit Verbesserungspotenzial auszumachen, und
- über ein objektives Set an Kriterien zu verfügen, die mit der neuen Unternehmensstrategie kompatibel sind.

Die BSC soll insbesondere als Ausgangspunkt für die alle drei Jahre stattfindenden Vertragsverlängerungsverhandlungen dienen. Zudem soll sie eingesetzt werden, um die einzelnen Vertriebsstellen zu vergleichen und in ein Ranking zu bringen.

Traditional BSC Categories	Distributor BSC Measures (Company category)	Weights	
Learning and growth	Employee skill inventory (HC)	1%	
	Industry involvement (HC)	1%	
	Training (HC)	2%	4%
Efficient internal processes	Customer orders, first-time fill rate (CA)	3%	
	Customer service, problems diagnosed in 1 hour (CA)	5%	
	Customer service, problems solved in 6 hours (CA)	5%	
	Management excellence awards (CA)	3%	
	Adoption of best practices (CA)	1%	
	Inventory turnover, (PG)	4%	
	Days sales outstanding (PG)	2%	
	Service hours utilization (PG)	2%	
	Safety (CC)	2%	
	Warranties (Other)	8%	
	Building condition (Other)	3%	
	Miscellaneous (Other)	3%	41%
Customer value	Customer satisfaction (CA)	4%	
	Traditional market share – 1 (easily tracked) (CA)	28%	
	New market share – 2 (no measure yet available) (CA)	6%	
	Environmental assessment and remediation (CC)	2%	40%
Financial success	PBIT, % of sales (PG)	4%	
	Cash flow from operations, % of sales (PG)	2%	
	Sales growth (PG)	9%	15%
			100%

Company BSC categories:
    HC = Investments in human capital
    CA = Competitive advantage
    PG = Profitability and growth
    CC = Corporate citizenship

Tabelle 7-4: *BSC-Messgrößen und Wichtungsfaktoren nach Malina und Selto* Quelle: Malina und Selto (2001).

Darüber hinaus wird die BSC auch für die Performance-basierte Kompensation dienen. Die Struktur der Scorecard ist auf Basis der vier Perspektiven von Kaplan und Norton aufgebaut und umfasst als zusätzliche Dimension „Corporate Citizenship". Dabei enthalten alle Kategorien spezifische Maßgrößen, die wiederum genaue Kriterien für die Akzeptabilität (siehe red-green-flag-Markierungen in Tabelle 7-5) beinhalten. Die Resultate aller Maßgrößen innerhalb einer Kategorie werden gewichtet, um eine Gesamtpunktzahl zu ermitteln. Dies geschieht für jede Kategorie und insgesamt für jede Vertriebsstelle. Die verwendeten Gewichtungen finden sich in Tabelle 7-4.

Das Messbarkeitsproblem wurde also erst einmal dadurch aufgegriffen, dass sehr spezifische expertengestützte Überlegungen zu relevanten und weniger relevanten Messgrößen in Gewichtungen eingebracht wurden. Wie wurde nun implementiert? Firma Müller implementierte nur Topdown, ohne die Vertriebsstellen einzubeziehen. Es schien also die Annahme vorzuherrschen, dass das vorhandene zentralisierte Wissen ausreichte, und dass man nicht auf lokales spezifisches Wissen zurückgreifen musste. Das Top-Management hatte die Kausalketten definiert und seine Macht demonstriert, sie im Unternehmen durchzusetzen. Damit wurden vorhandene Informationen aus dem Unternehmen bewusst nicht verwendet. Wie sieht es nun mit der Problematik der Mehrzielmaximierung aus? Im Zeitablauf gewann die Tendenz die Oberhand, die Ziele stark Richtung Marktanteil auszurichten. Ein Verantwortlicher erklärte: *„Nun ist nach einem Jahr Experimentieren und Veränderung der Gewichtung der Marktanteil wirklich der Leistungstreiber. Er bedeutet deutlich mehr als alle anderen Dinge, die wir untersuchen."*

Interessant ist, dass zu Beginn eine Gewichtung von 20% auf Investitionen in Humankapital gelegt worden war, nach einem Jahr waren es nur noch 4%. Als Begründung wurde von offizieller Seite angegeben, dass das Management davon ausginge, dass die – schwer zu erhebenden – Zahlen nicht verlässlich wären. Im Zuge der Veränderungen hatte man auch die traditionellen Maßgrößen für die Marktbearbeitung von insgesamt 12% auf 28% angehoben. Ein zentraler Faktor, der natürlich mit dem Marktanteil zusammenhängt, war die Höhergewichtung der Kundenproblemlösung von 2% auf 10%. Sie wurde als entscheidendes Element für die Fähigkeit der Unternehmung wahrgenommen, langfristige Kundenbeziehungen aufzubauen. Für die Kausalketten lassen sich also in Weiterverfolgung der Mehrzielmaximierungsproblematik zwei Punkte feststellen:

- Ausgehend von weicheren Kennzahlen hat sich das Unternehmen innerhalb eines Jahres auf die klassisch harten Kennzahlen, zumal die allübergreifende – den Marktanteil – reorientiert.
- Ausgangspunkt der Veränderungen war die Frage: Für wie wichtig hält das Management die einzelnen Leistungstreiber tatsächlich (und dabei: Wie verlässlich sind die zu beschaffenden Zahlen)?

Damit bauten die Manager der Firma Müller innerhalb eines Jahres Messbarkeitsprobleme ab und nahmen klare strategische Zielvorgaben vor, die die Mehrzielmaximierungsproblematik entschärften. Sie bemaßen die Berücksichtigung von Stakeholderinteressen (hier insbesondere in Bezug auf die Vertriebsstellen) eher gering, da sie die BSC Top-down ermittelt, implementiert und mit Sanktionen versehen hatten. Schließlich führten sie die Nachbearbeitung der ersten Gewichtung auf Basis der aus ihrer Sicht relevanten Kausalketten durch.

6	5	4	3	2	1	Distributor	Weights %	Acceptable: G („green") / In-acceptable: R („red") / Others: Y („yellow")
								Competitive Advantage
							4	Customer satisfaction
							28	Traditional market share – 1
							6	New market share – 2
							3	Customer orders, first-time fill rate
							5	Customer service, problems diagnosed in 1 hour
							5	Customer service, 4-hour problems solved in 6 hours
							3	Management excellence awards
							1	Adoption of best practices
							55	**Total Competitive Advantage Rating**
								Profitability and Growth
							4	PBIT, % of sales
							2	Cash flow from operations, % of sales
							4	Inventory turnover
							2	Days sales outstanding
							2	Service hours utilization
							9	Sales growth
							23	**Total Profitability and Growth Rating**
								Corporate Citizenship
							2	Environmental assessment and remediation
							2	Safety
							4	**Total Corporate Citizenship Rating**
								Investments in Human Capital
							1	Employee skill inventory and personal development plans
							1	Industry involvement
							2	Training
							4	**Total Human Capital Rating**
								Other
							8	Warranties
							3	Building condition
							3	Miscellaneous
							14	**Total**
							100	**Total – Overall Rating**
70	75	61	67	84	64		100	**Total – Overall Score**

Tabelle 7-5: *BSC-Rating für Vertriebsstellen*
Quelle: Malina und Selto (2001).

7.8 Fazit

Damit stellt sich abschließend die Frage, was sinnvollerweise mit einer BSC erreicht werden kann und was gerade nicht. Kaplan und Norton (1993, 1996b) nennen viele Anwendungen, denen ihre BSC in Unternehmen zugeführt wird. Dazu zählen insbesondere:

1. Die Durchführung periodischer Performanceüberprüfung, um Soll-Ist-Vergleiche zu ermöglichen und als Grundlage für die Entlohnung zu dienen,
2. die Verbindung von strategischen Zielen und langfristigen Zielen sowie Jahresbudgets,
3. die Klärung und Überarbeitung der Strategie,
4. die Kommunikation der Strategie innerhalb der Unternehmung,
5. die Verbindung von einzelnen und bereichsspezifischen Zielen mit der Strategie,
6. die Identifikation und Verbindung strategischer Initiativen.

Die vorstehenden Ausführungen haben deutlich gemacht, welche Anwendungen aus meiner Sicht für die Nutzung der BSC geeignet sind. Es sind, kurz gesagt, alle Bereiche, die mit dem Verständnis der Werttreiber in einer Unternehmung zusammenhängen. Die BSC gibt Managern ein sinnvolles und nützliches analytisches Werkzeug an die Hand, um mittels vorab konkretisierter Interdependenzen zwischen den Leistungstreibern und Performancezahlen (z.B. durch statistische Korrelationen bestimmt) ein Verständnis des Unternehmensgeschehens jeweils aktuell mit Kennzahlen zu unterlegen (siehe auch Jensen (2001)). Insofern unterstützt sie also die Klärung und Überarbeitung der Strategie und hilft bei der Kommunikation der Strategie innerhalb der gesamten Unternehmung. Wie sich am Beispiel der Personal Scorecard (Kaplan und Norton (1996c)) darstellen lässt, gibt es einfache Möglichkeiten, Gesamtgeschäftsziele, Bereichsziele und individuelle Ziele in überschaubarer Form „zusammenzubringen". Damit lässt sich eine Verbindung von einzelnen Akteuren im Unternehmen und Gesamtunternehmenszielen herstellen.

Aus den bisherigen Überlegungen folgt, dass die BSC *kein* geeignetes Performance-Measurement-System darstellt und ebenso nicht strategische Ziele und Jahresbudgets verbinden sollte. Kurz soll dieser Schluss noch einmal begründet werden:

- Alle Perspektiven müssen auf Unternehmensebene in einer Finanzkennzahl (z.B. Shareholder Value) münden.[1]
- Die Mehrzielmaximierung ohne klare Hierarchisierung der Ziele führt zu Konfusion oder „gaming the system" beim Management.[2]
- Deshalb bedarf es der Vorgabe eincs Zieles und damit einer Performancekennzahl für jede organisatorische Einheit von oben. Die Kompatibilität zur Unternehmensstrategie ist sicherzustellen.
- Als grundlegendes Prinzip gilt dabei: Entscheidungsrechte zur Festlegung von Leistungstreibern sind den Akteuren mit dem dafür relevanten spezifischen Wissen zuzuordnen, weil diese letztendlich über das Verhältnis von Leistungstreibern und Performancekennzahlen Bescheid wissen.

Die BSC kann diese genannten Aufgaben systematisch nicht erfüllen, weil sie auf „Harmonisierung" angelegt ist, wo eindeutige Festlegungen zwingend notwendig sind. Dementsprechend sind die oben genannten Anwendungen 1. und 2. nicht mit der BSC erreichbar. Damit ist, auch wenn sich diese Einschränkung der Anwendungen restriktiv anhören mag, keine Kritik an der BSC verbunden. Von keinem Instrument kann erwartet werden, dass es alle betriebswirtschaftlichen Probleme löst. Im Gegenteil: Eine Überziehung der Anwendungsbereiche führt zu fehlerhafter Nutzung der BSC. Daraus resultieren die erwähnten falschen Anreize, Konflikte, Konfusionen und die Verminderung der Fokussierung, wobei die Fokussierung gerade durch die vier Perspektiven hergestellt werden soll.

Wie hinsichtlich der Kausalketten herausgearbeitet wurde, ist die BSC jedoch ein sehr sinnvolles Werkzeug, das Managern zu verstehen hilft, wo in ihrem Unternehmen Werte geschaffen und vernichtet werden und wie dies geschieht. Damit ist sie ein geeignetes Instrument zur Unterstützung bei den oben aufgeführten Anwendungen 3. bis 6. Eine bescheidene Nutzung der BSC kann die enormen praktischen Probleme lösen, die in den theoretischen Erwägungen und in der empirischen Studie zum Ausdruck gebracht wurden, und damit die BSC zu einem sehr hilfreichen Instrument der Strategieimplementierung machen.

---

[1] Die diesen Überlegungen zugrunde liegende Argumentation hinsichtlich der Feststellung, „was Wert für ein Unternehmen schafft, berücksichtigt auch Stakeholderinteressen", soll hier jedoch nicht wiederholt werden.

[2] Jede andere Performancemessungsanalyse bringt die schon erwähnten Probleme der Trade-offs mit sich: Manager werden sozusagen ermutigt, finanzielle gegen nichtfinanzielle Kennzahlen oder Kundenzufriedenheit gegen Arbeitszufriedenheit auszuspielen.

Literatur

Kees Cools/Mirjam van Praag (2003): The Value Relevance of Disclosing a Single Corporate Target. Tinbergen Institute Discussion Paper No. 03-049/3.

Herbert Hax (1974): Entscheidungsmodelle in der Unternehmung: Einführung in Operations Research. Reinbek.

Michael C. Jensen (2001): Value Maximization, Stakeholder Theory, and the Corporate Objective Function. Journal of Applied Corporate Finance, Vol. 14. 8-21.

Michael C. Jensen/William H. Meckling (1998): Specific and General Knowledge and Organizational Structure. In: Jensen, Michael C. (Hrsg.): Foundations of Organizational Strategy. Cambridge, MA. 103-125.

Robert S. Kaplan/David P. Norton (1993): Putting the Balanced Scorecard to Work. Harvard Business Review, Vol. 71. 134-142.

Robert S. Kaplan/David P. Norton (1996a): The Balanced Scorecard: Translating Strategy into Action. Cambridge Mass.

Robert S. Kaplan/David P. Norton (1996b): Using the Balanced Scorecard as a Strategic Management System. Harvard Business Review, Vol. 74. 75-85.

Steven Kerr (1975): On the Folly of Rewarding A, While Hoping for B. Academy of Management Journal, Vol. 18. 769-783.

Robert Klein/Armin Scholl (2004): Planung und Entscheidung: Konzepte, Modelle und Methoden einer modernen betriebswirtschaftlichen Entscheidungsanalyse. München.

Mary A. Malina/Frank H. Selto (2001): Communicating and Controlling Strategy: An Empirical Study of the Effectiveness of the Balanced Scorecard. Working Paper of the University of Colorado at Boulder.

Aufgaben zum Kapitel 7

Aufgabe 1:

Ein Betrieb stellt zwei Produkte her, A und B, für die folgende Daten bekannt sind:

	Produkt A	Produkt B
Verkaufspreis [in GE]	12	10
Proportionale Kosten je Produkteinheit [in GE]	10	7
Deckungsbeitrag je Produkteinheit [in GE]	2	3

Tabelle A-7-1: *Produktinformationen*

Es wird eine lineare Abhängigkeit der Kosten von der Ausbringungsmenge angenommen. Es entstehen fixe Kosten in Höhe von 250€. Weiterhin liegen drei Maschinen vor, die für die beiden Produkte als Vorleistungen benötigt werden und deren Kapazität beschränkt ist:

| | Maschinenstunden je Einheit des Produkts | | Gesamtkapazität (in Maschinenstunden) |
	A	B	
Maschine I	1	1	120
Maschine II	1	2	180
Maschine III	1	-	80

Tabelle A-7-2: *Maschineninformationen*

a) Eine Zielgröße:
   Lösen Sie das Gewinnmaximierungsproblem grafisch.
   Lösen Sie das Umsatzmaximierungsproblem grafisch.

b) Mehrere Zielgrößen:
   Ist die gleichzeitige Maximierung beider Zielgrößen aus a) möglich bzw. sinnvoll? Wie lässt sich das Problem umgehen?

Aufgabe 2:

Die *Balanced Scorecard* (BSC) soll dazu dienen, Vision und Strategie eines Unternehmens in ein ausgewogenes System von Leistungsindikatoren, Messgrößen und Maßnahmen zu übertragen. Ausgangspunkt ihrer Entwicklung waren zahlreiche, in der Praxis beobachtete „Barrieren" der Strategieimplementierung:

- *Konkretisierungsbarriere:*
  Unkonkrete Zielvorstellungen dominieren die Planung; es existiert keine klare Strategie.
- *Visionsbarriere:*
  Die Unternehmensvision wird von den Mitarbeitern nicht verstanden; die Übersetzung in ein umsetzbares Zielsystem bleibt aus.
- *Implementierungsbarriere:*
  Das Berichtswesen ist an operativ-monetären Zielen ausgerichtet, nicht an strategischen.
- *Mitarbeiterbarriere:*
  Die Strategie ist nicht mit den Anreizen und Zielen der Mitarbeiter vereinbar.
- *Ressourcenbarriere:*
  Der Budgetierungsprozess wird getrennt vom strategischen Planungsprozess gehandhabt.
- *Time-lag-Problem:*
  Die Steuerung erfolgt ausschließlich auf Basis vergangenheitsorientierter Kennzahlen.

Diskutieren Sie, inwiefern die BSC zur Überwindung dieser Strategieimplementierungsbarrieren beitragen kann. Gehen Sie dabei differenziert darauf ein, welche Art(en) von „Balancierung" das Planungsinstrument potenziell leisten kann!

Aufgabe 3:

Im Grundkonzept der BSC wird eine Planungsstrukturierung anhand von vier interdependenten, strategischen Teilperspektiven vorgeschlagen: (1) Die Finanzperspektive, (2) die Kundenperspektive, (3) die Prozessperspektive und (4) die Mitarbeiter- bzw. Lernperspektive. Beschreiben Sie die Stellenwerte und die zu klärenden Teilfragen der vier Perspektiven.

Aufgabe 4:

Nennen und diskutieren Sie mögliche theoretische und praktische Probleme der BSC-Anwendung und -Entwicklung! Gehen Sie vor allem auf die Aspekte Mehrzielmaximierung, fehlende Kausalketten und mögliche Interessensgegensätze von Stakeholdern ein. Greifen Sie in diesem Zusammenhang auch das praktische Beispiel aus *Abschnitt 7* des Kapitels auf.

Aufgabe 5:

Die BSC verbindet ergebnisbezogene Kennzahlen (Spätindikatoren) mit zugehörigen Treiberfaktoren (Frühindikatoren). Jede Strategie zur Realisierung finanzieller Ziele wird im Hinblick auf Prozessvoraussetzungen, Mitarbeiterperspektive und Kundenorientierung fundiert. Entwickeln Sie für eine Immobilienprivatkundengesellschaft aussagekräftige Messgrößen im Bezug auf die unten stehenden strategischen Zielsetzungen. Klären Sie, wodurch sich Früh- und Spätindikatoren wesentlich unterscheiden; warum sollte ein „Mix" von beiden Größen unbedingt sichergestellt werden?

Strategische Ziele	Messgrößen	
	Frühindikatoren	Spätindikatoren
Mitarbeiter Intensivierung der Mitarbeiterbindung, Erhöhung der Motivation	- -	- -
Erhöhung der fachlichen und sozialen Kompetenz der Mitarbeiter	- -	- -
Prozesse Verkürzung der Kreditentscheidung	- -	- -
Intensivierung der bereichsübergreifenden Kommunikation	- -	- -
Kunden Steigerung der Kunden- zufriedenheit nach Beratungsgesprächen	- -	- -
Bindung der vorhandenen Kunden	- -	- -

Abb. A-7-1: *Früh- und Spätindikatoren im Immobilienprivatkundengeschäft*

Aufgabe 6:

Ein wesentlicher Schritt des Konstruktionsprozesses der BSC ist die Definition von Ursache-Wirkungszusammenhängen zwischen den Zielen und Kennzahlen der verschiedenen Scorecard-Dimensionen. Die strategischen Einzelziele sollen in einem harmonischen Zusammenhang zum Oberziel stehen. Eine nachvollziehbare und übersichtliche Ursache-Wirkungskette verdeutlicht, dass die BSC keine Ad-hoc-Ansammlung von Messgrößen sein soll. Erläutern Sie zunächst den Begriff „Ursache-Wirkungskette". Erstellen Sie anschließend eine Wirkungskette für die folgenden Ziele der vier Unternehmensperspektiven.

- *Finanzperspektive:*
  Erhöhung der Eigenkapitalrendite, Durchsetzung moderater Preiserhöhungen, Senkung der Kosten für die Neuakquise von Kunden.
- *Kundenperspektive:*
  Intensivierung der Kundenbindung, Verbesserung der Termintreue, Erhöhung der Produktverfügbarkeit.
- *Prozessperspektive:*
  Senkung der Produktionsdurchlaufzeit, Erhöhung der Prozessqualität (Reduktion der Fehlerrate).

- *Lernperspektive:*
  Ausweitung des Fach- und Problemlösungswissens der Mitarbeiter, Förderung der Innovationsfähigkeit.

Aufgabe 7:

Beschreiben Sie das Vorgehen bei der Implementierung und Umsetzung der BSC. Stellen Sie dazu eine strukturierte Abfolge zu durchlaufender Planungs- und Umsetzungsschritte auf und erläutern Sie diese. Der Implementierungsprozess sollte nicht mehr als sieben Stufen umfassen; gehen Sie bitte auch auf konkrete, zu durchlaufende Teilschritte innerhalb der jeweiligen Planungsebenen ein. Ein *Vorschlag* für den Ablauf des Implementierungsprozesses findet sich in folgender Abbildung:

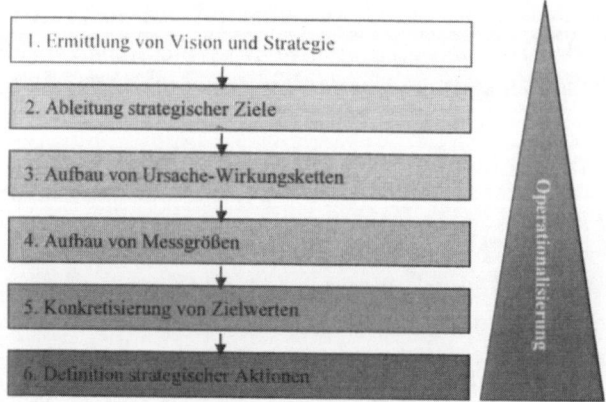

Abb. A-7-2: *Implementierungsprozess einer BSC*

Aufgabe 8:

Diskutieren Sie die Anwendbarkeit der BSC bei der Umsetzung eines Mitarbeiter-Anreizsystems! Wie kann eine Kopplung der Entlohnung an die Zielerreichung aussehen, und welche Gefahren sind damit verbunden? Gehen Sie in diesem Zusammenhang auf *Abschnitt 4* des Kapitels ein.

Aufgabe 9:

Entwickeln Sie am Beispiel der Fresenius AG eine BSC! Verwenden Sie den Geschäftsbericht des Unternehmens (http://www.fresenius.de), aus dem Sie die notwendigen Informationen zur Erstellung der Konzern-Scorecard gewinnen. Sehen Sie der Einfachheit halber davon ab, für die einzelnen Unternehmensbereiche verschiedene Scorecards zu erstellen.

Unterteilen Sie die Unternehmensperspektiven wie folgt:

* Finanzperspektive
* Markt- und Kundenperspektive
* Prozessperspektive
* Mitarbeiter- und Lernperspektive

Vision der Fresenius AG:
Aufbauend auf exzellente Mitarbeiter und Innovationen setzt Fresenius oberste Standards in seinen Kernunternehmensbereichen, um hier global präferierter Gesundheitspartner zu werden. Innovieren für ein besseres Leben und eine bessere Gesundheit mit besten Qualitäten – das ist die Maxime von Fresenius.

Strategie der Fresenius AG:
Fresenius soll zum globalen, weltweit führenden Spitzen-Gesundheits- und Therapieunternehmen entwickelt werden. Die Marktposition ist zu erhalten und auszubauen. Das Unternehmen erreicht dies durch die Generierung eines nachhaltigen Kundennutzens auf Grundlage exzellenter innovativer Produkte und Dienstleistungen in den folgenden Kernunternehmensbereichen:

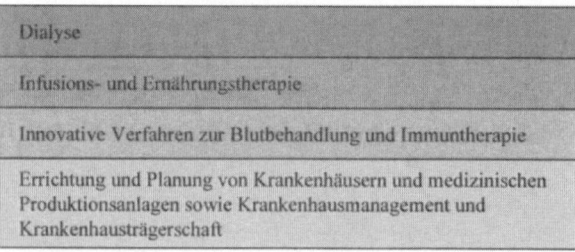

Abb. A-7-3: *Geschäftsbereiche der Fresenius AG*

Die Basis für Erfolg, exzellente Produkte und Prozesse sind qualifizierte, motivierte Mitarbeiter. Flexibles Denken und Handeln, schnell die Veränderungen der Märkte erkennen und Trends anführen – dies sind die Fähigkeiten, die kontinuierlich zu entwickeln sind. Durch moderne Produktionsverfahren und weltweite, effiziente Produktionslogistik sollen Kosten reduziert werden. Die Steigerung des Unternehmenswertes für die Aktionäre und Mitarbeiter ist dabei grundlegende Zielsetzung.

Aufgabe 10:

Die Geschäftsführung des Handelsunternehmens Küchenpro GmbH hat vor kurzem den Einsatz des Führungs- und Steuerungsinstruments der BSC beschlossen, um das bisherige Planungschaos zu ordnen und um zu einem strukturierten Planungsansatz zu gelangen. Das Hauptziel der Küchenpro GmbH besteht darin, mit dem Vertrieb innovativer Haushaltswaren (z.B. des Produkts „Küchifix", einem Allzweck-Küchengerät) ihren Marktanteil auszubauen. Vor allem durch weitere Qualifizierung der Vertriebsmitarbeiter soll die Ertragskraft des Unternehmens gestärkt werden.

a) Der Leiter Controlling, Herr Peters, soll auf der nächsten Abteilungsleitersitzung Zielsetzung und Konzeption der BSC erläutern, deren Implementierung begründen und Wege der BSC-Umsetzung skizzieren. Unterstützen Sie Herrn Peters, indem Sie ihm eine kurze Zusammenstellung wesentlicher Argumente zu diesen BSC-Fragen erstellen.

b) Auf Basis Ihrer Ausführungen haben die Abteilungsleiter zentrale Erfolgskriterien für die Erstellung der BSC abgeleitet. Sie konnten auf der Sitzung folgende Schlüsselkriterien notieren:

- Finanzperspektive Umsatz und Marktanteil erhöhen
- Lieferzeit zum Kunden beschleunigen
- Umsatz je Vertriebsmitarbeiter erhöhen
- Lagerbestand möglichst gering halten
- Free-Cash-Flow erhöhen
- Anzahl Neukunden erhöhen
- Mitarbeiterzufriedenheit erhöhen
- Kapitalbindung reduzieren
- Kundenrentabilität erhöhen
- Angebote attraktiver gestalten
- Deckungsbeitrag/Marge steigern
- Philosophie der ständigen Verbesserung verankern

- Aus- und Weiterbildung intensivieren

Nehmen Sie eine Zuordnung der Kriterien in die unterschiedlichen Perspektiv-Ebenen der BSC vor und überlegen Sie sich nach Möglichkeit sinnvolle Detailoperationalisierungen.

c) Legen Sie Herrn Peters abschließend wesentliche Gefahren der BSC-Nutzung dar; achten Sie auf eine strukturierte Ausarbeitung und gehen Sie vor allem auf die Grenzen der Anwendbarkeit der BSC ein. Innerhalb Ihrer Ausführungen sollten Sie Herrn Peters verdeutlichen, für welche Anwendungen die BSC überhaupt geeignet ist und für welche eben nicht. Herrn Peters interessiert insbesondere Ihre Feststellung, dass die BSC nicht geeignet ist, um strategische Ziele und Jahresbudgets zu verbinden.

8 Geschäftsmodelle, Geschäftspläne und der Nutzen strategischer Planungen

8.1 Einleitung

„The ability to foretell what is going to happen tomorrow, next week, next month and next year. And to have the ability afterwards to explain, why it didn't happen." (W. Churchill)

Die Kritik an Planung, zumal strategischer Planung, ist derzeit sehr stark verbreitet. Hinweise auf die übergroße Komplexität der Umwelt, die sich angeblich permanent verändernden Spielregeln der Märkte sowie die Herstellung von unternehmerischer Lernfähigkeit durch Abbau strikter Vorgaben dienen hier als Begründung. Deshalb ist es abschließend wichtig, sich mit den grundsätzlichen Kritiken an der Planung noch einmal systematisch auseinanderzusetzen. Dies kann am besten für den Bereich Geschäftsmodelle und Geschäftspläne geschehen. Geschäftsmodelle und -pläne geben eine praktische Antwort auf die Kritik, dass sich Planung nicht auf *neue* geschäftliche Aktivitäten anwenden ließe. Eine weitere Frage stellt sich nach den Vor- oder Nachteilen von Planungsmodi, die sich entweder eher an Optimierungen oder an opportunistischem, flexiblem Verhalten orientieren. Hier ist zu klären, ob unterschiedliche Planungsmodi optimale Reaktionen auf Anforderungen der Unsicherheit bezüglich der Zukunft sind oder ob sie nicht eher Lösungen für unterschiedliche Organisationsformen in Firmen darstellen. Schließlich ist klarzustellen, welche minimalen Anforderungen an die intersubjektive Überprüfbarkeit der Qualität von Geschäftsplänen zu stellen sind, da diese dazu dienen, Financiers von der prinzipiellen, ex ante positiven Profitabilität eines Projektes zu überzeugen. Zur Klärung dieser Fragen werden zuerst zwei grundlegende Planungsschulen kurz gegeneinander gestellt (8.2). Daran anschließend werden Geschäftsmodelle, Geschäftspläne und strategische Planungen in einen Zusammenhang gebracht (8.3). Dabei werden organisatorische Einbettungen sowie Anforderungen an qualitativ gute Planungen erläutert. Das Kapitel wird von einem Fazit und einem Ausblick abgeschlossen (8.4).

8.2 Planmäßige und unbeabsichtigte Strategien

Die in der Überschrift genannten Grundrichtungen der Strategiekonkreti-sierung beziehen sich auf unterschiedliche Sichtweisen zu Strategie und damit auch zu strategischer Planung. Die rationalistische Sichtweise geht davon aus, dass strategische Planungen nicht nur angezeigt, sondern auch für die Unternehmenspolitik hilfreich und direkt umsetzbar sind. Die in-krementalistische Sicht ist diesbezüglich kritisch. Sie betont die Dynamik der Umwelt sowie die Dynamiken in Unternehmen, die geplante Strategien eher zur Ausnahme werden lassen. Strategie entsteht (emergent) auf Basis vieler ungeplanter, jeweils vorherige Aktivitäten korrigierender Schritte. Nachfolgend sollen die wichtigsten Aspekte und behaupteten Vorteile bei-der Sichtweisen der strategischen Planung kurz erläutert werden (vgl. zum Folgenden de Wit und Meyer (2004)).

8.2.1 Planmäßige Strategien

Die folgenden behaupteten Vorteile sollen aus Sicht der Befürworter für das Konzept planmäßiger Strategien sprechen:

- Richtung: Organisationen benötigen eine Zielrichtung; ohne Ziele und Pläne würden Organisationen richtungslos sein, mithin: jede Richtung und jede Aktivität wäre gleichberechtigt gut. Pläne ge-ben diese Richtung für Unternehmen vor.
- Verpflichtungen: Pläne ermöglichen, sich auf zukünftige Aktivitä-ten festzulegen. Durch Zielsetzungen und dementsprechende Plä-ne, die den Weg zur Zielerreichung beschreiben, können Organisa-tionen Ressourcen binden, Produktionskapazitäten aufbauen etc., mithin: sich selbst auf einem Weg verpflichten.
- Koordination: Pläne haben den Vorteil, die unterschiedlichen stra-tegischen Initiativen innerhalb einer Organisation in einem kohä-renten Rahmen zusammenzuführen und damit Überlappungen und konfligierende Richtungen und Investitionen zu verhindern.
- Optimierung: Pläne erleichtern die optimale Ressourcenallokation. Mit der Erarbeitung eines Plans werden Manager dazu diszipli-niert, verfügbare Informationen zu nutzen und diese gegen alterna-tive Optionen (Opportunitätskosten) abzuwägen. Damit liegt eine Handlungsanweisung zur optimalen Unternehmenspolitik vor.

Gegen diesen Ansatz wird die Sichtweise der unbeabsichtigten (emer-genten) Strategien angeführt.

8.2.2 Emergente Strategien (Inkrementalismus)

Als Vorteile einer solchen strategischen Sichtweise (siehe auch Mintzberg (1994)) werden angeführt:

- Opportunismus: Ausgehend von der prinzipiell unbekannten und unvorhersehbaren Zukunft müssen Organisationen genügend Freiheiten haben, um unvorhergesehene Opportunitäten dann wahrzunehmen, wenn sie auftauchen. Desgleichen sollen Organisationen sich gegenüber Veränderungen der Umstände, seien sie negativ oder positiv, offen halten, um schnell auf diese neuen Konditionen reagieren zu können.

- Flexibilität: Manager müssen nicht nur einen offenen Blick für ihre Umwelt haben, sie müssen auch ihre Optionen hinsichtlich neuer Investitionen offen halten. Vorschnelles Festlegen auf irreversible Handlungen führt dann, wenn zukünftige Änderungen in der Umwelt neue Aktivitäten erzwingen würden, zu Starrheit und kostspieligen Lock-in-Effekten. Deren Vermeidung führt dazu, dass ein Offenhalten von Optionen als positiver Nutzen von flexibler strategischer Sichtweise genannt werden kann.

- Lernen: Oft ist der beste Weg, etwas Neues herauszufinden, es einfach zu probieren. Dementsprechend wird unter dem Begriff „emergente Strategie" auch verstanden, dass man als Unternehmen im Markt z.B. durch Experimentieren, Pilotprojekte und schrittweises Vorgehen lernt. Dieses Feedback soll die Organisationen in die Lage versetzen, besser abzuschneiden als bei ex ante stärker rigide ausgerichteten Planungen.

- Unternehmertum (Entrepreneurship): Ausgehend von den zuvor angesprochenen Problemen wird angenommen, dass es keinen einzig besten Weg gibt, den unterschiedliche Akteure in einem Unternehmen einfach nur zu wählen hätten. Daraus wird gefolgert: Lässt man nur genügend Individuen oder Teams die Chance, autonom Erfahrungen zu machen und zu entscheiden, dann wird sich ein der Umwelt am besten angepasster Weg durchsetzen. Eine Firma muss diese unternehmerischen Lernprozesse durch Gewährung von Autonomie unterstützen.

Die beiden Sichtweisen führen zu unterschiedlichen Haltungen gegenüber strategischer Planung. Während die plangemäße Sichtweise den positiven Nutzen strategischer Planungen hervorhebt, wird von der anderen Perspektive insbesondere auf die Offenheit gegenüber neuen Entwicklungen, die Herstellung von Lernmöglichkeiten sowie die Zulassung von unterschiedlichen Herangehensweisen an strategische Probleme hingewiesen.

Im Folgendem wird anhand der in der Einleitung genannten Fragen erklärt, welche Rolle strategische Planungen, Geschäftspläne und Geschäftsmodelle bei der Bewältigung von Unsicherheit, der nach Organisationen unterschiedlichen Ausgestaltungen von Planungen sowie ihrer intersubjektiven Nachvollziehbarkeit, z.B. für Financiers, spielen.

8.3 Geschäftsmodelle, Geschäftspläne und strategische Planungen

Die eingangs angesprochenen Leitfragen beschäftigen sich letzten Endes mit der Handhabung von Unsicherheit und Innovationen, der organisationsadäquaten Durchführung von Planungen sowie der Kommunikation von Planungsergebnissen an externe und interne Ressourcengeber. Nachfolgend werden zuerst kurze Vorklärungen zum Thema Geschäftsmodelle und Geschäftspläne vorgenommen. Dem schließen sich Überlegungen zur adäquaten Planung in unterschiedlichen Organisationsformen sowie zur Bewertung qualitativ guter Planungen an.

8.3.1 Innovation und Unsicherheit

Der Aufstieg des Konstrukts Geschäftsmodell scheint positiv mit der steigenden Verfügbarkeit externer Finanzierungen für neue Unternehmen zusammenzuhängen. Ein Geschäftsplan ist ein Instrument, das in der Bewertung neuer Ventures durch Investoren und Venture Capitalists eine große Rolle spielt. Ein Geschäftsplan enthält dabei eine strukturierte Beschreibung der grundsätzlichen Produktionsaktivitäten, die eine Neugründung oder ein Unternehmensteil innerhalb eines Konzerns durchführen möchte. Er beinhaltet Marketingpläne, Vertriebspläne und alle relevanten finanzwirtschaftlichen Teilplanungen. Insbesondere für junge Unternehmen ist das Geschäftsmodell der wichtigste Inhalt dieser Business- oder Geschäftspläne. Ein Geschäftsmodell erfüllt im Kontext eines Geschäftsplans die Rolle, strategische Szenarien zu beschreiben und zugleich detailliert die Geschäftsideen, denen das Unternehmen nachzugehen gedenkt, auszubuchstabieren. Ein Geschäftsmodell wird dabei als eine kurze Beschreibung der Strukturierung einer neuen geschäftlichen Aktivität verstanden. War es in früheren Zeiten so, dass Geschäfte, wie etwa die Herstellung oder der Verkauf von Autos, selbsterklärende Aktivitäten darstellten, so muss dies im Internetzeitalter für neue Arten von Geschäften nicht mehr der Fall sein. Dementsprechend benötigen diese Aktivitäten genaue Beschreibungen, die sich durchaus strategischer Planungsüberlegungen vergewissern.

Die Geschäftsmodelle beschreiben dabei zuerst die Marktpositionen, die Unternehmen künftig wahrnehmen wollen. Dann geben sie an, inwieweit Unternehmen Wert schaffen und dies durch Innovation unterstützen können. Und schließlich beschreiben sie Strukturen, Inhalt und die Governance der Geschäftsaktivitäten. Eine dabei hilfreiche Definition stammt von Amit und Zott (2001). Danach soll gelten: *„A business model depicts the content, structure and governance of transactions designed so as to create value through the exploitation of business opportunities."* „Content" bezieht sich auf den Austausch von Gütern und Dienstleistungen. Die Struktur definiert die Verbindungen, die Geschäftsmodelle mit externen Partnern im Austausch von Informationen, Gütern etc. haben, und die Art, wie dieser Austausch durchgeführt wird. Die Governance legt eine vertragliche Perspektive auf alle Partner, die in der Wertkette des Geschäftsmodells involviert sind.

Bei der Beschreibung des neuen Unternehmens ist nun darauf zu achten, welche Marktrolle ein solches Unternehmen auszufüllen gedenkt. Im Prinzip kann es sich hier um Anbieter, Produzenten, Vertrieb oder Konsumenten handeln. Die Konzentration auf einzelne oder mehrere dieser Aktivitäten gibt einen klaren Hinweis auf die weiteren Verbindungen, die ein Unternehmen mit neuen Aktivitäten in seiner Umwelt aufzubauen gedenkt.

Als nächster Punkt ist zu klären, wie ein neues Unternehmen oder eine neue Aktivität zu Innovationen stehen. Die beiden grundsätzlichen Möglichkeiten der Innovation beziehen sich auf den Herstellungsprozess oder auf das Produkt. Während im Herstellungsprozess letzten Endes Kostensenkungen erreicht werden sollen, geht es bei der Produktinnovation um die Erhöhung von Einnahmen. Dabei wird zumeist der Einfachheit halber unterstellt, dass Produktinnovationen es schaffen, neue Konsumentenkreise zu erschließen. Die Hauptüberlegung ist hier, dass neue Geschäftsmodelle externen Ressourcengebern wie Lieferanten und Financiers oder neuen Topmanagern erklären müssen, wie ihre gedachten Wettbewerbsvorteile strukturiert sind und möglicherweise auch umgesetzt werden können. Damit ist in Kürze eine Antwort auf die erste Frage gegeben: Wie oder warum schafft es Planung im Bereich von Geschäftsplänen mit Innovationen und Unsicherheit umzugehen? Der Ansatz ist, klare Vorstellungen über neue geschäftliche Aktivitäten aufzubauen und diese dann in Anlehnung an schon bestehende Aktivitäten in Kosten- oder Einnahmekategorien zu

formulieren.[1] Nun würde die Kritik aus der inkrementalistischen Planungs-
perspektive lauten: Eine solche Planung vernachlässigt all das, was nicht
geplant werden kann, daher sind ex post Überraschungen denkbar. Wenn
sich also die Unsicherheit der Zukunft quasi gegen ein Unternehmen wen-
dete, wäre dies in der Planung nicht berücksichtigt. Dagegen lässt sich natürlich darauf hinweisen, dass bei jeglicher Planung damit zu rechnen ist,
dass es ex post Überraschungen gibt. Deshalb muss Planung sozusagen
Puffer gegen Unvorhergesehenheiten treffen und vorsichtig unter Einbe-
ziehung unterschiedlicher Szenarien versuchen, geschäftliche Aktivitäten
zu strukturieren. Die prinzipielle Unsicherheit trifft nämlich auch die in-
krementalistische Sicht der Planung: Der Verzicht auf ein geordnetes pla-
nerisches Vorgehen schützt genauso wenig, wie Planung selbst gegen ex-
post-Überraschungen!

8.3.2 Planung bei verschiedenen Gründungsformen

Von der inkrementalistischen Sicht wurden flexible Planung, unternehme-
risches Verhalten vieler Akteure im Unternehmen sowie planerischer Opportunismus als positive Eigenschaften hervorgehoben. Nachfolgend soll
erläutert werden, warum eine solche Sicht gerade nicht einer planerischen
Strategie widerspricht. Vielmehr gibt es unterschiedliche Planungsanforde-
rungen in unterschiedlichen Organisationsformen. Anders formuliert: Die
optimale Planung wird in unterschiedlichen Organisationsformen neuer
Unternehmen anders aussehen.

Wir finden unterschiedliche Organisationsformen für neue Unternehmen
resp. neue Ausgründungen aus großen Unternehmen. In idealtypischer Be-
trachtung gibt es drei Varianten: unabhängige Gründungen (IV), durch
Venture Capitalists geförderte und finanzierte Gründungen (VC) sowie
Ausgründungen aus Großunternehmen (CV). In diesen unterschiedlichen
Formen finden wir verschiedene Arten von Planungen. Die (implizite)
These des inkrementalistischen Ansatzes ist: Als optimaler Planungsmodus
sollte sich überall eine Kombination von Flexibilität, Opportunismus und
Unternehmertum durchsetzen. Dagegen lässt sich hier (verträglich mit den
planungsmäßigen Ansatz) die These vertreten, dass zu unterschiedlichen
Organisationsformen jeweils nur spezifische Planungsformen passen; an-

---

[1] Interessanterweise wurde empirisch bestätigt, dass Firmen mit stark innovativer
     Ausrichtung ihre formalen Planungs- und Kontrollinstrumente deutlich stärker
     nutzten als ihre eher defensiv ausgerichteten Konkurrenten (Simons (1987)).

dere wären schlichtweg nicht adäquat. Nachfolgend wird begründet, wie die unterschiedlichen Venture-Eigenschaften und -Typen – empirisch belegt – idealtypisch zusammenpassen (vgl. zum Folgenden ausführlich Bhidé (2000) und Abb. 8-1).

Venture-eigenschaften / Venturetypen	Ausgangsplan	Management-team	Ressourcen	Risikoreduktion (durch Projekt-vorbereitung und -auswahl)	Ausgangs-plan-befolgung	Investitions-volumen
CV	extensive Analyse	hoch-qualifizierte Gründer	hoch	hoch	hoch	hoch
VC	gemeinsame Überprüfung. Due Diligence	außer-ordentliche Qualifikation der Gründer	mittel	mittel	mittel	mittel
IV	„Daumenregel-forschung"	zuerst geringe Opportunitäts-kosten der Gründer	niedrig	niedrig	niedrig	niedrig

Abb. 8-1: *CVs und einige Unterschiede zu IVs und VCs*

Wir finden bei CV's extensive Analysen mit einer hohen Ausgangsplanbefolgung, i.e. eine hohe Rigidität gegenüber Planänderungen, bei hohen Investitionsvolumina. Dagegen sind insbesondere unabhängige Gründungen durch „Daumenregelforschung" charakterisiert, wobei die Ausgangsplanbefolgung sehr niedrig ist, mithin strategische Änderungen oft erfolgen können; die Investitionsvolumina sind niedrig. VC's liegen zwischen diesen beiden Extremen, was die Ausführlichkeit der Planung sowie die Ausgangsplanbefolgung und die Investitionsvolumina angeht.

Die Gründe für diese Unterschiede sind leicht anzugeben: In Großunternehmen gibt es spezialisierte Stäbe und ausdifferenzierte Planungsverfahren, die durch die Projektvorbereitung sowie die Projektauswahl Risikoreduktionen erzielen sollen. Die Ausgangsplanbefolgung ergibt sich nicht (allein) durch bürokratisches Unvermögen, sondern durch die schiere Größe von etablierten Unternehmen. Allein die Abstimmung unterschiedlicher Budgets in unterschiedlichen Gremien erfordert viel zeit- und ressourcenverbrauchende Zustimmung aus unterschiedlichen Bereichen, sodass beliebige flexible Änderungen hier bald zu einer Überforderung der Gremien führen würden.[2] Die schon erwähnte extensive Vorbereitung soll genau dazu führen, Risiken so gut als möglich zu verringern.

Demgegenüber ist auf der anderen Seite des Spektrums der unabhängige Gründer angesiedelt, der mit sehr geringen Mitteln einen Ausgangsplan erstellt. Hier kann es insbesondere um Ideen gehen (Bhidé (2000)), die noch vom letzten Arbeitgeber mitgebracht werden. Diese werden also keine weit reichenden Planungsanstrengungen erfordern. Die Risikoreduktion durch die Projektvorbereitung und -auswahl ist mithin nicht sehr hoch, was auch erklärt, warum strategische Änderungen bei Nichtgelingen bestimmter Aktivitäten schnell und ohne allzu große Aufwendungen vorgenommen werden können.[3] Das Ganze geschieht vor dem Hintergrund niedriger Investitionsvolumina und üblicherweise bei Gründungsteams, die keine hohen Opportunitätskosten haben. Zwischen den beiden Extremen angesiedelt sind die Venture-Capital-finanzierten Unternehmen, die letzten Endes eine Überwachung durch die Partner der VC-Gesellschaften zu durchlaufen haben. Allerdings ist die Planung hier auch ein Signal für die Qualität der zukünftigen Aktivitäten. Die Rigidität der Planbefolgung ist deutlich höher als bei unabhängigen Gründungen, allerdings auch deutlich geringer als bei Großunternehmensgründungen; letzteres liegt an den geringeren Planungsressourcen der VC-Fonds, der außerordentlich hohen Qualifikation der Gründer, sowie am dauernden direkten Kontakt mit den Partnern des VC-Fonds, der schnelles Handeln ermöglicht.

Die vorstehenden Überlegungen haben plausibel gemacht, dass Opportunismus und die unternehmerische Aufrechterhaltung der Flexibilität nicht unbedingt „geplant" sind. Sie finden sich in unabhängigen Unternehmensgründungen angewandt und sind adäquater Ausdruck ihrer schon genannten Charakteristika. Geringe Opportunitätskosten der Gründer sowie bei den erfolgreichsten Gründungen (vgl. Bhidé (2000)) die Übernahme der Geschäftsidee aus einer vorgängigen Beschäftigung sind die wichtigsten Erfolgsmerkmale, wobei sich die Investition mit relativ wenig Kapital durchführen lassen sollte. Opportunismus lässt sich hier positiv als strategische Flexibilität auffassen. Für die beiden anderen genannten idealtypischen Organisationsformen von neuen geschäftlichen Aktivitäten resp.

---

[2] Ein entbürokratisierender Verzicht auf Gremien lässt sich kaum denken: Es müssten immer andere Koordinationsmechanismen an deren Stelle treten, solange die Unternehmenseinheit gewährleistet wird.

[3] Siehe dazu auch empirisch Schwarz et al. (2005). Diese Arbeit bestätigt für kleine unabhängige Gründungen einen positiven Einfluss von Strategiewechseln auf den über die Beschäftigungsentwicklung gemessenen Erfolg.

neuen Unternehmen ist diese strategische Sichtweise deshalb gerade nicht adäquat. Damit ist nach der Beantwortung der zweiten Frage noch zu klären, welche Qualitäten ein Geschäftsplan aufweisen sollte.

8.3.3 Anforderungen an qualitativ gute Planungen

Bisher wurden der Umgang mit Unsicherheit und die organisatorische Einbettung unterschiedlicher Planungsmodi behandelt. Dabei wurden auch schon Fragen der Wettbewerbsvorteile eines Geschäftsmodells innerhalb eines Geschäftsplanes angesprochen: Prozess- oder Produktinnovation.

Bevor einige Charakteristika guter Planungen kurz erläutert und begründet werden, soll noch einmal auf den Sinn von Geschäftsmodellen und Geschäftsplanungen eingegangen werden. Das Ziel von Geschäftsplanungen erschließt sich, wenn man von schon etablierten Unternehmen ausgeht. Diese können von Externen relativ einfach bewertet werden, wenn man – die Vergangenheitswerte durchaus mitberücksichtigend – zukünftige Cashflows mit einem risikoadjustierten Kapitalkostensatz diskontiert. Für die hier besprochenen neuen Aktivitäten ist dies nicht möglich. Deshalb muss für diese eine systematische Präsentation und Analyse der Geschäftsidee vorgenommen werden. Dafür steht der Businessplan. Er stellt zugleich eine kurz gefasste Handlungsanleitung für die Manager des neuen Unternehmens oder der ausgegründeten Aktivität dar. Aus Sicht aller Ressourcengeber, die die Firma benötigt, zeigt der Businessplan auch entscheidende Lücken auf, die wiederum mit den Managern diskutiert werden können.

Welche einzelnen Verhaltensweisen sollten sich im Businessplan abgebildet finden?

- Benchmarking: Durch die Einarbeitung von Vergleichszahlen ähnlicher Märkte resp. von Wettbewerbern signalisiert das Management ein Verständnis des aktuellen Wettbewerbs.
- Vermeidung von Hockeysticks: Ein großer Fehler bei der Präsentation von Businessplänen ist ein sehr starker Anstieg der Cashflows der neuen Aktivität über sehr lange Zeiträume (z.B. 10 bis 15 Jahre); damit signalisiert das Erstellerteam eines Businessplans keinerlei Verständnis des zukünftigen Wettbewerbs: Wären nämlich die Aussichten so hervorragend, dann müssten sich auch Wett-

bewerber angezogen fühlen, die wiederum die Cashflows „herunterkonkurrieren" würden.

- Realistische Szenarien: Selbst wenn nicht ausgeschlossen wird, dass sich für ein neues Geschäft ein Best-Case realisiert, in dem Inputpreise verfallen und sich die Nachfrage zu hohen Preisen positiv entwickelt, so müssen doch alternative Szenarien berücksichtigt werden. Hierdurch kann ein Realismus sowohl bei der Planung als auch bei der eigenen Positionierung (bzw. etwaig notwendig werdenden Repositionierung) signalisiert werden.

- Präzision: Wenn auch im Businessplan nicht die Zukunft vorhergesehen werden kann, so lässt sich doch eine Planung präzise durchführen. Die Präzision und Durchdachtheit der Planung gibt natürlich einen Hinweis auf die Präzision der Betriebsabläufe sowie bei der Durchführung betrieblicher Aktivitäten.

- Kostenparanoia: In einem Businessplan muss sehr stark auf Minimierung der Auszahlungen geachtet werden, was sich leicht an dem 1:4-Dilemma erläutern lässt: Bei einer Verzinsung von 15% entspricht einem heute ausgegebenen Euro eine Einzahlung von 4 Euro in 10 Jahren, um die Barwertgleichheit herzustellen.

- Vermeidung von Arroganz: Die Zielgruppe der Businesspläne sind Lieferanten und/oder Finanziers; deren natürlicher Widerstand gegen die Hergabe von Gütern oder Kapital für unsichere Aktivitäten muss durch Überzeugungsarbeit überwunden werden. Ziel ist nicht die Demonstration überlegenen (und evtl. komplett unverständlichen) technischen Wissens, sondern vielmehr die nachvollziehbare Erklärung der entscheidenden Sachverhalte, so dass die Überzeugungsarbeit auch gelingt.

Dass die genannten Verhaltensweisen durchaus kritisch beäugt werden, zeigt Abb. 8-2 auf:

What They Say...	And What They Really Mean
We conservatively project...	We read a book that said we had to be a $50 million company in five years, and we reverse-engineered the numbers.
We took our best guess and divided by 2.	We accidentally divided by 0.5.
We project a 10% margin.	We did not modify any of the assumptions in the business plan template that we downloaded from the Internet.
We only need a 10% market-share.	So do the other 50 entrants getting funded.
Customers are clamoring for our product.	We have not yet asked them to pay for it. Also, all of our current customers are relatives.
We are the low-cost producer.	We have not produced anything yet, but we are confident that we will be able to.
We have no competition.	Only IBM, Microsoft, Netscape and Sun have announced plans to enter the business.
We seek a value-added investor.	We are looking for a passive, dumb-as-rocks investor.
If you are interested on our terms, you will earn a 68% internal rate of return.	If everything that could ever conceivably go right does go right, you might get your money back.

Abb. 8-2: *What they say and what they really mean*
Quelle: Sahlmann (1999).

8.4 Fazit

Dieses Kapitel hat sich mit dem Nutzen strategischer Planungen, gerade bei Analyse und Präsentation neuer Geschäftsaktivitäten, befasst. Als Referenz für die Erläuterung der Vorteile strategischer Planung wurde der planungskritische, inkrementalistische Strategieansatz herangezogen. Es wurde gezeigt, welche Anforderungen Geschäftspläne inklusive ihrer Geschäftsmodelle erfüllen müssen. Dabei geht es insbesondere darum, Ressourcengeber von der Vorteilhaftigkeit einer neuen Unternehmung oder geschäftlichen Aktivität zu überzeugen. Es wurde auch erläutert, welchen Organisationstypen welcher Planungsmodus am besten entspricht. Schließlich wurden einige der Qualitätsmerkmale strategischer Geschäftsplanungen begründet und erläutert.

Die wichtigsten Ergebnisse dieses Kapitels beziehen sich auf die Verarbeitung von Unsicherheit durch Pläne sowie die Überzeugung von Vertragspartnern.

1. Allgemein gilt, dass in einem marktwirtschaftlichen System die Unternehmer und ihre Vertragspartner dann Finanzierungs- und Lieferverträge abschließen, wenn sie ex ante von deren Vorteilhaftigkeit überzeugt sind; also davon, dass ihnen im Entscheidungszeitpunkt keine bessere Alternative zur Verfügung steht. Ge-

schäftsplanungen müssen diese Überzeugungsarbeit[4] leisten. Die Entscheidung ist unabhängig davon, ob sich die Überlegungen ex post als korrekturbedürftig herausstellen.

2. Die Vertragspartner treffen ihre Entscheidung aufgrund des ihnen zur Verfügung stehenden Wissens. Dieses Wissen bezieht sich sowohl auf die exogenen Risiken, die Daten für die Vertragsparteien sind, als auch auf die endogenen Risiken, die aus den Anreizen für die Vertragspartner nach Vertragsabschluss resultieren. Es ist offensichtlich, dass während der Laufzeit der Geschäftspläne und zugehörigen Verträge Umstände eintreten können, die nicht vertraglich festgehalten wurden, weil ihre Beobachtung prohibitiv hohe Kosten verursachte oder sie von den Vertragspartnern für unwahrscheinlich resp. für nicht erwähnenswert gehalten wurden. Gerade deshalb muss bei Geschäftsplanungen Wert auf die ex-post-Adaptionsmöglichkeiten gelegt werden.

Der planmäßige Strategieansatz macht die Suche nach den besten Projekten im Gegensatz zur Theorie des Inkrementalismus von (partiell) messbaren Größen abhängig. Damit verliert die Nachfrage der Vertragspartner nach „Vorsorge" die Unbestimmtheit, die sie bei Verwendung eines Konzeptes „radikaler Unsicherheit" hat. Bei Annahme „radikaler Unsicherheit" wäre jedes Vorsorgeverhalten gleich gut; dieses Problem machte sich ein Schild vor amerikanischen Cafés zunutze, das den (potenziellen) Kunden rät: *„Life is uncertain, eat dessert first!"* Während also die Planungen demonstrieren, wie sehr die Planer auf ihre Zielgruppe eingehen und deren Erwartungen und Verständnis mit berücksichtigen, ist auch auf Veränderungsmöglichkeiten hinzuweisen. Ein wesentlicher Punkt ist die Berücksichtigung dynamischer Änderungen. Es wurde schon auf die Notwendigkeit von Szenarien mit Best-, Normal- und Worst-Cases hingewiesen. Diese dynamischen Änderungen bedeuten, dass das Management von neuen Unternehmen in den organisatorisch gezogenen Grenzen immer auch die Chance ergreifen muss, die ex ante wahrgenommenen Verteilungen von Einzahlungen und Auszahlungen zu verändern. Desgleichen ist hier der Kontext, in dem Geschäfte durchgeführt werden, genau zu analysieren. Damit wird signalisiert: Dramatische Kontextveränderungen müssen auch zu starken strategischen Anpassungen führen. Bleibt nach all dem die Frage, welches Geschäftsmodell denn auf jeden Fall zu finanzieren wäre. Die Antwort darauf wurde von Sahlmann (1999) gegeben: *„The best business is a post office box to which people send cashier's checks."*

---

[4] ...zumindest zum Teil

Literatur

Raphael Amit/Christoph Zott (2001): Value Chain in E-Business. Strategic Management Journal, Vol. 22. 493-520.

Amar Bhidé (2000): The Origin and Evolution of New Businesses. Oxford.

Richard A. Brealey/Stewart C. Myers (2003): Principles of Corporate Finance. McGraw-Hill.

Bob de Wit/Ron Meyer (2004): Strategy. London.

Thomas Ehrmann (2003): Business Models in the New Economy. In: Derek C. Jones (Hrsg.): New Economy Handbook. San Diego. 700-720.

Henry Mintzberg (1994): The Fall and Rise of Strategic Planning. Harvard Business Review, Vol. 72. 107-114.

William Sahlmann (1999): How to Write a Great Business Plan. Harvard Business Review on Entrepreneurship. 29-56.

Erich Schwarz/Thomas Ehrmann/Robert Breitenecker (2005): Erfolgsdeterminanten junger Unternehmen in Österreich: eine empirische Untersuchung zum Beschäftigungswachstum. Zeitschrift für Betriebswirtschaft. Vol. 75. 1077-1098.

Robert Simons (1987): Accounting Control Systems and Business Strategy: An Empirical Analysis. Accounting, Organizations and Society, Vol. 12. 357-374.

Aufgaben zum Kapitel 8

Aufgabe 1:

a) Erläutern Sie die Vorteile inkrementeller Strategien.

b) Erläutern und begründen Sie die (Nicht-)Angemessenheit des inkrementellen Planungsmodus anhand unterschiedlicher Organisationstypen neuer Unternehmen.

c) Erklären Sie, warum minimale Anforderungen an die Qualität von Geschäftsplänen zu stellen sind und erläutern Sie, um welche Anforderungen es sich handelt.

d) Erläutern Sie, wie in den beiden unterschiedlichen Strategieansätzen das Problem der „ex-post-Überraschungen" analysiert werden kann. Zeigen Sie die Denkfehler des Inkrementalismus auf.

Aufgabe 2:

Unterschiedliche empirische Befunde zu Planungsmodi geben Anlass zum Nachdenken.

a) Erklären Sie den aus Sicht des Inkrementalismus paradoxen empirischen Befund, dass Firmen mit stark innovativer Ausrichtung ihre formalen Planungs- und Kontrollinstrumente deutlich stärker nutzten als ihre eher defensiv ausgerichteten Konkurrenten. Nutzen sie dabei auch die Überlegungen zur planmäßigen Strategie.

b) Erklären Sie unter Rückgriff auf unterschiedliche Ventureeigenschaften den aus Sicht des Inkrementalismus prima facie positiven Befund, dass bei kleinen unabhängigen Gründungen Strategiewechsel einen positiven Einfluss auf den über die Beschäftigungsentwicklung gemessenen Erfolg haben. Zeigen Sie, warum dieser Befund für CVs nicht gelten kann. Erklären Sie, welche Konsequenzen der Befund für die Venturefinanzierung hat. Zeigen Sie, warum der Befund keine Bestätigung für den Inkrementalismus sein muss.

c) Erläutern Sie unter Rückgriff auf die Ventureeigenschaften *und* die Qualitätsanforderungen an die Geschäftsplanung folgende Feststellung: *„It is as hard to convince a venture capitalist that your business plan is sound as it is to get your first novel published"* (Brealey und Myers (2003)).

9 Der Long-Tail: Der Einfluss verringerter Suchkosten auf die Wertkette

9.1 Einleitung

„A very, very big number (the products in the tail) multiplied by a relatively small number (the sales of each) is still equal to a very, very big number. And, again, that very, very big number is only getting bigger."
(C. Anderson)

Der gesellschaftliche und technologische Wandel, mithin die Veränderung von marktlichen Rahmenbedingungen und Geschäftsmöglichkeiten, stellt eine wichtige Herausforderung des strategischen Managements dar. Unbestritten nehmen technologische Neuentwicklungen der Internet-Ökonomie und damit nicht zuletzt kostengünstige Zugriffsmöglichkeiten auf Informationen Einfluss auf die aktuelle gesellschaftliche und ökonomische Entwicklung. Ganz im Sinne der Ausführungen zu Porters Markt- (Kapitel 3) und Wertkettenanalyse (Kapitel 4) adressiert das folgende Kapitel die aus diesen Veränderungen erwachsenden Chancen und Herausforderungen für die beteiligten Marktakteure. Ausgangspunkt der Überlegungen ist eine interessante empirische Feststellung, die derzeit Wissenschaft und Praxis beschäftigt. Es handelt sich dabei um Folgendes:

Während ein gewöhnlicher großer Buchhändler circa 100.000 Buchtitel vorrätig hat, macht Amazon, der Onlinebuchhändler, ungefähr ein Viertel seines Umsatzes mit Titeln, die in der Verkaufsrangliste hinter ihren Top 100.000 Buchtiteln kommen (Anderson (2006, S. 23)). Die – etwas vorläufige – Schlussfolgerung könnte lauten: Der real generierbare Buchmarkt kann also ungefähr ein Drittel größer sein, als der, der in Offline-Buchhandlungen zu beobachten ist. Dieses Phänomen der zusammengenommen große Umsätze ergebenden Verkäufe von im Einzelnen schwach nachgefragten Gütern (hier Büchern) wird als Long-Tail bezeichnet. Es kontrastiert sehr stark mit einer Wahrnehmung der Welt, die dem Pareto-Prinzip gehorcht. Dieses, auch als 80/20-Regel bekannte Prinzip, besagt letzten Endes, dass 20% der Produkte, Dienstleistungen etc. für 80% der Umsätze verantwortlich sind. Diese 80/20-Regel impliziert eine Orientierung an Hits und Superstars. Aus dieser Orientierung folgen Versuche, bestimmte Produkte, z.B. Filme, mit hohen Produktionskosten und hohem Werbeaufwand so zu platzieren, dass die Umsätze „hitträchtig" sind; letzten Endes spielen bei der wirtschaftlichen Begründung dieser Investitionen in angestrebte Hits Economies of Scale and Scope eine zentrale Rolle, mithin die Vorstellung eines „winner takes it all". Das Long-Tail-Phänomen wirft nun die Frage nach der Veränderung der Wertkette auf. Im Einzelnen lässt sich fragen:

- Verändert sich mit der gesteigerten Verfügbarkeit von schwach nachgefragten Produkten und Dienstleistungen die Nachfrage nach Hits? Werden, wenn Suchkosten sinken – z.B. durch die Einführung technologischer Innovationen –, im Wahrnehmungsraum entlegen positionierte Produkte stärker nachgefragt?
- Welche Anreize haben Produzenten, große (hitträchtige) Produktionen aufzuziehen? Welche Anreize haben Produzenten, für Kleinstmärkte zu produzieren?
- Welche Auswirkungen hat die eventuelle Veränderung der Nachfrage auf den Vertrieb und den Handel, wenn insbesondere Onlinehändler sich auf die Sammlung und zur Verfügungsstellung von Nischenprodukten konzentrieren? Wird die Bewerbung von Hits oder angestrebten Hits abnehmen?

Die drei Fragen, die das Prozessmanagement der Wertkette betreffen, sollen im Folgenden adressiert werden. Dazu wird zuerst das Konzept des Long-Tail samt einigen statistischen Grundlagen erläutert (9.2). Danach werden einige theoretische Vorhersagen und erste empirische Überprüfungen für die Veränderung der Nachfrage, der Produktion und des Handels kurz dargestellt (9.3). Das Kapitel wird abgeschlossen mit einem Ausblick auf die Veränderung der Wertkette und weiteren Forschungsmöglichkeiten (9.4). Wegen des Neuigkeitsgrades des Themas hat der Ausblick eher spekulativen Charakter.

9.2 Long-Tail: Konzept und statistische Grundlagen

Die Herausbildung des Pareto-Prinzips und damit traditionell einhergehend die wirtschaftliche Orientierung an besonders erfolgsversprechenden Produkten ist unter anderem auf folgende Gründe zurückzuführen:

- Die Artikel eines traditionellen Einzelhändlers konkurrieren um limitierten Regalplatz. Die Opportunitätskosten des Angebots und der Lagerung wirken damit als natürliche Begrenzung der Produktpalette und fördern die händlerseitige Konzentration auf außerordentlich umsatzstarke Produkte.
- Das begrenzte Angebot und die klassischerweise hohen Suchkosten, d.h. die mit dem Finden, der Bewertung und der Auswahl unterschiedlicher Konsumalternativen einhergehenden Aufwendungen, führen auch nachfrageseitig zu einer Homogenität der Entscheidungen und damit zu einer Fokussierung auf Hits.
- Eine der Kernaufgaben von Herstellern ist es, ihr Produkt erfolgsversprechend im Wahrnehmungsraum potenzieller Kunden zu platzieren. Bei bestehenden Konsumentensuchkosten sind klassische Marketingmaßnahmen (Werbung etc.) eine Möglichkeit, dieses zu erreichen. Die hohen Investitionsaufwendungen führen allerdings dazu, dass herstellerseitig ebenfalls ausschließlich die Artikel in das Programm aufgenommen werden, deren Umsatzpotenziale hinreichend hoch sind und somit positive Kapitalwerte erwirtschaften können.

Die genannten Gründe und nicht zuletzt die geographische Eingrenzung traditioneller Märkte führen dazu, dass sich auf ebendiesen Märkten häufig das Pareto-Prinzip beobachten lässt, also der Umstand, dass 80% des Umsatzes von 20% der Produkte erwirtschaftet wird. Dem Pareto-Prinzip liegt mathematisch eine Exponentialverteilungsfunktion zugrunde, welche impliziert, dass kleine Ausprägungen (hier: Umsätze) üblicherweise häufig vorkommen, wohingegen große Ausprägungen eher Seltenheitscharakter besitzen. Dieser Zusammenhang lässt sich durch folgende Funktion darstellen[1]:

$$r \sim n^{-\frac{1}{b}}. \tag{9.1}$$

Gl. (9.1) bildet die kumulative Pareto-Verteilungsfunktion ab, anhand derer die Anzahl der Produkte r bestimmt werden kann, deren Umsätze größer oder gleich n sind. Im Rahmen von Long-Tail-Überlegungen wird üblicherweise die Umkehrfunktion der Paretoverteilung, das sog. Zipf'sche Gesetz, zur Analyse herangezogen, da dieses den Umsatz einzelner Produkte in den Mittelpunkt der Betrachtung stellt:

---

[1] Mit b aus einer ε-Umgebung von 1. Vgl. Adamic (2000).

$$n \sim r^{-b}. \tag{9.2}$$

Das Zipf'sche Gesetz unterstellt einen invers proportionalen Zusammenhang zwischen dem Umsatz n eines Artikels und seiner Position r in der Rangfolge aller Produkte.[2] In der graphischen Darstellung werden die Produkte beginnend mit dem umsatzstärksten Artikel entlang der Abszisse abgetragen.

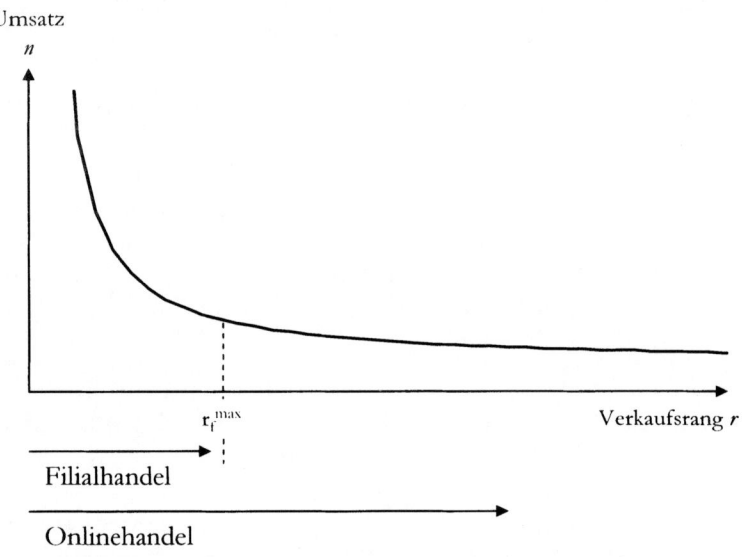

Abb. 9-1: *Der Long-Tail*

Auf der Ordinate wird der Umsatz der einzelnen Artikel abgetragen. Auf klassischen Märkten, also Märkten, die dem Pareto-Gesetz gehorchen, werden üblicherweise nur die erfolgreichsten Produkte angeboten, d.h. Produkte für deren Verkaufsrang gilt $r < r_f^{max}$ (vgl. Abb. 9-1). In Folge der Einführung neuer Informationstechnologien und Online-Märkte, auf denen nicht mehr nur physische Produkte, sondern vor allem digitale Produkte angeboten werden, kann es lukrativ sein, die Produktpalette auf weniger populäre und obskurere Produkte auszuweiten. Als ökonomische Gründe für diese angebotsseitige Umorientierung sind zum einen sinkende Lagerhaltungs- und Distributionskosten zu nennen und zum anderen die

---

[2] Dem Zipf'schen Gesetz liegt ein Sonderfall der Paretoverteilung zu Grunde, bei dem der Formparameter b der Verteilungsfunktion genau den Wert 1 annimmt.

Möglichkeit, ehemals kleine und vor allem geographisch separierte Kundengruppen zu aggregieren. Durch die Senkung der Lagerhaltungs- und Distributionskosten sinken die Opportunitätskosten des Angebots. Dieses ermöglicht die gewinnträchtige Kumulation kleiner Umsätze. Nachfrageseitig senken leistungsfähige Suchwerkzeuge und Empfehlungssysteme – insbesondere Web-2.0-Anwendungen (Blogs, Social Networks etc.) – die Suchkosten der Konsumenten. Dies kann es vorteilhafter machen, nicht das populärste Produkt zu kaufen, sondern Suchanstrengungen zu unternehmen, mit dem Ziel, ein Produkt zu finden, das im individuellen Präferenzraum näher am Kunden platziert ist. Daraus entsteht ein zusätzlicher Nutzen, der die Suchkosten aufwiegt.

Der Kern des Long-Tail-Konzeptes ist die Überlegung, dass der Long-Tail des Marktes, also die Gruppe der Produkte mit einem Verkaufsrang $r > r_f^{max}$ (vgl. Abb. 9-1), bzw. dessen kumulierte Umsätze, einen wesentlich höheren Anteil am Gesamtumsatz ausmachen können als den, der durch das Pareto-Prinzip nahe gelegt wird (Anderson (2006)). Die Folge wäre eine neue angebotsseitige Orientierung – weg von den Hits, hin zur Nische. In Hinblick auf die Untersuchungsmethodik kann Gl. (9.2) in eine Log-Log-Funktion transformiert werden:

$$\log(n) = -b \cdot \log(r). \qquad (9.3)$$

So lassen sich die theoretischen Vorhersagen mittels einfacher linearer Regressionsverfahren überprüfen. Insbesondere können die markt- und branchenspezifischen Lageparameter b mithilfe etablierter Testverfahren bestimmt werden. So werden sowohl Längs- als auch Querschnittsanalysen ermöglicht.

Die möglichen Auswirkungen der beschriebenen Veränderungen auf die Marktteilnehmer, d.h. Nachfrager, Produzenten und Handel, sollen im folgenden Kapitel näher beleuchtet werden.

9.3 Auswirkungen auf Nachfrage, Produktion und Handel

9.3.1 Nachfrage

Wie nun wird die Nachfrage durch sinkende Suchkosten verändert? Die derzeitige Nachfragestruktur gehorcht dem Pareto-Prinzip. Insgesamt ist eine Orientierung an Hits und Superstars festzustellen. Fraglich ist nun, ob sich diese Nachfrageorientierung am Populären sozusagen evolutionär als die überlegene Strategie herausgestellt hat, oder ob sie nicht zu großen Teilen eine Funktion von Such- und anderen Kosten (Präferenzen etc.) ist. Chris Anderson begründet Änderungsmöglichkeiten in der Zukunft mit der Vergangenheit. Er weist darauf hin, dass vor dem Entstehen der Hitkultur (d.h. eigentlich vor der industriellen Revolution), Kultur zumeist lokal war mit überschaubaren geographischen Marktnischen. Die schon erwähnte Verringerung der Suchkosten durch das Internet hat es nun für viele Nachfrager mit sich gebracht, dass sie außerhalb von stark beworbenen Hitprodukten suchen können. Brynjolfsson et al. (2006a) haben hierzu eine suchkostentheoretische Überlegung angestellt. Ihre Konsumenten sind dabei verteilt über einen Produktraum. Jedem Konsumenten sind je nach Standort bestimmte Produkte nah und andere fern. Die Überwindung der Ferne zu Produkten hängt von den dabei entstehenden Kosten (Transportkosten, d.h. Suchkosten) ab. Der Konsument wird den erwarteten Nutzen zusätzlicher Suche gegen deren erwartete Kosten abwägen. Allen Nachfragern gemein ist darüber hinaus die Nähe zu einzelnen, stark beworbenen Hitprodukten; der Konsum dieser Produkte löst keine weiteren Such- bzw. Transportkosten aus. Allgemeine Schlussfolgerungen lassen sich aus solchen Modellüberlegungen wie folgt ziehen:

- Bei sehr hohen Suchkosten wird kein Konsument diese aufwenden; das bedeutet: alle Konsumenten werden – egal wie ihre genauen Präferenzen aussehen – das Hitprodukt kaufen.
- Bei sehr geringen Suchkosten werden natürlich alle Konsumenten Suchaufwand betreiben und damit das ihnen in der Präferenz nächst gelegene Gut kaufen; die Nachfrage nach Nischenprodukten wird also sehr steigen, die nach Hitprodukten stark abnehmen.
- Bei Suchkosten im mittleren Bereich werden die Suchaufwendungen ebenfalls „überschaubar", d.h. mittelgroß sein; die Orientierung an den besonders beworbenen (d.h. geringe Suchkosten mit sich bringenden) Produkten wird stark sein; die diesen benachbarten Produkte werden etwas schwächer nachgefragt, bis zur schwächsten Nachfrage für die sehr weit von den Hits entfernten Nischenprodukte.

Diese Überlegungen zeigen, wie Suchkosten und die in der Nachfrage zum Ausdruck kommende Präferenz von Konsumenten sehr stark miteinander zusammenhängen.

Es gibt noch wenige empirische Untersuchungen zu diesem Zusammenhang. Brynjolfsson et al. (2006a) haben diesbezüglich Daten eines Einzelhandelsunternehmens ausgewertet, das seine Produkte sowohl über das Internet als auch über traditionelle Kanäle, insbesondere über einen Katalog, verkauft. Da das Internet aufgrund der technischen Rahmenbedingungen – wie oben bereits ausgeführt – niedrigere Konsumentensuchkosten impliziert, kann eine komparative Analyse der Verkaufszahlen dieses Vertriebswegs und der eines traditionellen, bspw. des Katalogs, die theoretischen Vorhersagen untermauern oder ggf. widerlegen. Sollte der durch das mathematische Modell postulierte Zusammenhang zwischen den kanalspezifischen Suchkosten und der generierten Nachfrage existieren, müsste ein signifikanter Unterschied zwischen den Verteilungsfunktionen der Verkäufe beider Distributionskanäle nachzuweisen sein. Brynjolfsson et al. (2006a) haben mit Hilfe linearer Regressionen die Koeffizienten der Zipf'schen Verteilungsfunktion für beide Kanäle geschätzt und damit nachweisen können, dass sich die erhobenen Daten entsprechend der Verteilungsannahme verhalten. Die t-Statistik der Koeffizienten zeigte darüber hinaus folgende Ergebnisse:

- Die geringeren Suchkosten des Internets als Vertriebskanal führen tatsächlich zu einer geringeren Konzentration der Verkäufe auf Hits als bei traditionellen Vertriebskanälen, mithin zu einer ausgeprägteren Gleichverteilung der Internetverkäufe (siehe auch Elberse und Oberholzer-Gee (2006)).
- Diese Differenz bleibt auch bestehen, wenn dieselben Kunden betrachtet werden.
- Schließlich ergibt die Analyse der Kundengruppe mit Interneterfahrung ein interessantes Ergebnis: Nutzen diese den traditionellen Vertriebskanal, dann neigen sie eher zu traditionellen Produkten, während bei Nutzung des Internetkanals ihre Suchzeiten zunehmen und sie sich den obskureren Gütern zuwenden.

Zusätzlich haben Elberse und Oberholzer-Gee (2006) herausgefunden, dass die zunehmende Popularität von Nischengütern Hand in Hand geht mit einer zunehmenden Konzentration innerhalb der Hit-Produkte; so sank die Anzahl der Titel in den Top 10 der Verkaufscharts in den letzten Jahren um mehr als 50%! Es bleibt allerdings die Frage, ob die Zunahme von Nischenprodukten tatsächlich auch für Produzenten profitabel sein wird. Die Auswirkungen veränderter Suchkosten auf die Produktion werden im nächsten Abschnitt betrachtet.

9.3.2 Produktion

Die Orientierung von Produzenten am Pareto-Prinzip, mithin am Ziel Hits zu produzieren, hatte kostenmäßige Voraussetzungen. Schon von Adam Smith wurde klargestellt, dass die Arbeitsteilung durch die Marktausdehnung begrenzt wird. Anders nuanciert: Nur wer glaubt, seine Fixkosten am Markt decken zu können, wird für diesen produzieren. Speziell ging es bei der Hitorientierung um die Konkurrenz um teuren Regalplatz im Handel (inklusive natürlich von Transport- und anderen Kosten). In dem Maße, in dem es gerade im Onlinehandel deutliche Kostensenkungen für Speicherung, Vertrieb und Ähnliches gibt, verändern sich auch für Produzenten die Anreize. Ein allgemeiner Anreiz aus sinkenden Such- und Speicherkosten (s. auch 9.3.1 Nachfrager) geht in Richtung einer Erhöhung der Produktdiversität. Anders formuliert: Mit erhöhter Distributionskapazität kann es attraktiv werden, sowohl für bestehende Medienanbieter eine größere Anzahl von Nicht-Mega-Hits zu produzieren als auch für neue kostengünstige Anbieter in den Markt zu gehen. Eine Bestätigung der Attraktivität solcher Strategien kommt von George Lucas, immerhin dem Schöpfer von „Star Wars", einem der zu seiner Zeit teuersten Hit-Filme. Sein Ansatz besagt, dass es keinen Sinn macht, $100 Millionen für Produktionskosten und weitere $100 Millionen für Werbung auszugeben: *"For the same $200 million, I can make 50-60 two-hour movies. That's 120 hours as opposed to two hours. In the future market, that's where it's going to land, because it's going to be all pay-per-view and downloadable."* Lucas geht also darauf ein, dass mit den Long-Tail-Distributionsmöglichkeiten gerade günstiger produzierte Filme ihren Weg zu einer relativ großen Zuschauerzahl finden werden. Dabei sind es dennoch klassische Fähigkeiten und Eigenschaften, die die Ausnutzung der neuen Marktpotenziale erleichtern: *„You've got to really have a brand. You've got to have a site that has enough material on it to attract people."* Mithin zielt Lucas auf Investitionsprojekte ab, die den Übergangsbereich zwischen Hit und Nische anpeilen. Die gezielte Produktion von Hits ist im Vergleich zum Risiko mit zu hohen Investitionssummen verbunden. Auf der anderen Seite steht der Versuch, sich durch ein Minimum an Produktionsaufwand (nicht zuletzt durch Investitionen in Markenbildung) von der großen Konkurrenz im Lowest-Cost-Produktionsbereich abzuheben.

Theoretisch abgeleitet wurde dieses Resultat auch von Brynjolfsson et al. (2006a). Sie setzen daran an, dass verringerte Suchkosten eine erhöhte „preiswerte" Konsumentenauswahl unter Produkten gestatten. Dementsprechend werden die Nischenprodukte auch aus Produzentensicht attraktiver und die Hitprodukte unattraktiver. Interessanterweise kann unter be-

stimmten Bedingungen diese Verringerung der Suchkosten mit einer Erhöhung der Gesamtnachfrage einhergehen. Insgesamt kann daraus resultieren, dass die Entscheidung eines rationalen Konsumenten – der den erwarteten Nutzen zusätzlicher Suche gegen die erwarteten Kosten balanciert –
die Nachfrage nach Nischenprodukten, die den jeweiligen Konsumenten
dann näher stehen, erhöht. Daraus folgt wiederum eine Abnahme der Konzentration auf Hitprodukte beim Produktangebot. Wie sehen die theoretischen Vorhersagen für die lange Frist aus? Mit sinkenden Suchkosten
werden in der Tendenz natürlich Nischenprodukte attraktiver und die hohen Werbeaufwendungen für potenzielle Hitprodukte unattraktiver. Allerdings gilt: Wenn zusätzliche Nischenprodukte produziert werden, dann
können sie (im besten Falle nur) anfangs relativ kleine Verkäufe haben,
was wiederum zur Erhöhung der Anzahl der Produkte gegenüber den
Marktanteilen von Nischenprodukten führen kann. Der Gesamtmarktanteil
von Nischenprodukten kann also evtl. im Bezug auf die populären Produkte insgesamt kleiner werden (Brynjolfsson et al. (2006a); Elberse und O-
berholzer-Gee (2006, S. 25)).

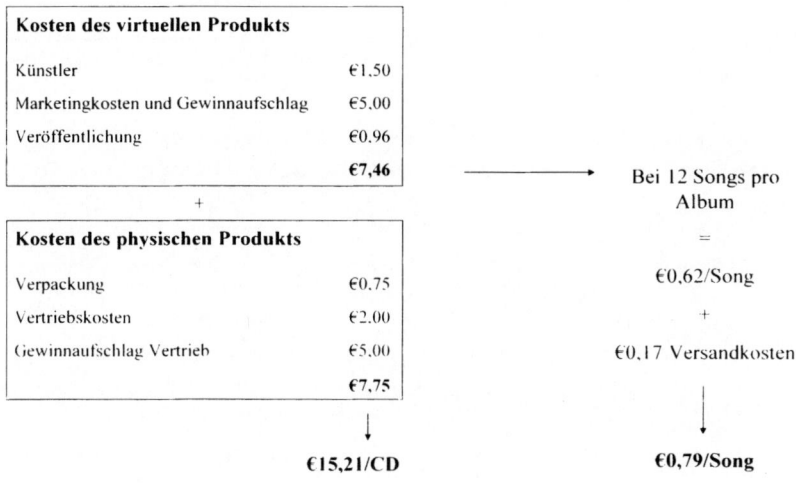

Abb. 9-2: *Die realen Kosten der Herstellung von Musik*
Quelle: in Anlehnung an Anderson (2004).

Wie sieht es nun mit den realen Kostenmöglichkeiten der Produktion
aus? Für die Kosteneinsparmöglichkeiten in der Produktion hat Chris Anderson ein Beispiel gegeben (siehe Abb. 9-2). Dieses Beispiel lässt sich
nun hinsichtlich der Attraktivität von Long-Tail-Angeboten für Produzen-

ten noch weiter differenzieren. Z.B. könnte eine beginnende Künstlergruppe ihren Aufwand auf Null setzen; sie würde sich sozusagen die Option finanzieren, bei zukünftigem Erfolg mit ihren CDs Geld zu verdienen. Dann reduzierte sich der Preis für einen Song von €0,62 auf €0,50. Desgleichen könnten sich auch die Marketingaufwendungen sowie die hier enthaltenen Gewinnaufschläge verringern lassen. Selbst wenn wir nur von einer Halbierung derselben ausgehen, so reduzierte sich der Preis pro Track weiter auf €0,29. Es stellt sich natürlich damit die Frage, wer für solche Nischenmärkte und zwar wie langfristig produzieren könnte.

Dies ist eine Variante der von Adam Smith gestellten Frage nach dem Verhältnis von Produktionskosten zur Zahlungsbereitschaft der Nachfrager, wobei die Konkurrenz am jeweiligen Platz auf der Verteilung zu berücksichtigen ist. In strategischer Hinsicht geht es dabei um die Positionierung (s. dazu Pfähler und Wiese (1998), Hotelling, Kap. Produktdifferenzierung). Während der Nachfrageeffekt eine Positionierung nahe den Hits (d.h. bei der höchsten Nachfrage) nahe legt, wirkt der strategische Effekt in die entgegengesetzte Richtung, also weit weg von der Nachfrage und damit von der Konkurrenz. Die Auswirkungen der strategischen Interaktion vieler Anbieter, mithin an welcher Stelle der Verteilung die Angebotsbedingungen günstig sind, sind ex ante nicht klar auszumachen (s. dazu Brynjolfsson et al. (2006a); Elberse und Oberholzer-Gee (2006, S. 25)).

Unabhängig davon lassen sich Vorteilhaftigkeitsbedingungen für einen Nischenmarkt (d.h. den rechten Rand der Verteilung) bestimmen (s. dazu Guy Kawasaki):

- Voraussetzung für Profitabilität ist absolut kostengünstige Produktion: Bei definitionsgemäß geringen Absatzmengen sind selbst bei kostengünstig herstellbaren Gütern wie Büchern, Fotografien oder Musik die Lebenshaltungskosten ihrer Produzenten nicht zu decken.
- Fraglich ist also die Motivation der Produzenten. Sie sollten intrinsisch motiviert sein, finanziell uninteressiert, „Hobbyanbieter" (s. Blogs) oder anderweitig Nutzen aus ihrem Engagement ziehen.

Fraglich bleibt, wer diese Voraussetzungen erfüllen kann. Es kommt damit auf die großen Distributoren (Apple etc.) an, die derzeit nicht gewillt sind, für die Vorleistungen (Musik, Klingeltöne etc.) zu zahlen, bevor sie verkauft sind. Der Beitrag des Handels wird im nächsten Abschnitt behandelt.

9.3.3 Handel

Ein wohlbekanntes Schlagwort der frühen Internettage ist die *„Desinter-mediation"*. Unter Desintermediation wird der Trend verstanden, dass Produzenten zunehmend direkten Kontakt zum Konsumenten aufnehmen – u.a. ermöglicht durch den Einsatz neuer Kommunikationstechnologien wie Internet, Konsumentenforen oder Communities. Folge der verstärkten Anwendung von Direktverkaufsstrategien ist die Aufweichung der Marktmacht der Intermediäre, also des Einzelhandels.

Als Zielsetzung des Einzelhandels gilt, Angebot und Nachfrage gewinnmaximierend zusammenzubringen. Die Attraktivität des Angebots für die Nachfrager bestimmt sich letztlich durch die Sortimentspolitik; diese wird vor allem dadurch beeinflusst, wie hoch die Nachfrage nach Einzelartikeln des Sortiments im geographischen Einzugsbereich ist. Jeder Artikel muss, um für den Händler rentabel zu sein, die von ihm verursachten Lagerhaltungs- und Angebotskosten erwirtschaften. Anhand eines Beispiels beziffert Anderson (2006) die Kosten des Angebots einer einzelnen Compact Disc – unter Berücksichtigung aller relevanten Miet-, Personal-, Marketing- und sonstigen Kosten – auf mindestens $40 bis $60 jährlich. Titel, die sich nicht häufig genug verkaufen um die „Mietkosten" für den belegten Regalplatz zu decken, werden folglich nicht angeboten. In Folge dieser „Tyrannei des Regalplatzes" sieht sich der „klassische" Einzelhändler Wal-Mart dazu veranlasst, nur die erfolgreichsten 4.500 Titel zu listen.

Eine verstärkte Nischenorientierung wird nachfrageseitig insbesondere durch die technologiegetriebene Verringerung der Suchkosten forciert. Aus Händlersicht liegt die Hinwendung zur Nische zum einen in signifikanten Verringerungen der Transaktionskosten und zum anderen in der Möglichkeit begründet, die geographische Separierung von Nachfragergruppen aufzuheben und mit einem aggregierten Kundensegment höhere Erträge zu erzielen. Im Vergleich zum traditionellen „physischen" Handel mit Ladenlokalen, Lagerhaltung etc. verringert die Online-Vermarktung physischer Produkte durch sog. „hybride" Händler die Transaktionskosten. Dies gilt insofern, als dass kostengünstigere Außenläger genutzt werden können und die Opportunitätskosten des Listens wegen des nahezu unbegrenzten Regalplatzes eines Internetverkaufsportals gegen null streben. Das Angebot rein digitaler Güter wie mp3-files, Filme oder e-books ermöglicht darüber hinaus eine intensivere Ausnutzung der Long-Tail-Chancen, da Lagerhaltungs- und Distributionskosten nur noch von Festplatten- und Datentransferkapazitäten abhängen (Brynjolfsson et al. (2006b)).

Während der Erfolg eines klassichen – also physischen – Händlers von der optimalen Strategiewahl unter den Nebenbedingungen einer zentralisierten Produktvorhaltung und einer dezentralisierten Nachfrage bestimmt wird, erfordern die neuen Rahmenbedingungen eine Anpassung der Zielsetzungen.

Als Voraussetzung zur erfolgreichen Nutzung des Long-Tails durch den Handel, identifiziert Guy Kawasaki insbesondere folgende Bedingungen:

- Minimale Lagerkosten und faktisch „unendliche" Auswahl: Apples Strategie, Lizenzkosten erst nach erfolgtem Verkauf abzuführen, ist ein treffendes Beispiel für die Minimierung von Lagerkosten und Angebotsrisiko. Es wird angeboten, was schon existiert, Artikel ohne Nachfrage generieren kaum Kosten; je größer das Angebot, desto größer das Marktpotenzial.
- Minimale Verkaufs- und Marketingkosten: Kern des Long-Tail-Konzeptes ist, dass die Aufwendungen für den Verkauf von zwei Einheiten *eines* Artikels nicht wesentlich von denen des Verkaufs zweier Einheiten *unterschiedlicher* Artikel abweichen. Sollten individuelle Marketing- oder Verkaufsanstrengungen notwendig sein, um Nachfrage nach Einzelartikeln zu generieren, verringern sich die Erfolgsaussichten erheblich.
- Schnelle Lieferung: Der wesentliche Vorteil physischer Händler ist die sofortige Bedürfnisbefriedigung. Je mehr Zeit die Lieferung von im Internet bestellten Produkten in Anspruch nimmt, desto mehr droht der wahrgenommene Vorteil aus erhöhter Produktauswahl durch Nutzeneinbußen erhöhter Wartezeiten aufgezehrt zu werden.

Es deutet vieles darauf hin, dass der Erfolg einer Long-Tail-Strategie nunmehr von der Güte des Umgangs mit einer zentralisierten Nachfrage und einem dezentralen Angebot abhängt; eBays Geschäftsmodell ist hierfür ein exzellentes Beispiel. Kern des Erfolges wird die Aggregation einer großen Anzahl potenzieller Kunden, d.h. die Zentralisation der Nachfrage. Vor diesem Hintergrund sind die Erfolgsaussichten eventueller Desintermediationsbemühungen im Vertrieb neu zu bewerten, da diese ja gerade eine Dezentralisierung der Nachfrage über den fragmentierten Direktvertrieb implizieren. Mithin geht es nicht darum, einzelne Hits zu finden und die Nachfrager dazu zu bringen, diese zu kaufen.

Vielmehr sollte eine große Bandbreite an Gütern verfügbar gemacht und kostengünstige Tools[3] installiert werden, die die Nachfrager darin unterstützen, ihre persönlichen Hits zu finden. Ein Großteil von Amazons Produktbeschreibungen, Such- und Empfehlungsroutinen wird hierzu komplementierend durch die Auswertung von Kundenverhalten automatisch generiert. So werden die Kunden mit Hilfe des Wisdom-of-the-Crowd (die Menge irrt nicht) von den Hits ausgehend immer weiter in den Long-Tail geleitet, um dort die Produkte zu finden, die ihren Präferenzen am besten entsprechen und die sie alleine nie gefunden hätten (zur Relevanz von sozialen Einflüssen auf das Kaufverhalten im Rahmen von Long-Tail-Überlegungen vgl. Watts und Hasker (2006)).

In diesem Kontext zeigen sich allerdings auch die Grenzen der Ausnutzung des Long-Tails. Für die meisten Produkte auf der rechten Seite des Long-Tails gilt eben genau, dass keine große Nachfragerherde existiert, der gefolgt werden kann. Mit Guy Kawasakis Worten bedeutet dies: *..this is where two cool concepts butt head: long-tail versus wisdom of the crowd."* Die Ergebnisse der empirischen Untersuchung von Elberse und Oberholzer-Gee (2006) unterstreichen dies. Obwohl angebotsseitig intensivste Anstrengungen unternommen werden, den Long-Tail durch die Erweiterung der Produktpalette zu nutzen, hat sich doch die Zahl der Produkte, die sich überhaupt nicht verkaufen, in den Jahren von 2000 bis 2005 verdoppelt. Angesichts der obigen Ausführungen kann der Handel diesem Phänomen allerdings nur mit einer weiteren Verringerung der Lager- und Angebotskosten begegnen, da jede Anstrengung zur individuellen Verkaufsförderung kontraproduktiv wäre.

9.4 Fazit

Die Ausgangsfragen waren: Verändern sich mit sinkenden Such- und Transaktionskosten die Nachfrage, die Anreize der Produzenten, sowie der Vertrieb? Folgende Ergebnisse konnten herausgearbeitet werden:

---

[3] Insbesondere Viral-Marketing-Maßnahmen bauen auf diesen Tools auf: U.a. Suchwerkzeuge, adaptive Empfehlungssysteme, personalisierte Startseiten, mehrdimensionale Charts, Podcasts, Userforen und -rezensionen etc. Wesentlich in diesem Zusammenhang ist ein minimaler Wartungsaufwand. Es empfehlen sich also all die Instrumente, die sich entweder automatisiert oder durch die User selbst aktualisieren.

- Derzeitige Modelle und empirische Untersuchungen zeigen, dass es insbesondere die Suchkosten sind, die die Struktur der Wertkette ändern können.
- Insbesondere der Handel hat reale Geschäftschancen im Long-Tail; für Produzenten und Konsumenten sind wahrscheinlich eher kulturelle denn ökonomische Nutzengewinne zu erwarten.
- Zukünftig sind vermehrt spezialisierte Aggregationsangebote zu erwarten, damit sollten ebenfalls neue Markteintritte auf der Handelsstufe einhergehen.
- Eine (allerdings nur derzeit beobachtete!) Verringerung der Anzahl wirklicher Hits sowie eine zahlenmäßige Erhöhung des sehr schwach nachgefragten Long-Tail-Angebots könnte damit zur Erhöhung der Attraktivität des Angebots im Übergangsbereich zwischen Hit und Nische führen (analog zur Überlegung George Lucas').
- Die Bestandteile der Wertkette eines Unternehmens sollten an die neuen Möglichkeiten angepasst werden. In diesem Zusammenhang ist insbesondere eine stärkere Flexibilisierung der Investitionsplanung bzw. -mittelzuweisung notwendig.
- Dreh- und Angelpunkt für die Realisierung der im Long-Tail liegenden Gewinnmöglichkeiten dürfte die Kombination klassischer Voraussetzungen (Reputation, Marke, Bekanntheit) mit der Suchaufwand reduzierenden Nutzung von Wahl- und Informationsmöglichkeiten (Suchhilfen, soziale Einflüsse, Communities etc.) sein.

Im Gegensatz zu Behauptungen vom Tode von Konsumtrends und Marktforschung wird eine wichtige Voraussetzung von Gewinnen in der intelligenten Datenanalyse der Umsätze – vor allem im Übergangsbereich der Verteilungsfunktion – liegen.

Literatur

Lada A. Adamic (2000): Zipf, Power-laws, and Pareto – a Ranking Tutorial. Information Dynamics Lab Working Paper.

Chris Anderson (2004): The Long Tail. Wired, Oct. 2004.

Chris Anderson (2006): The Long Tail: Why the Future of Business is Selling Less of More. New York.

Eric Brynjolfsson/Yu J. Hu/Duncan Simester (2006a): Good bye Pareto Principle, Hello Long Tail: The Effect of Search Costs on the Concentration of Product Sales. Working Paper, 2006.

Eric Brynjolfsson/Yu J. Hu/Michael D. Smith (2006b): From Niches to Riches: The Anatomy of the Long Tail. MIT Sloan Management Review, Vol. 47. 67-71.

Anita Elberse/Felix Oberholzer-Gee (2006): Superstars and Underdogs: An Examination of the Long Tail Phenomenon in Video Sales. Harvard Business School Working Paper Series, No. 07-15.

Guy Kawasaki (2006): The Wrong Tail: A Checklist for Long Tail Implementations. Internet: blog.guykawasaki.com.

George Lucas (2006): Lucas tilts at Studio Tentpoles. Interview: www.variety.com.

Wilhelm Pfähler/Harald Wiese (1998): Unternehmensstrategie im Wettbewerb: Eine spieltheoretische Analyse. Heidelberg.

Duncan J. Watts/Steve Hasker (2006): Marketing in an Unpredictable World. Harvard Business Review. Sep. 2006. 25-30.

Aufgaben zum Kapitel 9

Aufgabe 1:

a) Erläutern Sie das Long-Tail-Konzept nach Chris Anderson.
b) Zeigen Sie auf, welche Einflussfaktoren zur Long-Tail-Entwicklung führen. Welches sind die wesentlichen Treiber auf den Ebenen der Nachfrager, Produzenten und Händler.
c) Nehmen Sie kritisch Stellung zu der Aussage, dass sich die größten Long-Tail-Chancen vor allem für „hybride" Händler bieten. Beziehen Sie sich dabei auf ein geeignetes Beispiel.

Aufgabe 2:

Gegeben ist die Long-Tail-Funktion $n = a \cdot r^{-b}$. Im Jahr 2005 konnte der Online-Buchhändler DasBuch.de auf folgende Verkaufserfolge zurückblicken:

Rang (r)	1	2	...	21	...
Verkäufe (n)	649.382	X	...	22.123	...

Tabelle A-9-1: *Rangliste der Verkäufe für das Jahr 2005*

Auf der Geburtstagsfeier eines Freundes wurde der Geschäftsführer der DasBuch.de AG, Herr Mingway, auf den Long-Tail-Artikel von Chris Anderson hingewiesen. Inspiriert von den neuen Einsichten fiel der Entschluss, die Internetpräsenz des Unternehmens im Rahmen einer Long-Tail-Strategie neu auszurichten. Für das Jahr 2006 konnten daraufhin folgende Abverkaufszahlen registriert werden:

Rang (r)	1	...	40	41	...
Verkäufe (n)	589.386	...	15.288	14.919	...

Tabelle A-9-2: *Rangliste der Verkäufe für das Jahr 2006*

Bearbeiten Sie bitte die folgenden Aufgabenstellungen:

a) Wie könnte die neue Strategie der DasBuch.de AG aussehen? Welche Bedingungen sollte diese erfüllen, um erfolgreich zu sein?

b) Ermitteln Sie die Parameter *a* und *b* der Long-Tail-Funktion jeweils für beide Jahre, sowie die Absatzmenge des Buches auf Rang 2 im Jahr 2005.

c) Skizzieren Sie die Long-Tail-Funktionen der beiden Jahre anhand einer geeigneten graphischen Darstellung.

d) Diskutieren Sie stichwortartig die Veränderung des Kurvenverlaufs in den unterschiedlichen Bereichen des Long-Tails. Nehmen Sie bei Ihren Ausführungen Bezug auf die suchkostentheoretischen Überlegungen von Brynjolfsson et al. (2006a, siehe Kap. 9.3.1).

e) Lässt sich auf Basis der bekannten Daten eine Aussage treffen, ob die Strategie der DasBuch.de AG erfolgreich war? Begründen Sie Ihre Antwort kurz.

Aufgabe 3:

Nennen und diskutieren Sie grundsätzliche Chancen und Risiken für Nachfrager, Produktion und Handel, welche aus der aktuellen Long-Tail-Entwicklung resultieren. Gehen Sie insbesondere auch auf mögliche Grenzen der Ausnutzung einer Long-Tail-Strategie durch die Marktakteure ein.

Sachverzeichnis

Druck: Krips bv, Meppel
Verarbeitung: Stürtz, Würzburg

Printed by Books on Demand, Germany